本书获国家社会科学基金重点项目（项目编号：16AZD035）资助

| 博士生导师学术文库 |

A Library of Academics by Ph.D.Supervisors

建构与借鉴

国外价值观教育的体系化运行研究

董雅华 等 著

光明日报出版社

图书在版编目（CIP）数据

建构与借鉴：国外价值观教育的体系化运行研究 / 董雅华等著 . -- 北京：光明日报出版社，2023. 8

ISBN 978 - 7 - 5194 - 7428 - 7

Ⅰ. ①建… Ⅱ. ①董… Ⅲ. ①人生观—教育研究—国外 Ⅳ. ①B821-4

中国国家版本馆 CIP 数据核字（2023）第 165311 号

建构与借鉴：国外价值观教育的体系化运行研究

JIANGOU YU JIEJIAN：GUOWAI JIAZHIGUAN JIAOYU DE TIXIHUA YUNXING YANJIU

著　　者：董雅华　等

责任编辑：李壬杰　　　　责任校对：李　倩　乔宇佳

封面设计：一站出版网　　责任印制：曹　诤

出版发行：光明日报出版社

地　　址：北京市西城区永安路 106 号，100050

电　　话：010 - 63169890（咨询），010 - 63131930（邮购）

传　　真：010 - 63131930

网　　址：http：//book. gmw. cn

E - mail：gmrbcbs@ gmw. cn

法律顾问：北京市兰台律师事务所龚柳方律师

印　　刷：三河市华东印刷有限公司

装　　订：三河市华东印刷有限公司

本书如有破损、缺页、装订错误，请与本社联系调换，电话：010-63131930

开　　本：170mm×240mm

字　　数：343 千字　　　　印　　张：18

版　　次：2024 年 3 月第 1 版　　印　　次：2024 年 3 月第 1 次印刷

书　　号：ISBN 978 - 7 - 5194 - 7428 - 7

定　　价：98. 00 元

序

本书是复旦大学思想政治教育学科点董雅华教授主持的国家社会科学重点课题“国外价值观教育的体系化运行与可借鉴性研究”的成果。社会主义核心价值观，是把马克思主义基本原理同中国具体实际相结合、同中华优秀传统文化相结合的理论创新，是马克思主义中国化、时代化的成果，也借鉴了世界文明的有益因素。2014 年五四青年节时，习近平总书记在北京大学师生座谈会上指出，社会主义核心价值观“既体现了社会主义本质要求，继承了中华优秀传统文化，也吸收了世界文明有益成果，体现了时代精神”。党的二十大报告指出：必须坚持胸怀天下，“我们要拓展世界眼光”“以海纳百川的宽阔胸襟借鉴吸收人类一切优秀文明成果”。深入研究国外价值观教育的可借鉴性，对于我们更好地进行社会主义核心价值观建设和教育，有着重要意义。

我们知道，价值观对于民族复兴有着极为重要的“精神上的钙”的意义。民族复兴不只是经济的崛起和制度的建设，它还存在着一个民族的自我肯认、精神的塑造。中华民族的伟大复兴也表现在整个精神状态上。从世界视野来看，当今的国力竞争，深层次的是价值观之争。在作为独特文明体的意义上，中华文化的赓续与发展，具有普遍意义的要素是什么？在国际上，发达国家经济的触角伸向全球，其价值文化也随之跟进，商品、经济、文化、观念的背后是价值观。西方价值观霸凌，社会主义意识形态面临巨大挑战，遭遇强权挤压，中国话语常常被其他国家误解，而中国价值是中国话语和中国叙事体系的硬核。中国价值汲取着中华优秀传统文化的源头活水，体现于党在马克思主义指引下领导人民进行的艰苦卓绝的新民主主义革命、社会主义革命和建设、改革开放和社会主义现代化建设、新时代中国特色社会主义的伟大实践中。

一个社会的核心价值观，是这个社会占主导地位、具有压倒性的主流价值，是建立在共同的价值观与信念基础之上，是共同体一致行动的精神纽带，是社会的凝聚力和向心力。党的二十大提出，要把社会主义核心价值观融入法治建设、融入社会发展、融入日常生活，把马克思主义思想精髓同中华优秀传统文化精华贯通起来、同人民群众日用而不觉的共同价值观念融通起来。在多元的社会中，各种社会思潮交流、交融、交锋、激荡，需要我们加强辨析和引导，以社会主义核心价值观为引领，形成社会的最大公约数，形成价值共识，为全国人民团结奋斗提供共同的思想道德基础。

社会主义核心价值观内涵的理论逻辑，以其科学的解释力体现了真理性、道义性，对于纷繁复杂的社会现象，能够透过现象看本质，把握规律，展现逻辑魅力，拥有说服力；文明演进的历史逻辑，以其价值的先进性，以追求真理的宽广胸怀，开阔的世界视野，汲取人类文明的优秀成果，保持理论的开放性，体现了社会主义核心价值观的超越性；社会主义核心价值观的根本特性是人民性，以最广泛的人民性，植根人民之中，站在人民的立场探求人类自由解放的道路，具有现实的道义性；中国特色社会主义的实践逻辑，使价值追求在社会变革中不断成为现实，成为改变世界、实现人类价值理想的巨大物质力量，体现了社会主义核心价值观的真实性、生命力，克服了此前历史上诸多社会形态核心价值观的抽象性、局限性。社会主义核心价值，因其诸多的理论品格，引导人们在各种思潮中比较、筛选、鉴别、扬弃，而构成了可以承担起引领和范导其他思潮的特别价值取向，是社会主义意识形态凝聚力和吸引力的生动体现。

要让社会主义核心价值观深入人心，像空气一样无处不在，进行价值观教育就是基础性的工作。价值观教育，对于现代社会的国家来说，是一个严峻的工程。黑格尔在《法哲学原理》中指出，“现代世界总的原则是主体性的自由”，现代社会带来的个性的解放，个体独立性兴起，使信仰、信念教育成为一个难题，美国社会学家丹尼尔·贝尔（Daniel Bell）甚至说现代性的最大问题是信仰问题。如何进行价值观建设，如何在现时代有效地推进价值观教育，需要研究教育规律、青少年身心成长规律、意识形态建设规律，把国家意识形态的价值要求与个体的成长期待发展需求结合起来，这是一个艰巨的任务，需要长期坚持不懈地做出努力。本书就是这方面的一个重要阶段性成果。

本书注重价值观教育的体系化顶层设计，高度关注教育的有效性，防止价值性与知识性分离、内容与形式脱节、理论与实践脱节、言教与身教脱节。面对我国价值观建设的现实环境，开放社会中思想文化的多元、多样、多变，对外开放时代社会思潮的交流、交融、交锋，本书建立“国外价值观教育的体系化运行”的理论分析框架，从整体上揭示了国外价值观教育的理论依托、基本特征、运作规律、实施途径，力图把握其具有普遍意义的综合性、规律性特征，对其价值观教育的精神内核、运行机制、社会支撑体系、社会文化背景进行了系统剖析，着眼于其方法论意义上的可借鉴性，提出了我国提高价值观教育有效性的思路。在把握社会主义核心价值观教育的灵魂方面，凝练社会主义核心价值观教育的精神内核；在拓展教育路径方面，探索有效机制；在完善社会支持系统方面，纳入社会治理范畴，创造良好社会环境，以体现党的二十大提出的“把社会主义核心价值观融入法治建设、融入社会发展、融入日常生活”的要求。这是一部有学理价值和现实意义的咨政报告，是董雅华教授带领课题团队辛勤研究的成果。在这个系列上，复旦思想政治教育学科点还会有更多的研究，期待我们在相关领域的研究取得更丰硕的成果，推动社会主义核心价值观研究走向更加宽广的天地。

高国希

2022年11月于复旦园

目　录

CONTENTS

导 论

改革开放新的历史时期以来，中国社会由封闭转向开放，现代化、全球化、信息化等当代世界的变化发展潮流和新趋势，无时不在影响着中国社会的各个领域。同时，中国自身的不断深化改革使中国社会进入转型发展的新阶段。在内生动力和外部因素的影响下，中国社会在发生变革和变迁的同时，思想文化和价值观领域也逐渐呈现出多元、多样、多变的格局。中国特色社会主义进入新时代，由于社会主要矛盾的变化，社会生活和思想文化领域随之发生新的变化。中共中央总书记习近平指出，新的征程上，我们必须始终居安思危，对国内社会主要矛盾变化带来的新特征、新要求以及国际环境错综复杂带来的新矛盾、新挑战都要有深刻的认识①。在这个过程中，如何以正确的思维方式和开阔的眼界认识我国社会价值观教育领域面临的大环境、大机遇和大挑战，以马克思主义的立场、观点和方法批判地分析和借鉴国外价值观教育的文明成果，推进社会主义核心价值观教育的体系化建设，深入开展社会主义核心价值观宣传教育②，是本书研究的出发点和最深切的学术关怀。

一、研究的背景和价值

（一）研究的背景

1. 大环境：开放社会中思想文化的多元、多样、多变

思想文化多元、多样、多变，是我们当前开展价值观教育的现实环境，其中，多元、多变更具有本质意义，使主流价值观传播面临复杂的环境和挑战。

首先，“多元”是当今社会中最具共性的特点。社会利益分化和思想文化观念多元可在经济领域找到根源。在我国实行改革开放政策后，社会体制和结构

---

① 习近平．习近平谈治国理政：第4卷［M］．北京：外文出版社，2022：12.

② 习近平．高举中国特色社会主义伟大旗帜 为全面建设社会主义现代化国家而团结奋斗：在中国共产党第二十次全国代表大会上的报告［N］．人民日报，2022-10-26（1）.

发生巨大改变，随着市场经济体制的建立，公有制企业改革和社会分配体制的改变，社会利益格局发生很大变化，利益分化和贫富差距趋于明显，人们的思想观念也随之出现多元分化。而社会文化的多元不仅限于中国社会，可以说是当今世界多民族国家的一个共同特征。面对由传统的多民族历史及新近移民铸成的多元文化，人们的认知和各国的政策反应有所不同，出现了种族主义和多元文化主义两种不同选择之间的矛盾冲突。虽然在这两者的对抗中后者终将成为主流趋势，但是在多元文化背景下的社会都因此面对一个问题：国家认同和共同价值观如何确立？即使在素有多民族共存、多元文化兼容之历史传统的中国，这个问题也是现在和未来始终不容小觑的社会治理课题。

其次，“多变”是当今社会快速发展的必然结果。在现代化和信息化推动下，科学技术迅猛发展，知识更新、社会变化的速度之快都是以往时代无法比拟的，科学技术领域的“革命性的突破”时有发生，带动了人们观念的更新。比如，在全球化观念不断扩大和渗入的同时，“反全球化”的思想观念也不期而至，英国“脱欧”使欧盟作为全球化产物的象征意义有所消解，对全球化潮流和发展趋势的反思开始增多。社会多变必然导致人们观念的多变。当今中国正处于这个“世界百年未有之大变局”中。在社会开放条件下，主流价值观教育和传播面临更复杂的环境。如何在思想文化多元、多变、多样的格局中通过有效的价值观教育来整合社会的价值观，化解由价值观多元分化可能导致的社会分裂危机，成为当今社会大环境下最需要给予重视和回应的课题。

2. 大机遇：社会主义核心价值观成为凝聚价值共识的精神源泉

党的十八大提出了倡导和培育社会主义核心价值观的战略任务，将中国特色社会主义从理论建设和制度建设，推进到价值建设。党的十八大之后，习近平总书记提出了关于中国梦的论断①，并系统阐述了实现中华民族伟大复兴中国梦的伟大构想。中国梦与社会主义核心价值观的提出，成为凝聚价值共识的思想源泉。

中国梦，以宽广的视野、丰富的内涵，宣示了中国共产党的价值目标和执政理念，呼应了中国广大人民群众的需要和愿望，使社会主义核心价值观的理想具体化为中国人民价值追求的实践。中国梦具有厚重的历史承载和强烈的现实观照，全面建成小康社会和全面实现社会主义现代化的时代梦想，是新的历史时期中国特色社会主义实践的两大发展目标。如今，全面建成小康社会的目

① 习近平．中国梦，复兴路［M］//中共中央文献研究室．十八大以来重要文献选编：上．北京：中央文献出版社，2014：83-84.

标已然实现，第二个百年奋斗的新征程已经开启。中国梦是社会进步与人的进步两种价值目标的统一，以人为本、关注和激励个人价值的实现、促进每个人自由全面的发展，始终是中国梦的终极关怀所在。历史与现实、个人与社会的价值追求的契合，使得中国梦成为凝聚中国人民共同投身中国特色社会主义建设实践、实现中国社会宏远目标的精神旗帜。

实现中国梦是中华民族的共同理想，梦想实现需要方向和精神支撑，社会主义核心价值观正是中国梦的精神内核和价值指向。核心价值观体现的是一定社会发展的根本价值目标和价值追求，为社会提供精神支柱和终极意义。如丹尼尔·贝尔所言："缺乏超验的纽带，一个社会不能向性格结构、工作和文化提供一套'终极意义'，这一切都让这个制度动荡不安。"①在大变革、大发展的社会中，面对多元、多变的价值观系统及其存在的内部冲突，若没有核心价值精神的导向、协调和整合，就不可能有长远的社会稳定和发展。"核心价值观，承载着一个民族、一个国家的精神追求，体现着一个社会评判是非曲直的价值标准。"② 核心价值观，正是在中国社会转型发展中整合社会价值、评判是非曲直、凝聚价值共识的重要力量。核心价值观是应然与实然、现实与理想的统一，它既是对纷繁复杂的社会现实和观念冲突的思想回应和倡导，也是引领大众努力超越现实、推动社会变革、实现理想目标的行动方向，这种张力使得社会主义核心价值观成为引领中国社会变革和进步的精神力量源泉。因此，培育和践行社会主义核心价值观是实现中国梦的必由之路。社会理想层面与核心价值观层面的充分呈现，是促进社会目标实现的有利条件，既为价值观教育的理论研究和实践提出了明确目标和迫切任务，也是我们当前加深价值观教育问题研究、改善和推进价值观教育实践的重要契机。

3. 大挑战：当前国内价值观教育中面临的紧迫课题

从宏观上，价值观教育涉及两大场域：学校场域和社会场域。当前，我们在价值观教育中面临一定的困境和严峻的挑战，亟须解决的问题主要在三个层面。

首先，在国家宏观层面，价值观教育缺乏体系化的顶层设计。价值观教育是一项系统工程，应当在党的领导下，在整个社会范围，合理地布局，长远地规划，有序地组织，分层次地落实。我们目前在价值观教育中尚未形成长远性、

---

① 贝尔．资本主义文化矛盾［M］．严蓓雯，译．南京：江苏人民出版社，2012：20-21.

② 习近平．青年要自觉践行社会主义核心价值观［M］//中共中央文献研究室．十八大以来重要文献选编：中．北京：中央文献出版社，2016：2.

稳定性和常规化的战略意识，具体表现在两个方面。其一，在价值观教育的目标设定上，缺少具有长远性和稳定性的教育主题设计。教育热点和主题变化频率高，缺乏相对稳定的教育内容体系，正面教育的影响往往稍纵即逝，没能真正做到入脑入心、触及灵魂、根深久长。其二，在价值观教育的实施策略上，缺少经常化和规范化的工作机制，明明需要常抓不懈的工作，却偏偏陷于“时点化、应景化”状态，往往停留在“雨过地皮湿”的短时表层效果。

其次，在教育运作层面，价值观教育缺乏对有效性的高度关注。我们的价值观教育在实施的目标内容、途径方法、专业队伍等诸多方面存在着种种问题，突出表现为“一分离”“三脱节”现象。一是知识性与价值性分离。具体表现为两种极端的倾向：一种是将价值观教育等同于知识教育，淡漠价值观教育的意识形态本质要求，持所谓价值中立的取向，这样的价值观教育无法促进人形成正确的信念以及与此一致的行为方式；另一种是将价值观教育与知识教育完全脱离，不关注价值观形成的知识性依据，这容易使价值观教育成为纯粹的意识形态灌输。二是内容与形式脱节。在教育实施中，有的虽然有丰富的价值观教育内容储备，却一味地采用单一的灌输方法，使得教育过程呆板，缺乏吸引力和感染力；有的虽然注重采取丰富多样的形式和方法，却缺乏明确的高位阶的教育目标和深刻的思想内涵，使得教育流于形式。三是理论与实践脱节。在价值观引导中，面对现时代各种复杂的新情况、新问题，缺乏对价值冲突的深刻认识和剖析能力，在讲授理论中一味地照本宣科，不能理论联系实际进行讲解，而理论与现实脱节的价值观教育自然难以使人信服；有的价值观教育空有高远的目标，不能与受众的实际思想困惑和成长需要相结合，不能使受教育者在实际生活中真切地面对认知冲突，形成理性的自我认识，由此阻碍了知信行合一的实现。四是言教与身教脱节。对于价值观教育的信度而言，身教重于言教。而有的承担价值观教育使命的教育者，“教而不信，言行不一”，自然会消解正面教育的积极作用。

最后，在社会环境层面，价值观教育的社会环境的生态化建设不足。生态理念在价值观教育中的运用，就是将价值观教育的社会环境（包括政策环境、经济环境、文化环境、法治环境等）视为一个大的生态系统，通过系统、协调、可持续地建构社会生态环境促进核心价值观教育。我们目前在价值观教育体系建设上尚缺乏生态化的理念和方法，这样既不利于有效发掘各方积极的因素以形成价值观教育的社会合力，也不利于主动避免或消弭对价值观教育具有消极作用的各种社会因素影响。

（二）研究的理论价值和实践价值

1. 理论价值

其一，形成对国外价值观教育的运作规律及其特点的整体性认识。本书从学术研究的角度出发，以实证资料为基础，以比较研究为方法，以借鉴为目的，对国外价值观教育的历史和现实发展状况做客观的考察与研究。课题研究拟突破以往相关研究单面性、碎片化的局限，建立以“国外价值观教育的体系化运行”为主线的理论分析框架，从整体上把握和揭示国外价值观教育的基本特征和规律，构建全面准确地认识、评价国外价值观教育的理论基础。

其二，以有效性为导向对国外价值观教育方法论进行全面梳理。本书以通过各种渠道收集到的实证资料及文献分析为基础，较为全面地掌握关于国外价值观教育目标内容和教育途径方法等方面的信息，综合运用相关学科的理论与方法，对各种影响因素进行多维度分析，多视角地研究国外价值观教育的运行机制问题（包括理念、内核、途径和方法等），将价值观教育置于一个更广阔的学术领域进行探讨，并着重对其价值观教育取得有效性的实践规律进行方法论意义上的总结。

其三，建构价值观教育研究的理论框架和分析维度。本书提出关于国外价值观教育体系化运行特征的理论预设，认为国外价值观教育体系的基本框架应由内核动力、运行机制、社会支撑体系、文化基础等四个维度构成。本书构建的体系化框架既是本书考察国外价值观教育的理论框架和基本着力点，也由此构成我们研究价值观教育的理论分析模型。

2. 实践价值

其一，揭示国外价值观教育的运作过程及其内在机理。通过了解国外价值观教育的运作过程，包括实施理念、实施途径和实施方法等，揭示其模式和特点形成的内在机理，并从有效性的角度做出评价，对其存在的内在矛盾、冲突和问题的根源进行分析。通过课题研究，为国外价值观教育的实践运作过程及其内在机理提供客观、准确的阐释。

其二，分析国外价值观教育的理念和做法在方法论意义上的可借鉴性。通过对国外价值观教育体系、教育途径、教育方法及教育效果的系统描述和分析，针对我国价值观教育的现有特点进行综合比较，挖掘国外价值观教育的可借鉴性元素，在我们的核心价值观教育理论研究和实践中加以批判地吸收和运用，使研究成果为我国的价值观教育实践提供更全面的理论指导和支持。

其三，为我国改进价值观教育有效性的思路和政策设计提供参考和依据。本书研究将形成关于国外价值观教育状况的研究报告成果，并以此为启示，提出我国提高价值观教育有效性的思路、对策和建议，将为我国政府及相关部门研究加强价值观教育的顶层设计、体系化建设和相关决策的制定等提供积极的咨询及建设性意见。在新的时代要求和社会背景下，要更有效地开展社会主义核心价值观教育，就必须加强党的自身建设和党的领导，提升对核心价值观教育的顶层设计能力，确立社会主义核心价值观教育体系化建设的目标，借鉴国外价值观教育的有效做法，拓展教育路径，整合社会力量，创立更加有利于社会主义核心价值观教育的长效机制和社会环境。

二、国内外相关研究综述

近年来，国内外学者在国外价值观教育领域的研究取得了颇为丰厚的成果。回顾和梳理已有的研究积累，总结和汲取其中有益的思想养分，客观分析存在的问题和可发展空间，将会为进一步深化研究明示方向。为了对聚焦的论域研究状况形成整体性认识，在此以问题和内容为中心，融汇国内与国外的相关研究成果进行综合呈现。

（一）对于价值观和价值观教育的理解

何谓价值观？霍尔斯特德（J. Mark Halstead）做了如下阐释：“价值观是对行为提供普遍指导和作为制定决策，或是对信念、行动进行评价……的参照点，是使人据此而采取行动的一些原则、基本信念、理想、标准或生活态度。”① 这个定义表明了价值观对于人们思想和行为具有普遍和重要的指导意义。价值观通常有核心价值观（Core values）、共同价值观和共享价值观（Shared values）等不同形式。莫尼卡·泰勒（M. J. Taylor）认为，“共享的”价值观这个概念是比较重要的，因为它对社会运行具有基础性的作用，在多元社会中更能表现出对多元性和多样性的接受，且更能成为人们所普遍接受的确定的所有关系，诸如“讲真话”和“遵守法律规则”这类价值观显然是得到广泛共享的。尽管人们对价值观及其解释可能无法达成普遍一致的看法，但最重要的是评价的过程应当是共享的，基本的问题应当尽可能地得到重视和澄清②。

何谓价值观教育？在国外学术界，对价值观教育尚缺公认的概念界定。有学者认为价值观教育（Values education）是人们通过某些方法将价值观传授给

---

① HALSTEAD J M. Values and Values Education in Schools [M] //HALSTEAD J M, TAYLOR M J. Values in Education and Education in Values. London: The Falmer Press, 1996, 3-14.

② 泰勒. 杨韶刚，万明，编译. 价值观教育与教育中的价值观：上 [J] . 教育研究，2003 (5): 35-40.

他人的过程①，这种教育活动可以是在任何形式的组织或团体内部，比如，当人们接受更年长的人，或是更权威的以及更有经验的人帮助的时候，价值观教育便会产生。价值观教育的目的在于帮助人们明晰自己行为背后的价值观念，能够根据自己和他人的福祉评估价值观与相关行为的有效性，并且能够为了自身和他人的长期福祉去发现、获取他们认为的更有效的其他价值观。通过价值观教育可以发展人们的社会、道德、审美和精神等方面，告诉人们什么是善，以及从文化中我们业已传承的知识；它还能够帮助人们接受和尊重那些在态度上和行为上与我们不同的人②。也有学者认为价值观教育是向人们尤其是青年人进行价值观启蒙的过程，传授给他们关于如何与他人相处的规则知识，寻求在某些特定原则下的个人发展，同时掌握恰当运用这些规则的稳固能力③。价值观教育可以发生在家庭、中小学校、大学、监狱或各类青少年团体中。

有学者研究认为，价值观教育有显性与隐性之分，它们的区别在于显性价值观教育是教育者或者教师运用不同的教育教学理论、教育方法或教育项目帮助学生习得与价值观问题相关的知识和经验，是更有目的性的一种行为④；而隐性价值观教育则没有这些特殊的设定⑤。

（二）关于国外价值观教育目标的设定

价值观教育目标是价值观教育的一个根本性和方向性的问题，决定了价值观教育的内容和方法，是价值观教育的出发点和落脚点，在价值观教育中占据着主导性的地位，起着明显的统领作用。不同国家的价值观教育因为政治、经济和文化的不同而有所不同⑥。

例如，美国的价值观教育目标主要包括：一是通过价值观教育赋予年轻人尤其是学生以良好的品行，二是培养学生参与民主社会建设需要的知识、技能

---

① POWNEY J, CULLEN M A, SCHLAPP U, et al. Understanding Values Education in the Primary School [M]. New York: Reports Express, 1995: vii6.

② VENKATAIAH N. Research in Value Education [M]. New Delhi: APH Publishing Corporation, 2008: 3.

③ LEICESTER M, MODGIL C, MODGIL S. Moral Education and Pluralism: Education, Culture and Values [M]. London: Falmer Press, 2005, 171-180.

④ HALSTEAD J M. Valuesfuck and Valuessuck Education in Schools [M] //HALSTEAD J M, TAYLOR M L. Values in Education and Education in Values. London: The Falmer Press, 2003: 3-14.

⑤ HALSTEAD J M. Liberal Values and Liberal Education [M] //Dunne J, Carr W. The Routledgefalmer Reader in Philosophy of Education. London and New York: Routledge, 2005: 111-123.

⑥ 张耀灿. 比较思想政治教育学 [M]. 武汉：华中师范大学出版社，2010：75.

和观念。在培养学生良好的品行方面，美国认为公民美德是国家的道德基础，美国的公立学校一直把具有传统价值观念的美国公民作为重要的培养目标。公民教育对道德教育的指引作用不显自明，价值观教育终将服务于良好公民的培养这一最终目标。比如，美国的品格运动教育，正是源于对公民品格，如对真善美、公共精神、责任感、自尊和尊重他人的价值、批判和民主精神、善于妥协、爱国主义情怀等追求，推动了品格教育的进一步复兴和发展①，而这些品格的塑造则是为了应对美国不断面临的新的挑战提出的②。在培养学生参与民主政治生活方面，也主要是通过公民教育进行的。美国明确提出公民教育就是要培养有丰富知识、能负责任地参与政治生活、认同美国民主基本价值的好公民。因此，让学生通过参与学校和社区的民主生活实践，学习和获得民主参与的经验，培养公民知识、技能、品格和价值观念等政治参与的能力，成为美国公民教育的重要目标和内容③。

英、法、德国等欧洲主要国家的价值观教育目标在于培养合格的公民。英国为培养合格的英国公民，对学校承担公民素养教育的教学基本任务和目标做了明确的法律规定，其公民教育尤其重视英国核心价值观和共享价值观的培养，并试图通过强化爱国主义、基本价值观和社会信任等方面增进国家与社会的团结④。法国学校德育的目标就是“培养法国公民”。20 世纪 80 年代以后，法国重新检讨公民道德教育，强调德育要进行人格教育，并以“人权”为核心进一步突出公民的权利。近年来，法国特别注重学生工作能力、交往能力、推断能力、协作能力、承担职责等多种道德能力的培养⑤。德国各州政府要求学校把培养学生的公民意识、责任感、为国家尽义务意识、守法意识和公德意识作为重要的教育任务，政府和社会组织进行的公民教育的重点是民主政治教育。民主政治教育的任务，在于使公民通过学习了解自由民主制度的价值和法律标准，学习和掌握相关学科的基础知识，对一些政治和社会现象具有判断力，有参与政治活动的热情和积极性，有承担国家和社会的权利与义务的能力，成为合格

① 王兆璟，白尚祯．西方公民教育发展的时代展望［J］．社会科学战线，2011（11）：210-215.

② 张铁勇．新世纪美国学校德育发展的格局与走向［J］．外国教育研究，2010，37（3）：74-78.

③ 檀传宝，等．公民教育引论［M］．北京：人民出版社，2011：25-35.

④ 唐克军．团结视域下的英国公民教育［J］．外国教育研究，2019，46（7）：97-107.

⑤ 冯秀梅．法国学校德育优势：我国学校德育的借鉴之处［J］．科教导刊（上旬刊），2010（15）：128-129.

的公民①。

当今世界的时代特征也为各国价值观教育目标和政策的制定带来挑战和影响。每个国家在推行价值观教育和相应政策方针时都需要紧紧对接时代的需要。韩国、新加坡等亚洲国家价值观教育方针的提出都体现出这一特点。韩国战后经济迅速发展，与其注重价值观教育是分不开的。但是，韩国的价值观并非狭隘的民族主义教育，而是以时代的需求为标准，积极吸收外国的先进思想，不断改善和发展本国的价值观，以求适应工业化的现代社会的发展。韩国价值观教育目标的制定与韩国当局关于本国面临的挑战的认识不无关系，为改变国民的习惯懒散、精神空虚、创造力缺乏等与21世纪的社会要求极不相称的不良素质，韩国新的价值观教育方针做出了相应的改变，注重培养学生的人性，推行人性教育②。

新加坡的价值观教育目标在于培养良好公民，形成共同的价值观。20世纪70年代，新加坡的价值观教育目标是培养做“好公民”。随着经济发达程度的提高，在融入国际社会中出现一系列社会问题，新加坡价值观教育目标又转向重振传统文化、弘扬东方美德、抗拒西方颓废思想的侵蚀。深受儒家文化的影响，新加坡在价值观建构中坚持倡导以儒家思想为基础的东方价值观，对传统的“八德”即“忠孝仁爱礼义廉耻”赋予了现代意义，强调把国民培养成为具有强烈凝聚力的新一代新加坡人③。新加坡价值观教育的另一个主要目标是要面对复杂的民族背景培育共同的价值观。新加坡国民中的华人、马来人、印度人等，分别具有佛教、基督教、伊斯兰教、印度教等不同的宗教信仰，为确立能够凝聚全体新加坡人的共同的国家意识，1991年，新加坡国会批准和公布了《共同的价值观》白皮书，制定的新加坡共同价值观为“国家至上，社会为先；家庭为根，社会为本；关怀扶持，同舟共济；求同存异，协商共识；种族和谐，勇敢宽容”，并以此作为新加坡国民共同价值观念体系的基础。④

（三）关于国外价值观教育内容的界定

对于价值观教育的内容，国内外学者的阐释有着不同的侧重点。国外学者侧重于价值观教育与公民教育的关系视角，如泰勒认为，价值观是由很多因素

---

① 孙梓毓．德国的公民教育及对我国的启示［J］．成功（教育），2013（4）：8-9.

② 李水山．新时期的韩国德育：人性教育的发展趋势［J］．中国德育，2008（8）：40-42.

③ 李朝祥．国外高校德育发展的新趋向及启示［J］．南京邮电大学学报（社会科学版），2013，15（2）：113-118.

④ 唐鹏．新加坡：在现代化进程中倡导共同价值观［J］．理论导报，2009（1）：62.

组成的，价值观教育的内容包括精神的、道德的、社会的、文化的发展以及个人的和社会的教育。① 文卡泰亚（N. Venkataiah）认为，价值观教育的内容很多，包括道德教育、宗教教育以及与道德教育相关的教师价值观、价值观教育的情感因素、社会背景因素等，但总的来说是道德教育和宗教教育。② 美国的价值观教育集中在品格教育和公民教育上，但美国的品格教育与公民教育在概念和内容上多有重合，公民教育的概念内涵更丰富，除了品格教育外，还包括社会教育、政治教育以及个人发展方面的知识和相关内容。同时有学者认为价值观教育是包括道德教育和公民教育等主题在内的概念集③，价值观教育关注领域包括品格培养、道德发展、宗教教育、精神发展、公民教育、个人发展、社会发展和文化发展等诸多方面④。

国内学者侧重于价值观教育与思想政治教育的关系视角，如张耀灿和陈立思认为，诸如政治教育、道德教育、公民教育、个人发展教育等都应该列入思想政治教育的内容，而思想政治教育实质上就是进行价值观教育。这代表了目前国内学界的普遍看法。在介绍国外价值观教育的诸多文章中，又将政治教育、公民教育、生活教育、社会教育、宗教教育等都列入价值观教育的内容。国内学者在相关研究中认为，价值观教育研究内容与思想政治教育或者德育研究内容基本重合。有研究认为，美国的学校教育中没有统一表述的德育目标，也没有明确的“德育”概念，它往往涵盖了公民教育、价值观教育、法制教育等诸多内涵，其中，由于社会价值观是美国文化最核心的要素，价值观教育成为美国学校德育体系的重中之重，其内容从总体上看，主要包括世界观、方法论教育以及品格教育等，它们基本上是围绕着公民教育的基本含义展开的⑤。由此，美国价值观教育与公民教育、法治教育一起，成为德育的重要组成部分。公民

---

① 泰勒，万明．价值观教育与教育中的价值观：上［J］．教育研究，2003（5）：35-40.

② VENKATAIAH N. Research in Value Education ［M］. New Delhi：APH Publishing Corporation. 2008：2.

③ CHENG R H M，LEE J C K，LO L N K. Values Education for Citizens in the New Century：Meaning，Desirability and Practice ［M］ //R H M CHENG，J C K LEE，L N K LO. Values Education for Citizens in the New Century. Sha Tin：The Chinese University Press，2006：1-35.

④ Mei-lin Ng，M.“Valuation，evaluation，and value education-On acquiring the ability to value：A philosophical perspective” in R. H. M. Cheng，J. C. K. Lee & L. N. K. Lo (Eds.)，Values education for citizens in the new century ［M］. Sha Tin：The Chinese University Press，2006：49-66.

⑤ 葛春，李会松．美国学校价值观教育实施及对我国核心价值观教育的启示［J］．全球教育展望，2009，38（1）：47-50.

教育、道德教育、宗教教育、法治教育等学科教育之外的所有课程，都可以作为思想政治教育的内容，尤其是公民教育更是思想政治教育的主要构成部分，并且日益成为价值观教育的主要路径，在研究上日益成为价值观教育研究的重点，相关研究成果也日益增多。

（四）关于国外基于课堂教学的价值观教育实践

美国主要把价值观教育的重点放在中小学阶段。其基于课堂教学的学校课程包括历史、文学、社会科学以及科学技术等，最主要的承担价值观教育的课程是历史与社会研究。其中，历史课程的主要方法就是给学生讲授历史上的重要事件和伟大人物，以期帮助学生养成宽容、民主等价值观念；社会研究课程是由多种地位同等而且已成为体系的学科内容组成（含人类学、考古学、经济学、地理学、历史学、法学、哲学、心理学、宗教学和社会学等领域），该课程贯穿幼儿园到12年级的整个学校教育，其内容是多样化和综合化的，课程结构也是多样化的。① 美国高校普遍开设公民责任课，比如，美国高校在大一阶段都开设“公民责任课”，教授学生必须具有的社会道德和对地方、国家、全球的责任。所有学生都要学习《美国宪法》，它作为唯一的统考课，是核心课中的核心。美国大学还普遍开设了政治和人类文明课程，如美国总统制、欧洲政治思想、民主问题等，这些课程理论性强，政治色彩重，充斥着资产阶级的世界观、人生观和价值观。②

英国的价值观教育更多是通过公民教育进行。在基于课堂教学的价值观教育中，英国主要通过开设公民科和历史科相关课程来进行。在这一点上与美国的做法较为类似。英国政府于2000年专门将公民科课程引入中小学，成为国家课程体系中的一门基础学科。在已经颁布的英国中小学国家课程中，公民的权利与义务作为一门基础学科，要求5~16岁的学生发展诸如调查和批判性思维、讨论和辩论、商谈与调节、参与学校和社区活动等技能。在所有中学生中，公民的权利与义务也是国家法定课程的基础科目之一，每个中学生必须修习。对于历史科目，英国一直将其作为社会科的一门，主要目标是使学生对英国传统文化遗产有良好的掌握，认识英国公民的权利及义务的发展过程，培养学生的民族意识和道德情操等。在价值观教育内容的实施上，英国主要是通过宗教教育和道德教育进行。作为学校课程的一个重要组成部分，英国现代的宗教教育

① 陈立思．比较思想政治教育［M］．北京：中国人民大学出版社，2018：106-107.

② 高峰．英国学校公民教育新解［J］．首都师范大学学报（社会科学版），2007（3）：150-156.

与其他学科一样，要对学生的个人、社会与健康教育以及公民教育做出贡献。它着眼于志愿的慈善活动，为发展积极的公民意识提供机会，激发学生的权利与责任意识，帮助学生理解和尊重不同信念、实践、种族和文化背景下的人们等。[①] 而道德教育主要是通过教育来解决英国的道德问题，道德教育分为四个核心信念——对人的尊重、公正与合理、诚实、守信，以及六个关系——与最亲近的人的关系、与社会的关系、与所有人的关系、与我们自己的关系、与非人类的关系、与上帝的关系。

法国的价值观教育同样主要体现在公民教育中，由国家直接干预。法国教育部统管全国的公民教育事业，制定统一标准，设置课程年限和大纲，规定使用教材甚至参考资料。[②] 法国学校价值观教育相关课程定为公民道德教育，在公立学校普遍开设，从小学开始延伸到初中，贯穿整个义务教育阶段，并在高中阶段得到加强。其教学目标是把学生培养成具有社会责任心，能够行使自己权利的理想社会公民。从教学大纲的规定来看，初中和高中阶段的公民教育课程主要围绕“人类的人”和“公民”两大概念来组织，并随着年级增高而深入。比如，初中课程目标定位在对国家制度、价值观念的了解上。高中三年课程学习的主题分别是“从社会的生活到公民的资格”“制度和公民资格实践”“经受当前世界变革考验的公民资格”。法国价值观教育尤为强调规则的运用，高中阶段学生应该了解规则和制度出现的背景和条件，认识社会行动者对规则的使用，专注关于规则的学说等。

德国基于学校教学的公民教育中渗透价值观教育的自身特点，首先是注重宗教性，德国公民教育以宗教教育为根本，在各方面都突出宗教信仰和教会的作用；其次是注重民族精神的培养，侧重于培养学生的民族精神和民族自信心，尤其重视德国历史、德国地理的教学，强调德国民族英雄和科学家的贡献。在公民教育中重视“政治养成”的作用，青少年的“政治养成”由学校负责，成年人的“政治养成”由社会团体和公共机构承担。“政治养成”本身就是政治价值观的教育，“政治养成”相当于其他国家的社会科，主要统括了历史、地理和社会常识三门学科的内容[③]。德国实施的是地方分权型教育，各州“政治养成”的形态和内容并不相同，同时在不同教育阶段“政治养成”课程设置和教学方法也不相同。但是各阶段存在着共同的倾向，即培养学生正确的政治价值

---

① 陈立思．比较思想政治教育［M］．北京：中国人民大学出版社，2018：115-116.

② 陈立思．比较思想政治教育［M］．北京：中国人民大学出版社，2018：119-120.

③ 陈立思．比较思想政治教育［M］．北京：中国人民大学出版社，2018：124.

观、道德伦理观念等。

新加坡的价值观教育课程是非常具体的。在新加坡，所有的中学和小学都必须学习名为 CME（Civics and Moral Education）的课程，而大学预科生都要修习“公民课”。后来新加坡又开设了名为 CCE（Character and Citizenship Education）课程，以此作为 CME 的补充。CME 课程的主要目标是帮助学生发展良好的品格，能够学会照顾自己，并且能够承担对自己、家庭、社区、国家和世界的责任。CME 明确了六种核心价值观，以此作为良好品行的基础，分别是：尊重、责任、诚实、关心、顺应及和谐。还有关于家庭和国家的核心价值观相互补充和助力，新加坡将之命名为“我们共享的价值观，新加坡家庭价值观”①。比如，新加坡的共享价值观的主要内涵包括，国家先于集体和社会；集体先于个人；集体支持和尊重个体；家庭是社会的基本组成单元；在冲突中寻求共识以及种族和宗教和谐等。新加坡的家庭价值观主要是爱、相互照顾和关心、相互尊重、子女孝顺、承诺和交流。而关于国家意识教育，新加坡更多进行的是公民教育，以此作为新加坡凝聚力的基础，培养“新加坡人”。国家意识教育的关键信息是：新加坡是我们的祖国，我们必须保持宗教和种族和谐，必须保持廉洁高效，每个人都应该保卫新加坡，对新加坡的未来抱有信心等。这些都是 CME 课程教授的内容。由于 CCE 课程开设时间不长，暂不做详述。

（五）关于教师在国外价值观教育中的作用

价值观教育学者（泰勒等）普遍认为，教师是学校价值观教育中的关键人物，很多教学政策的重点都侧重于强调教师作为“道德楷模”这一角色的作用，但对于这种模范作用的研究却鲜具有影响力的成果。教师具有公正的品德，且关心学生，就能建立起与学生的良好关系，给学生留下深刻的印象。同时，教师所拥有的专业能力和经验的价值明显表现在与学生的人际关系中，在课堂上表现更明显。学校建立有效的评价体系，应该可以对教师的这些方面做出清楚的评价，并为教职工提供良好工作环境的评价策略②。

在法国的价值观教育中，教师有充分的时间组织能够吸引学生的教学活动，使他们能够进行真正的跨学科的工作；要求教师在这一活动的实施方式上体现最大的灵活性，创造自由、宽松的氛围，有控制地逐步推行。法国教师重视学生的才能、兴趣、禀赋的发展，并给予科学指导，使学生能够适应社会的需要。

---

① TAN C. For Group, For Self: Communitarianism, Confucianism and Values Education in Singapore［J］. Curriculum Journal, 2013, 24 (4): 478-493.

② 泰勒，杨韶刚，万明，编译．价值观教育与教育中的价值观：下［J］．教育研究，2003（7）：58-66.

法国教师注重对学生因材施教，强调个别辅导与指导；改进教学方法，扩大学生对教学活动的参与，鼓励其自主地安排学习，独立地思考问题①。

英国充分发挥导师在指导学生过程中的主流价值观教育作用。本科生导师制是英国高等教育中的一个特色，这一以导师的个别教学和指导为特征的制度，不但有效地保证了大学本科生教育质量和水平，还充分体现了英国以绅士文化为基础的人文主义教学传统。导师对学生的指导不但包括学业和生活，还包括思想道德和价值观方面的教育和引导，在内容上注重培养学生的理性精神和独立人格，在方法上注重言传身教、循循善诱，在教育环境上注重营造宽松、自由的氛围，能够让学生在全方位的文化浸润中加强内在涵养，养成绅士风度，内化倡导的文化价值观②。

（六）研究述评

从当前国内学界对国外价值观教育研究的总体情况来看，主要存在以下问题。

1. 缺乏对价值观教育的清晰界定和专门研究

国内对于国外价值观教育的介绍和理解，往往与道德教育、政治教育、公民教育、品性教育等混淆，将国外公民教育、道德教育的诸多理念和做法与价值观教育简单等同起来。虽然价值观教育与这些方面都有着非常密切的关系（事实上，国外价值观教育的实施确实体现了渗透性的特点，即价值观教育目标在很大程度上是以公民教育、道德教育等为载体和途径得以实施的），但它们之间存在交叉却不完全重合的关系，确切地说，价值观教育对这些领域教育既有“统领”的意义，又须渗透在这些具体领域的教育之中得以实现。诚如泰勒所说，价值观教育是帮助青少年形成国家和社会期待具有的价值观念的教育过程，价值观念由于在诸多细分领域都具有统领和指导性的作用，具有非常宽泛的外延，因此，帮助学生形成道德的、精神的、政治的、人际的以及其他各方面的价值观，成了价值观教育的最终目标。因此，目前在对国外公民教育、道德教育等社会教育形式的整体研究中，需凸显和加强对其价值观教育的专门研究。

2. 缺少对国外第一手资料的掌握以及最新成果和实践进展的实时跟踪

国内在介绍国外价值观教育的概念、目标、内容、方法等方面的研究中，多数是在国内原有的价值观研究资料和成果基础上的加工重述，研究资料的更

---

① 龙花．法国公民教育研究［D］．重庆：西南大学，2008.

② 马健生，孙珂．在传统与现代之间：英国大学生主流价值观教育探析［J］．外国教育研究，2011，38（10）：20-25.

新速度慢，缺少对价值观教育及其研究最新进展的跟踪与介绍。通过对国内数据库的搜索发现，绝大部分论文的引用文献都是国内已经发表的文章，缺少对国外研究成果和第一手资料的直接使用和加工。国外价值观教育实践和理论随时代发展而变化，但国内的介绍和评述明显滞后。

3. 对国外价值观教育的研究比较碎片化，缺乏整体性和结构性研究的维度

对国外价值观教育的研究比较碎片化，缺乏整体性和结构性研究的维度主要表现在两个方面。一是研究论文成果多数局限于国别性和个别性问题的研究，如对某个国家的价值观教育某方面情况的介绍和分析，总体上国外价值观教育的相关研究呈现碎片化的特点，因而对国外价值观教育带有普遍意义的综合性、规律性特征的认识不多，系统性研究不够。二是研究成果对国外价值观教育状况的表象描述多，而对其背后深层次问题和涉及的多维度因素关注少，缺乏整体性的研究视角，以及结构性、系统性的理论分析框架。

三、研究思路和研究方法

基于对以上研究现状及不足的分析与认识，围绕本书的核心问题和预设观点，确定了研究的思路和研究的方法。

（一）研究思路

1. 提出的总体性问题

①国外社会中的价值观教育何以存在？

②国外主要发达国家的价值观教育如何通过体系化运行增强有效性？

③国外价值观教育对于我国有效开展价值观教育有哪些可借鉴之处？

2. 研究视角和研究主线

本书选择以“有效性”为研究视角，对国外价值观教育的规律性特征进行全面考察，紧扣历史、紧扣现实、紧扣时代特点和新趋势，揭示其价值观教育取得有效性的内在机理和外在条件。从历史与现实双重维度的考察中表明，美国等发达国家实际存在着核心价值观，也实实在在地存在价值观教育，并且通过价值观教育的体系化运行的过程提高了其价值观教育的有效性。基于对这些有益经验的规律性认识，思考和进一步研究对于我国有效开展价值观教育的借鉴意义。本书研究的主线及内容框架包括以下内容。

（1）国外价值观教育的目标内容与精神内核

研究将全面揭示国外发达国家价值观教育的实质内核。研究表明，除传统认识到的其普遍存在以资产阶级自由主义思想为核心的政治价值观教育之外，

以爱国民族精神为核心的道德价值观教育也已成为其价值观教育的精神内核与核心动力。

（2）国外价值观教育的运行机制

主要发达国家在长期的价值观教育中随着教育理论的不断丰富化，逐步形成了一套有效的教育运行机制，主要表现为教育途径的多样化和教育方法的有效性。本书将着力研究不同国家的价值观教育运行机制和过程，通过对国外价值观教育途径、方法及教育效果的系统研究和分析，针对我国价值观教育的特点进行综合比较，挖掘国外价值观教育的可借鉴之处，对其教育理论和实践方法加以批判地吸收，为我国的价值观教育提供相关的理论和实践参照。

（3）国外价值观教育的社会支撑体系

价值观教育体系是一个需要依托各种社会条件因素的主导性、保障性或支持性的介入才可能得以实现的开放系统。在国外价值观教育中，政治体制、政党、法律、政策、各类社会组织等都是这一开放体系中的重要组成部分。它们各自的功能和作用是什么，是通过哪些路径得以实现的，其中的特点和规律对我国价值观教育体系的构建有何借鉴意义，等等，都是本书要探究的重要问题。

（4）国外价值观教育的文化基础

文化是价值观生成及价值观教育的宏观环境因素。在国外价值观教育中，社会文化环境对价值观教育的有效性具有重要影响。其中，民族文化传统、宗教、社会思潮等都是起着主要作用的文化元素。国外价值观教育中文化影响的因素和特点是什么，在多元文化和全球化背景下其价值观教育遇到什么困境和挑战，应对之策如何，这些现象和做法对于我国价值观教育有何启示，等等，都是本书重点考察和研究的任务。

（二）研究方法

1. 综合运用多学科的分析方法

（1）历史分析

课题研究基于现状了解，但不是仅停留于事实情况描述，而是要用历史分析的方法，联系该现象的历史演变过程，判断其变化或持续的趋势性特征，分析其发展的历史逻辑，透视其现象背后的本质意义。

（2）社会制度分析

按普遍联系的唯物辩证法观点，事物之间存在着普遍的联系和相互影响。国外价值观教育的运行方式及体系特征，与其所在社会的结构和制度体系有着密不可分的联系。运用社会制度分析的方法，研究教育现象的社会发生机理、社会影响或决定因素，理解其发生和发展的根本原因，有助于进一步分析判断其对于我国社会的观照意义。

（3）文化分析

文化是价值观生成和培育的土壤，文化分析同时又是一种有价值的分析方法。从文化的视角，我们可以洞察现象形成的文化基础以及与文化影响因素的关系，以便形成文化培育和文化再造的理念和思路。

（4）比较分析

比较分析是本书的基本分析方法，主要采取宏观—中观—微观的分层研究方法。在宏观上，采取系统论为基础的整体性研究，对国外价值观教育建立系统性的认识；在中观上，采用类型学为基础的比较研究，主要采用专题性的个案研究方法，对不同国家价值观教育的共性与个性特征进行深入探究；在微观上，注重关联研究和本质研究，分析现象背后的本质以及问题产生的根源。此外，在国外价值观教育现象比较分析的时间向度上，除历时性的纵向分析外，共时性的横向比较分析也是有价值的方法，通过国别之间的比较分析，可以看到国家之间的共性或差异，为形成对价值观教育的规律性认识提供依据。

2. 综合运用多样的研究方法

（1）文献调查方法

第一手文本与研究文献相结合。课题组通过实地采集和网络平台数据库，收集相关国家有关价值观教育的文献、档案、法律、政策、教材等原始资料，从中挖掘出课题需要的第一手资料。同时，通过汇集已出版的资料性文献或研究成果，收集和运用相关资料。

（2）社会调查方法

实地深度访谈调研。本书采用访谈调研开展质性研究，对价值观教育的实际开展情况及其背后的成因进行深度探究，访谈对象主要包括研究对象国的价值观教育专职教师、其他课程任课教师以及学校教育管理部门人员等。

（3）理论思辨方法

实证研究的提升。在实证研究的基础上，适时采用理论思辨的方法进行思想提炼、逻辑演绎和理论建构，使实证研究成果得到延展和提升，提高研究的深度。

（三）研究对象国家的范围及研究报告的框架结构

1. 研究对象国家的范围

国外价值观教育研究指涉的范围，从理论上讲包括相对于中国而言的所有其他国家，鉴于本书研究在时限上的可行性，本书限定于一定范围内进行，根据需要主要选择部分代表性发达国家，作为聚焦研究的对象国家。

2. 研究报告的框架结构

本书研究成果最终形成的研究报告分为总论和分论两大部分。

（1）总论

共含4个部分。主要从总体上研究国外价值观教育体系化建构的表征、意义与可借鉴性。集中论证：国外价值观教育何以存在；国外价值观教育体系何以存在；国外价值观教育评价的核心与可借鉴性；我国社会主义核心价值观教育的体系构建与有效性探索理路等。

（2）分论

共含3个部分11个专题。主要就总论中论述的国外价值观教育体系化运行表征的四个维度，分别以代表性国家为个案例证，从理论与实践两个层面进行深入的专题性研究，以此进一步佐证其总体上呈现的体系化建构的特征，并结合我国的价值观教育进行可借鉴性方面的思考。主要包括：国外价值观教育运行机制的特点——以欧美国家为例，探究其价值观教育的精神内核及其教育途径和方法；国外价值观教育的社会支撑体系的特点——以英国、美国和其他西方国家为例，探究其法律、政策、政党等在价值观教育中的社会支撑和保障作用；文化在国外价值观教育中的影响——以英国、日本、俄罗斯、新加坡等为例，探究各国的文化因素对其价值观教育的深刻影响。尽管各专题之间不必然有逻辑联系，但它们统辖于总论中从总体上提出的对国外价值观教育体系化运行过程的理论分析框架，并分别与其中的四个维度相契合，实际是从价值观教育涉及的不同层面，以全新的视角，在掌握新资料的基础上对国外价值观教育的前沿问题进行的深入探讨，研究结果也是对总体立论的有力支撑，以及必要的延伸和补充。

上篇　总　论

国外价值观教育体系化运行的总体性研究：表征、评价与可借鉴性

第一部分

国外价值观教育何以存在

在人们的一般认知中尚存在着一个似是而非的问题：国外存在价值观教育吗？与此相关联的另一个前提性问题是：国外社会中存在核心价值观吗？

上述两个问题，需要被置于历史与现实的双重维度中去探明。

一、国外价值观及其教育的历史生成

在对世界各国的价值观溯源中，我们可以看到一个具有共性的特点：社会价值观及其教育的生成，往往与其社会共同体（国家）生成和发展的历史是相伴随的。

以美国为例，美国社会的价值观生成可以追溯至欧洲移民登陆开发美洲大陆以及为建国而斗争的早期历史。1620 年 11 月 11 日，在名为“五月花号”的木帆船上，102 名来自英国的“移民始祖”中的 41 名成年男子签字订立了一份公约，宣布自愿结成平等的公民政府，制定自己的法律、章程和官职机构。这份文件内含的自由、平等、法治的理念和精神，是美国人的价值观最初的表达。在美国建国 200 多年历史中，与美国社会政治、经济、文化发展相适应，多元价值观体系逐步呈现，并被美国人不断地提炼、表述和弘扬。美国《独立宣言》中写道：“人人生而平等，造物者赋予他们若干不可剥夺的权利，其中包括生命权、自由权和追求幸福的权利。”新泽西州参议院 1992 年第 13 号决议案和第 298 次会议指出，社区在自己的课程规划中要体现同理心、谦让、诚信、正义、责任心、自律、自尊和包容等价值内容。美国教育协会在 2006 年的代表大会上制订了价值观的五项内容：平等的权利、公正的社会、民主、合作和集体行动。约瑟夫·肯尼迪基金会制定了从幼儿园到 12 年级的品格教育计划，强调了友善、尊重、信赖、责任与和谐等价值观内容。① 奥巴马在 2009 年 1 月的就职演

① 吴倩．美国价值观教育的历史演进及其启示［J］．社会主义核心价值观研究，2016（2）：90-95.

说中提到，长期以来使美国人赖以成功的价值观从未改变，包括诚实和勤劳、勇气和公平、宽容心和探索精神、忠诚和爱国，它们是美国整个历史过程中的一股无声的进步力量。① 得克萨斯州伯拉诺学区于 2013 年制订的五年计划认定的价值观包括谦虚、诚信、正直、公平、爱国、公德、尊重自己和他人、尊重权威、勇敢、自律、包容和责任感。② 可见，价值观曾在不同时期为美国社会中的不同主体所表述，主张的内容也有所侧重，但从中可以凝练出一些共性的方面。参照托马斯·里克纳（Thomas Lickona）提出的价值观内涵的三个层面——认知、情感和行为③，在美国人中有共识的价值观可大致从三个方面进行概括：在认知层面，主要包括自由、民主、公平和法治等价值观；在情感层面，主要包括爱国、友善、尊重和包容等价值观；在行为层面，主要包括诚信、责任、自律和勇敢等价值观。虽然美国人自己未必冠之以“核心价值观”之名，但这些被总结提炼出来的价值观确系美国人信奉的基本价值观。据此，我们说美国社会存在核心价值观或基本价值观也并不为过。

美国价值观教育的历史，最早可追溯到殖民地时期，随着公立学校的建立，就开始有了价值观教育。学校教育被赋予两个基本目标：让人更智慧和让人更高尚，其中便蕴含着育人的理性与德行两种价值观的教育。从 19 世纪 30 年代到 20 世纪初，美国政府和教育部门十分重视对公民从小进行以爱国为核心内容的公民教育，在美国宪法和相关法规中就公民必须具备的基本价值观做出了明确规定。以《圣经》故事和道德教育为主题的《麦高菲学生读本》销量高达 1.2 亿册，被上百万所学校的孩子使用。20 世纪中期，由于受到逻辑实证主义、民主主义教育运动和“价值澄清”学派的影响，以及移民潮带来的思想多元化倾向，学校官方为了避免引起争议，开始改变价值观教育的策略，教学中采取中立态度，倾向于采纳相对主义的教育理论，避免对学生采取直接灌输价值观念的方法。由于价值观教育被逐渐淡化和模糊，20 世纪 60 年代以后，暴力、吸毒、犯罪率升高等社会问题接踵而至，这使美国政府和社会开始反思并重新重视价值观教育的意义。20 世纪 80 年代中期，各方社会力量主张在当地的学校恢复规范化的价值观教育。④ 之后，在一些非政府组织的推动下，美国教育部门逐

① 美国历届总统就职演说［M］. 岳西宽，张卫星，译. 北京：中央编译出版社，2009：341.

② 吴倩. 美国价值观教育的历史演进及其启示［J］. 社会主义核心价值观研究，2016（2）：90-95.

③ 吴倩. 美国价值观教育的历史演进及其启示［J］. 社会主义核心价值观研究，2016（2）：90-95.

④ 葛春. 美国公立学校价值观教育的特点及启示［J］. 外国中小学教育，2009（2）：15-18.

渐恢复了对价值观教育作用的重视。

与美国相似，其他一些国家政府对价值观教育的起步及重视程度的提高，往往与社会生存和发展本身的需要，尤其是与社会问题的爆发密切相关。2014年，英国教育部采取应对措施，着手调整和确定价值观教育的内容并在学校教育中推出，价值观教育的重要性陡然提升。2014 年 6 月 15 日，英国首相卡梅伦在《星期日邮报》发表署名文章，支持教育大臣戈夫推动的英国价值观教育倡议，并明确将英国价值观表述为：自由、宽容、尊重法治、相信个人、社会责任、尊重英国的制度。①

在法国也有类似情况。2015 年 1 月，《查理周刊》遭受恐怖袭击事件震惊了全世界，法国多年奉行的多元文化主义遭遇了前所未有的挑战。随后，法国教育部推出了“共和国价值观学校总动员计划”，增加了基础教育阶段的道德与公民教育课时，进而在学生中强调纪律、自由共处的原则。2015 年 9 月，法国总统奥朗德宣布，为纪念法国国歌《马赛曲》作者鲁热·德·利尔离世 160 周年，将 2016 年定名为“马赛曲之年”。随即，法国教育部落实核心价值观教育的战略规划，将此教育内容结合到公民道德及其他课程教学中，对学生加强共和国核心价值观教育，促进“自由、平等、博爱”等价值观的内化。②

二、国外价值观教育的现实发展

国外价值观教育不仅具有历史生成的渊源，更具有现实发展的基础。这从以美国为代表的发达国家及欧盟近几十年来推动价值观教育的现实情况的考察中即可窥见一斑。

1985 年，美国政府通过并实施“蓝带认证计划”，标志着美国新品格教育开始兴起。进入 21 世纪以来，美国学校的品格教育运动延续了多年来不断壮大的发展势头。美国联邦政府和地方政府对品格教育表达了更明确的支持态度；一些专家学者通过研究发表了一批关于品格教育的发展历史、理论基础和培养模式的论著，使品格教育运动呈现良好的发展势头③。21 世纪以来，美国历任总统均明确支持品格教育。2000 年，大选获胜的美国总统布什就任后提出的第一个立法动议《不让一个孩子掉队》的教育改革计划，就明确提出了在新世纪

---

① 左敏，李冠杰．“特洛伊木马”事件与当代英国价值观建设［J］．当代世界与社会主义，2016（1）：123-129.

② 刘敏，张自然．法国进一步加强核心价值观教育［N］．中国教育报，2016-02-26.

③ 张铁勇．新世纪美国学校德育发展的格局与走向［J］．外国教育研究，2010（3）：5.

“加强品格教育”的教育目标。2009 年，就任美国总统的奥巴马特别提出，为了迎接前所未闻的挑战，需要使美国人重归传统的价值观和美德，认识并主动承担责任和义务。① 品格教育同时得到了各地州政府的大力支持，越来越多的地区和学校加入品格教育运动中。② 多地州政府通过立法支持和要求学校对学生进行共同价值观教育。美国全国还通过成立相关组织、开设网站、开发课程与教材、举办培训班和会议等形式，推动品格教育的发展。

欧盟作为一个统一体日益重视价值观教育，其目的是培养学生形成共同的可接受的价值观。在欧洲经济不断统一和融合的背景下，欧洲价值观研究会（EVS）从 20 世纪 70 年代开始发起了关于欧洲公民的价值观调查的项目，其焦点集中在经济和政治主题，该项目的目的是对欧洲公民的价值观进行调查，以期发现是否存在着妨碍欧洲联合的价值观念。EVS 于 1981 年进行了首次调查，运用标准化量表对欧洲每个国家约一千人进行调研。这一调查每 9 年实施一次，调查的国家和人数在不断增加③。欧洲进行这一调查的目的在于，为中学教师和学生提供价值观教育的相关数据，作为中学教育制定价值观教育计划的依据。欧洲价值观调查集中在工作、家庭、宗教和社会四个方面。项目的总体目标在于四个方面，首先是帮助欧洲教师和中小学生能够意识到并发展欧洲公民观念，并且基于对人权和民主的尊重增加相互理解，尊重他人和文化的差异；其次是帮助欧洲学生了解欧洲国家内部的文化差异性和相似性；再次是提高教师培训中的欧洲维度；最后是为欧洲中小学教育提供交流和探讨的机会。基于大样本的调查，他们专门制作了欧洲价值观调查结果报告和进行价值观教育的网站，免费提供各种价值观教育的资源，包括教学视频、教学教案、问题设置以及作业等。④ 该项目除了价值观调查外，还支持欧盟内部国家之间相互交换学生，提供教师培训机会，召开价值观教育的工作会议等，通过各种方法促使欧盟内部消除价值观的分歧，培养学生形成共同的可接受的价值观。

---

① 美国历届总统就职演说［M］. 岳西宽，张卫星，译. 北京：中央编译出版社，2009：341.

② TITUS，DALE N. Values Education in American Secondary Schools［D］. Paper presented at the Kutztown University Education Conference，1994.

③ European Values in Education. European Values Study［EB/OL］.（2019-11-28）［2021-04-06］. https：//europeanvaluesstudy. eu/education-dissemination-publications/education/.

④ European Values in Education. Atlas of European Values［EB/OL］.（2021-01-07）［2021-04-06］. https：//www. atlasofeuropeanvalues. eu/.

第二部分

国外价值观教育体系何以存在

在前文中，我们已初步论述了国外价值观及价值观教育的实存。那么，国外价值观教育存在和运行的总体规律和本质特征是什么呢？经过对国外价值观教育所做的进一步系统研究，我们得出的总体研究结论是：国外价值观教育的体系化建构和运行是其最基本的特征，也是其价值观教育取得一定成效的重要条件。进言之，国外价值观教育体系化建构和运行的总体表征，是由四个维度构成的框架体系：其一，价值观教育的精神内核是动力；其二，价值观教育的运行机制是依托；其三，价值观教育的社会支撑体系是保障；其四，价值观教育的社会文化背景是基础。

一、国外价值观教育中存在着一以贯之的精神内核

如前所述，国外社会中实际存在着核心价值观，也实实在在地存在着价值观教育。就如查尔斯·达德利·华纳所说，“伟大的民族只能由有价值的公民组成”①，各国在有意识地塑造有价值的公民这点上是有普遍共识的。而其价值观教育内容的确定主要取决于社会基本性质、意识形态属性及经济政治文化发展等诸多因素，并且形成了相对稳定的教育目标和内容体系。如在英国，形成以宗教教育、道德教育、政治教育为重点的“公民教育”体系。在法国，形成以人权、民主生活、国家政体、爱国主义、伦理道德教育为重点的“公民道德教育”体系。在德国，形成以“民主主义”价值为基础的思想政治观念和政治养成教育体系。在美国，形成以政治观、公民宗教、社会规范为重点的教育体系。而透过这些各有侧重的目标和内容表象，我们可以看到其中存在着某种特殊的逻辑，它作为一条主线，贯穿其价值观教育的始终，并且在诸多的结构体系中起着统率或基本导向的作用，实质地构成价值观教育的精神内核，成为其价值

---

① 马克威克，史密斯．公民的诞生：美国公民培养读本［M］．戚成炎，袁利丹，译．天津：天津人民出版社，2012：171.

观教育的动力之源。

考察欧美一些发达资本主义国家以及俄罗斯、日本、新加坡等国家的价值观教育，从实质上其精神内核可以概括为两个基本方面：一是以爱国民族精神为核心的公民道德教育，二是以自由主义思想为基础的政治认同教育。

（一）以爱国民族精神为核心的公民道德教育

在世界各国的公民教育中，若要寻找一个最具共性的精神内核，这个交汇点就在于“爱国民族精神教育”。

以美国为例，爱国主义是美国价值观教育中永恒的主题，就如有的美国学者所说，在美国事实上存在一种称为“公民宗教”或“公民信仰”（Civil Religion）的特殊形式，借助宗教情感的表达方式，体现爱国的民族精神和社会信仰的教育。无论对于国家总统还是对于普通公民而言，“我们信仰上帝”“上帝保佑美国”都是他们信奉的最高、最真挚的民族精神和情感。来自美国的资料表明，美国人有着较强的公民责任感，恪守爱国、忠诚、守信、勇敢等公民道德义务，而这种公民“义务感”是与从小到大的爱国主义教育分不开的。G. T. 鲍尔奇提出：“教育的最高原则就是教会学生如何为国家而活。”①因此，美国的价值观教育在所有品格中最看重的是爱国和忠诚的品质。公立学校是通过爱国主义把新移民塑造成“美国人”的。美国人从小学起，就进行国民精神的灌输，在与自己祖国的关系中形成“我们”的意识②。历史教育是其爱国主义教育的重要方法和途径，教科书不断强化美国的自由和民族的命运。在哈里·P. 贾德森亲自为学生编写的《美国公民读本》中，第一章即开宗明义地讲述“我们的祖国”，讲述“为什么我们热爱自己的国家”，“爱国者对我们意味着什么”，“身为一名爱国者应当懂得什么”，等等。③ 美国学校的教室里悬挂国旗，在学习日唱国歌、对国旗宣誓尽忠，在各种教育活动中宣扬“美国精神”——爱国的民族精神，以唤起人们对国家强烈的忠诚感和责任感。④ 美国社会内容更广泛的公民教育包含的公民权利义务教育、品德教育、法治教育等，都是绕不开作为美国公民的“美国精神”这一基本主题的。所以，以国家制度认同为基础的爱国民族精神，实际是其价值观教育真正的精神内核之所在。

在欧亚的一些东方国家，如俄罗斯、新加坡、韩国等，在其独特的历史文

① 马克威克，威廉史密斯．公民的诞生：美国公民培养读本［M］．戚成炎，袁利丹，译．天津：天津人民出版社，2012：171.

② 王瑞荪．比较思想政治学［M］．北京：高等教育出版社，2001：85.

③ 贾德森．美国公民读本［M］．洪友，译．天津：天津人民出版社，2012：189-203.

④ 王瑞荪．比较思想政治学［M］．北京：高等教育出版社，2001：85，161.

化因素作用下，国家意识—民族精神教育的传统同样凸显。例如，在新加坡，国家提出的五大“共同价值观”中首先突出的是“国家至上，社会为先”的价值取向，引导公民确立“一个新加坡”的多民族共融的国家意识。在韩国，中学道德教育的核心放在“民族生活”，旨在培养韩国公民独立的民族意识和忠诚爱国的道德观念，激发学生强烈的民族精神和爱国主义情怀。韩国高中德育教材也是以爱国主义精神为核心，侧重于培养学生忠于祖国、理解民族、报效祖国等情怀①。

在当代俄罗斯，高举爱国主义旗帜、开展爱国主义教育已成为其国家意识形态重构的一个重要策略。俄罗斯的价值观教育主要由爱国主义、强国观念、国家意识、社会团结等四个相辅相成的部分组成，虽包含政治教育、法制教育、道德教育与爱国主义教育、生态教育、社会教育等诸多方面，但其中的核心是国家意识和爱国主义精神教育。苏联解体后，俄罗斯由于叶利钦时期推行“全盘西化”，西化思潮迅速蔓延并与本土文化发生碰撞，再加上 1993 年通过的俄罗斯联邦宪法规定禁止任何意识形态上升为国家意识形态，使当时的俄罗斯失去了核心思想的主导，意识形态领域处于极度混乱的境况，俄罗斯的民族精神趋向分裂，核心价值体系分崩离析，民众一度陷于思想迷茫和彷徨中。面对这样的社会现实，许多教育工作者强烈呼吁重构以爱国主义为核心的思想道德和价值观教育体系。普京于 1999 年 12 月 30 日发表《千年之交的俄罗斯》一文，首次提出“俄罗斯新思想”，其核心要素包含：爱国主义、强国观念、国家意识和社会团结。2001 年以后，俄罗斯联邦政府通过每五年颁布一部以爱国主义教育为主题的国家纲要，对今后五年的爱国主义教育提出明确规定和要求。② 面对俄罗斯社会的实际境况，普京意识到，在素有爱国主义传统的俄罗斯，只有高举爱国主义的旗帜，才能最大可能地凝聚民心，重新激发广大俄罗斯民众团结奋进、发展国家的巨大力量。因此，爱国主义实际被定格在俄罗斯新思想的核心要素之首。2012 年，普京重回总统之位后，又在原有思想的基础上提出构建新型爱国主义，创新性地融合了保留俄罗斯传统与学习西方时代潮流这两种思潮的精华，为俄罗斯现代化发展奠定了国家意识形态的基础。可见，爱国主义教育已是当今俄罗斯社会价值观教育的精神核心。

（二）以自由主义思想为基础的政治认同教育

上述爱国精神和情感教育，又是直接与引导公民对现行资本主义社会制度

---

① 方宗丹．探析韩国德育发展的成功路径［J］．科技创新导报，2014（17）：188-191.

② 李培晓，林丽敏．俄罗斯新型爱国主义教育模式及其启示：基于普京“俄罗斯新思想”的视角［J］．中国青年研究，2013（4）：109-113.

的认同和信仰紧紧联系在一起的。在欧美资本主义国家，秉承西方自古希腊、古罗马时期至早期资产阶级启蒙思想家的政治学说，高扬个人权利，突出以个人利益为核心的自由主义思潮，宣扬以个人主义为核心的自由主义价值观历来是其公民教育的主旨之一。

例如，在美国的公民教育中，以个人主义为核心的自由主义意识形态教育为基础，美国式的自由、民主和生活方式被竭力宣扬，成为其教育中极其强调的基本价值观，进而注重对美国政治制度优越性的宣扬，使其国民普遍都倾向于认为美国是“世界上最伟大的国家”，其享有的自由是“更值得称道的”事情，而这种自由是建立在资产阶级共和政体的基础之上的。1994 年，美国颁布了《“公民学与政府”的国家标准》，虽然由于美国教育体制的分权性，国家并没有统一的公民教育目标、课程、考试或评价方法，但这并不影响引导公民对“美国式民主价值”的认同。“我们美国人对自己国家喜爱之处，有一点就是它是一种共和制的政府构成方式。……而在欧洲，只有法国和瑞士是共和制国家，所有其他国家都是君主制。”① 在美国人根深蒂固的观念中，现代共和制的所有好处都是相对于君主制而言的。在共和制中没有世袭阶层，公民可以选举自己中意的公务员行使政府职权，选举自己信任的立法团体制定法律；并且，成功是依靠个人奋斗的，“在一个共和国，每个人都有出人头地的机会”，“一个很穷的小男孩只要头脑足够聪颖、意志足够坚定，就很可能会功成名就”②。反之，如果你没有成功的话，就只能怪你自己不够努力。这样就把以个人主义为核心的自由主义上升至美国的国家意识形态，上升至对共同体的认同，甚至是以强权政治为基础的扩张主义。因此，即便美国资本主义制度本身经历了若干发展阶段，且面临着许多现代性的矛盾和冲突，也不会影响美国人把美国的资本主义制度视为“理想的制度”，把美国的共和政体视为“迄今为止最好的政体类型”。美国人虽然会批评某届政府或某个国家领导人，却很少会抱怨和菲薄自己国家的制度，也看不到其政治制度内部存在的深层次矛盾问题及其根源。

在公共生活的层面，美国自由主义价值观教育虽然带有鲜明的个人主义底色，但它同时引起人们的质疑，这种过度关注个体权利的价值观教育最终的后果恰恰可能降低社会活力，消解社会的共识，进而撕裂整个社会。事实上，除了持极端个人主义的自由至上主义者外，自由主义内部始终尝试寻求个体与共同体的平衡。这也使基于古典共和主义价值理路的当代公民共和主义的复兴获

---

① 贾德森．美国公民读本［M］．洪友，译．天津：天津人民出版社，2012：204.

② 贾德森．美国公民读本［M］．洪友，译．天津：天津人民出版社，2012：206-207.

得了现实社会基础。当然，这种对“关注权利的公民权”的反思并不意味着否弃自由主义的前提，它在实质意义上可以被视为对自由主义价值观教育的补充。关于这方面的理论与实践阐析，我们将在下篇的分论中开展专题研究。

二、国外价值观教育形成了一套独特的运行机制

国外价值观教育在长期的实践历程中逐步形成了一套独特的运行机制，其主要特点为途径的多元性和方法的多样性。按西方政治学者在政治社会化理论中建立的框架，学校、家庭、媒体、宗教、社会团体等是政治社会化的重要渠道，在现实中构成了其价值观教育的多元途径。同时，在价值观教育的理论探究和实践发展中，也逐步形成了其价值观教育的多样方法。实现路径的不断拓宽和趋于成熟，是国外价值观教育目标达成的重要依托。

（一）价值观教育的多元途径

1. 学校教育：价值观教育的主渠道

学校教育是各国进行价值观教育的主要渠道，也是各国实施公民教育的中心场域。各国的学校价值观教育主要依托课内和课外两个方面，课内主要以显性课程为载体，通过课堂教学完成；课外则以隐性方式发挥作用，通过校园文化、校外活动等得以实现。

（1）课堂教学

国外价值观教育主要通过课堂教学得以实现。课程成为各国价值观教育最常用、最普遍的载体。国外鲜有明确称谓的“价值观教育”具体课程，主要是通过学校的直接和间接相关课程体现的。直接的相关课程通常是指通过开设综合性课程“社会研究”（也叫“社会科”），分层次、分阶段、有计划、有组织、有系统地对学生进行思想道德和价值观教育。间接的相关课程是指除学校的公民思想道德课以外的全部教育教学活动，主要通过专业课以及文学、历史、美术、音乐、宗教和伦理等人文社会科学课程的教学过程渗透公民道德和价值观教育。

例如，在美国，基础教育阶段的公立学校在提升公民道德和培养公民爱国主义等价值观方面发挥了重要作用。如公民教育课是多数美国中小学的必修课程，通过在课堂上正面传授公民教育相关课程，就相关议题开展专题研讨，提高学生分析社会问题的能力。虽然不同的州和地区学校设置的课程差异很大，名称不同，但不同学校开设的课程内容中均渗透着集政治性、道德性于一体的公民教育内容，因而仍然有着许多共同点。其中，社会科课程是公民教育中成

效性、特色性鲜明的课程。社会科实质上是一种较为系统性的公民教育，是人文社会科学的整合，其主要内容涵盖较广，包括公民意识教育、权利与义务教育、价值观教育、历史教育和法制教育等。开设社会科的目的就是提升整个国民的公民素质和公民能力。虽然美国各州青少年学校的社会科课程具体名称并不相同，如佛罗里达州有些学校把宗教放在社会学科中教学，其课程名称为“宗教—社会学科课程设计”，而加利福尼亚州一些学校在社会学科中教授关于国家发展、民族进步相关的历史内容，其课程名称则为“新历史—社会学科”，但其仍然有着高度的共同性教育目标和思想观点。①

美国高校主要是通过开设通识课程来实现其价值观教育的，主要课程包括政治、经济、哲学、法律、历史、地理等，这类课程政治性和教育性都很强，渗透资产阶级的核心价值观。如哥伦比亚大学明确规定，本科三年级学习专业课之前，必须完成本科生必修的人文社会科学基础课程，如美国现代文明、西方思想史、政治、经济、哲学等学科。大学历史教育侧重于理论升华，有助于培养学生的爱国意识和民族自尊心。通识教育主要教授学生有关科学概论、价值观、伦理学等方面的知识，不仅为学生提供更合理的知识结构，而且借机涉猎美国社会必需的社会价值和伦理价值，帮助学生更好地理解社会政治、经济和其他社会机构的性质与目的，从而增强大学生的认识辨别能力。美国高校传播主流价值观念不但以通识教育的方式进行，还注重与专业学习有机结合，尤其重视将职业伦理道德的培养教育巧妙融合在专业课程学习中。如在新闻学院设置新闻伦理学，针对社会上新闻虚假报道问题进行专门讨论，引导学生形成新闻媒体职业核心素养；在商学院通过设置商业伦理学，针对商业活动中存在的欺诈问题进行专题讨论，引导学生树立良好的商业道德；在行政学院设置行政伦理学，分析讨论政治界出现的个别丑闻事件，分析其背后涉及的道德价值观，从而培养学生的行政责任感和行政信誉感。②

与美国的公民教育有所不同，法国的公民教育围绕“共和国”概念，内容上表现为多方面，时间上体现为分阶段，群体上体现为分层次实施。在大学预科阶段之前（包括四年初中和三年高中），法国开设三个阶段的公民教育课程。第一阶段：认同共和国公民身份阶段，教育学生明确自己作为共和国公民的身份，明白应该担当共和国应有的责任，认同共和国公民身份。第二阶段：认同并践行共和国基本价值观念阶段，理解并在日常生活中践行自由、平等、正义、

① 芦雷．美国“世界公民”教育的实施途径［J］．教学与管理，2010（34）：78-79.

② 曾蓉，洪黎．美国德育的特点及其对我国大学德育的启示［J］．教育探索，2012（6）：156.

团结等共和国价值观念。第三阶段：了解共和国的体制、机构、社会的权利分配等阶段。①

德国的青少年价值观课堂教学设立了“世界观”类课程。学生可以根据是否信仰宗教而选择所学课程：宗教课程或者世界观课程。德国青少年价值观教育被视为教职员工全员系统工程，教育的责任也由不同的专业课程来分担，而非局限于上述两类课程，即价值观教育通常也渗透在具体的专业课程知识学习之中②。

东方国家也同样重视传统的道德价值观教育。日本的中小学开设“道德时间”课，也称作“特色道德课”，从小学一直延续到中学，主要围绕行为准则、做人做事、道德法则、公德品质等内容开展教学。新加坡的中小学校普遍开设“公民与道德教育”必修课程。而其他生活技能课程、课外辅助活动以及社区服务活动等也是新加坡实施公民教育的主要途径。具体通过设定包含爱心、正直、合作、热爱新加坡等一系列“重要阶段教育目标”推进公民教育。③

（2）校园文化与活动

国外青少年价值观教育不仅重视知识的正面传授，而且强调价值认同和能力训练；不仅注重课内课程教育，而且将公民教育延伸至课外和校外活动，让学生广泛参与校园、社区、社会环境，通过隐蔽课程的方式对学生进行教育，并利用社会文化机构和大众媒体，潜移默化地影响学生的价值观。

例如，美国的各种校园文化设施（硬件建设）和校园文化活动（软件建设）是其价值观教育的重要载体。校园文化设施主要是硬件方面的建设，主要包括图书馆、博物馆、体育馆、活动中心等校园基础设施建筑。这些校园场馆体现学校的教育理念和价值观念，使学生在环境熏陶中接受价值观教育。校园文化活动主要是软件方面的建设，主要包括制度文化、精神文化等，如规章制度、政策文件、学风教风、学生社团、文体活动等。这些校园文化活动都以“隐性文化”的方式，润物无声地影响学生的价值观。如升旗仪式、入学仪式、毕业典礼、校庆、文艺演出、体育比赛、社团活动等都是培养学生爱校、爱国精神和集体荣誉感、民族自豪感的重要载体。美国高校还给学生提供各种参与班级、学校决策活动的机会，使学生在参与各项活动的过程中学会自主管理，提高参与能力和管理能力。美国联邦政府还将社区作为学生课外活动的主要载

---

① 毓民．法国、德国政治和价值观教育情况概览［J］．思想理论教育导刊，2002（3）：56.

② 毓民．法国、德国政治和价值观教育情况概览［J］．思想理论教育导刊，2002（3）：56.

③ 曾凡星．韩国、日本与新加坡构建社会核心价值观途径研究［J］．上海党史与党建，2012（3）：61.

体，每年在高校中设立支持社会服务的各种奖项等，为学生营造社会各界积极配合、广泛支持的社区服务活动氛围。通过让学生了解并参与社区活动，如社会学习（Society Learning）、实地研究（Field Research）、服务学习（Service Learning）、爱心服务、慈善募捐、社区环保、扶幼助老等一系列活动，提高学生参与社会学习和社区服务的积极性，培养学生的各项管理服务技能，增强价值观教育的实效性。①

英国各个大学的社团类型多样，涵盖文化、体育、艺术、专业等各个方面。社团组织的活动富有一定的吸引力，这些丰富多彩的活动能够增强学生对社会主流文化及核心价值观的理解和认同。比如，伦敦大学学院的各类学生社团多达 194 个，涵盖各个领域。又如，“欧洲协会”是一个旨在提高学生对欧洲文化和文化价值观认识的文化社团；“全球发展行动协会”是一个主要关注全球发展问题的学生团体，让学生通过与世界各地专家学者和实践工作者的交流，对和平、人道主义、可持续发展等当代被公认的价值观有更好的了解。②

2. 家庭教育：价值观教育的摇篮

家庭在塑造儿童最初的个体心理品质、培养道德价值观念和社会认知等方面对儿童都有很重要的影响。家长不仅“教”给儿童家庭所属的社会阶级的价值、标准、规范和习俗惯例，而且几乎所有家庭都支持并教育其孩子认同社会阶级结构的性质③。

美国的家庭教育主要从以下几个方面进行。一是直接传授，家长有意识地教孩子习得日常行为规范。二是榜样模仿，美国文化的开放性和平等性使家长和孩子之间可以平等对话和交流。④ 三是共同参与，美国于 1897 年成立了美国家长教师协会，这一协会和美国公民教育中心、全美律师协会等保持较好的合作关系。在每年召开全美律师协会年会时，也要举行全美中学生公民养成方案的演示活动。

日本的家庭教育侧重于日常生活中各方面的家规家训和礼仪教育，家庭在培养孩子文明礼仪习惯和遵守社会规范习惯方面发挥重要作用。如学习待人接客的礼仪以及餐桌礼仪等。韩国的家庭教育主要涉及家庭道德伦理和文明礼仪，

---

① 胡晓敏．美国大学生核心价值观教育论略［J］．教育评论，2014（7）：164.

② 马健生，孙珂．在传统与现代之间：英国大学生主流价值观教育探析［J］．外国教育研究，2011（10）：22.

③ 范斯科德，克拉夫特，哈斯．美国教育基础：社会展望［M］．北京师范大学外国教育研究所，译．北京：教育科学出版社，1984：140.

④ 芦雷．美国“世界公民”教育的实施途径［J］．教学与管理，2010（34）：79..

几乎每个家庭都在自家居室专门悬挂教育子女品德、修养的家训等。如教育孩子孝敬父母、文明礼貌、与人为善、诚实守信等家庭伦理，以及轻声谈话、勿扰他人等公共场所礼仪。①

3. 大众传媒：价值观教育的舆论导向

与学校教育、家庭教育不同，大众传媒由于其具备传播速度快、影响范围广、潜移默化、寓教于乐的特点，更容易被青少年接受和认可。大众传媒可以引导人们去“想什么”，甚至改变人们的想法。因此，大众传媒在培养政治兴趣、改变政治态度、巩固政治信念方面发挥一定的导向作用。

随着网络技术的不断发展，大众传媒对青少年教育的控制权和主导权大大增强，美国利用大众传媒对青少年价值观实施全方位渗透式教育，极大地提高了实效性。如美国每年投入上百亿美元用于网络、广播、电影、电视等大众传媒上，通过大众传媒中的价值判断标准和政治倾向性观点，潜移默化地影响青少年公民的思想观念和政治态度、价值取向和生活方式，从而达到影响美国青少年价值观教育的目的。②

韩国的主流媒体注重宣扬友爱、正义、团结等富有社会正能量的内容，在对民众进行道德文化教育方面发挥重要的软性引导作用。大多数电影反映的主题都包含优秀传统文化，如诚信、爱国、友善、文明等主题。近年来，韩国评选的对社会变化产生重要影响作用的优秀电影都与道德文化有着密不可分的关系。借助优秀电影、电视的文化引领作用，是韩国主流价值观教育的重要手段之一。

同样，新加坡的媒体人员社会责任感强，职业素养水准高，政府对媒体实施严格的监督管理。新加坡媒体在宣扬政府的政策方针方面传承了“亚洲价值观”，注重以和为贵，强调大局观念，注重群体利益，以增强民族文化自信，提升国家凝聚力。

4. 宗教活动：价值观影响的特殊途径

20 世纪末，宗教情感作为政治和文化中的重要影响力量，得到了迅速复兴。宗教和艺术作品相结合，通过建筑、音乐以及美术等艺术形式，对宗教进行强化、渲染以及烘托，增加宗教教育的神圣感，可以潜移默化地影响人们的理念和价值观。宗教将教义融入故事，从民众的日常生活入手，使宗教教义生活化，

---

① 曾凡星．韩国、日本与新加坡构建社会核心价值观途径研究［J］．上海党史与党建，2012（3）：61.

② 禹旭才．美国网络思想政治教育的“五育”与“三性”［J］．当代世界与社会主义，2011（5）：166.

在不知不觉中全面影响人们的生活。因此，在国外的很多国家里，宗教在人们的精神生活中起着重要作用，它提供社会价值规范，引导民众思想，协调民众行动，增强民众对国家、社会的认同感和归属感，助力于国家的政治统治和社会稳定。大学里的宗教社团和宗教专业也在急剧增加，部分名校的建立甚至有着浓厚的宗教背景。

例如，美国公立学校虽然是严禁宗教教育的，但这不意味着青少年的价值观教育与宗教没有关系。宗教对很多美国人的人生观、价值观产生重要影响。在美国青少年价值观教育中，宗教的重要性是不言而喻的。美国学生在特定的时间、特定的场合接受宗教教育是合法的。大学校园里也存在很多不同宗教派别的宗教组织和宗教活动。宗教派别经常向人们灌输符合现代社会需要的宗教信条，如伦理道德的宣传以及日常化、生活化的社会问题等基本的道德规范和原则。从统治的角度来看，宗教具有服务于政治的功能，为了使政权具有合法性，增强公民对国家精神和民族意识的认同，美国创造性地将宗教习俗、宗教信仰转化为政治力量。①

在英国的大学校园，除了宗教性学生社团对学生的价值观产生影响作用外，学校还通过制定政策法规要求高校提供特定的宗教教育，为特定的学生提供宗教设施、宗教培训等。如安排牧师给予学生在宗教教育、咨询服务等方面的帮助，提供开放的祈祷室等宗教设施，借此拓展向学生群体宣传社会主流价值观的渠道，注重祈祷等对学生心灵和思想的促进作用。如谢菲尔德·哈莱姆大学聘请全职的宗教事务协调人和各派别的宗教顾问为学生提供服务。宗教教育通过在大学中的渗透，增强学生对社会主流价值观的认识与认同，增强国家认同感。②

5. 社会大场景：价值观教育的延伸与拓展

社会场域的开拓是各国价值观教育中都十分重视投入的方面。

例如，美国借助社会文化机构等宏观的“美国场景”延伸和拓展其价值观教育。政府每年投入大量资金用于社会文化场所的建设和使用，各地建造反映重要历史人物、重要历史事件等具有重大纪念意义的场馆、雕塑等，这些“不会说话的”建筑是对学生进行价值观教育的有效拓展载体。通过定期或不定期召开会议、讲座的形式，组织开展一些融知识性、趣味性于一体的公民教育活

① 刘琳．美国高校的思想政治课教学［J］．红旗文稿，2013（17）：36.

② 马健生，孙珂．在传统与现代之间：英国大学生主流价值观教育探析［J］．外国教育研究，2011（10）：22.

动，使身处其中的青少年潜移默化地接受政治制度和价值观念的影响。此外，美国各种校外的教育机构也积极组织以自学、自治、自立为主的课外活动，既培养了青少年的课外兴趣爱好，又锻炼了青少年的社会实践能力。利用社会资源实现价值观教育的延伸和拓展。①

英国利用一些具有重大历史意义的事件，如奥运会、女王登基周年庆典、一战纪念日、诺曼底登陆纪念日、《大宪章》八百周年纪念日等来宣扬英国价值观，增强民族自信。工党执政时期，英国政府要求所有加入其国籍的人参加公民宣誓礼，呼吁设立国家纪念日，命令政府机构常年悬挂国旗，提倡公民在自家花园悬挂国旗。英国通过各种仪式教育大场景强化公民对国家的强烈认同感和民族自豪感。②

韩国非常重视社会资源教育，举办全国性规模的庆典活动，增进民众热爱国家，继承并弘扬优秀传统文化。如通过平昌“孝石文化节”弘扬文化精神，该文化节于2004年被评选为“大韩民国优秀庆典”，如今成为韩国全国性规模的庆典活动。此外，韩国高丽“大藏经千年世界文化庆典”等传统活动也是传统文化的庆典盛会，在弘扬传统文化方面发挥积极作用。

日本的社会教育资源也比较丰富，图书馆、公民馆、博物馆等场馆都是日本社会教育的公共资源。如公民馆是为地方民众提供社会教育的基本设施，在整体提升民众素质、加强社会基层组织建设中发挥非常重要的社会功效。从1946年起，日本在全国设置了大量公民馆，要求在每个市町村至少设置一个公民馆。通过开展与实际生活相关的各种教育、学术和文化活动，尤其注重公民教养提升、情操培养，以此振兴民族文化，增加民众的社会认同感。③

（二）价值观教育的多样方法

价值观教育方法是理论运用于实践的问题。近年来，随着国外价值观教育方法理论的发展，以及现实社会生活中不断提出的新问题和新需要，其价值观教育方法实践也在不断地创新和丰富。

1. 价值澄清法（Value Clarification Method）

价值澄清法不是主张让学生根据教师讲解直接先入为主地吸收已有的价值观，而是让学生面对各种相互冲突的价值观独立地进行评判、分析和思考，教师发挥引导作用，帮助学生进行选择、反思和行动澄清，从而使他们独立自主

---

① 芦雷．美国“世界公民”教育的实施途径［J］．教学与管理，2010（34）：79.

② 张婧．英国价值观教育的目标、实施途径与思考［J］．世界教育信息，2017（24）：23.

③ 曾凡星．韩国、日本与新加坡构建社会核心价值观途径研究［J］．上海党史与党建，2012（3）：61.

地形成一套价值体系。[①] 换言之，价值澄清的过程是在没有预设价值判断结果的前提下，让学生进行自主选择判断，从而审视自己价值观的过程。

国外的教育专家认为，个体的价值观念是相对的，而非一成不变，利用生动形象的形式让学生自主参与讨论，往往能让他们印象深刻。价值讨论过程涉及价值澄清、道德推理等方面，学生通过参与整个过程，可以自主培养自己的价值观，长此以往可以提高公民道德水平，对正确指导自己行为大有裨益。传统的道德教育方法存在一定不足，价值澄清法能帮助个体澄清价值观，有效缓解个体和社会的压力，对传统教育方法的不足起到一定的弥补作用，进一步发挥教育的实际效用，从而帮助受教育者在复杂的价值观中确定自己的价值观，慎重进行价值选择，在现实生活中用实际行动践行自己的价值观念。

2. 直接教学法（Direct Method）

青少年价值观教育的直接教学法，主要是指在学校里实施社会科以及公民科等正式的课程。在20世纪中期，“价值澄清法”等教育思想曾在西方各国公民道德价值观教育中占主导地位。但后期人们重新认识到，类似以所谓价值中立的启发教育为主的教育方法存在较大缺陷。比如，对于中小学生而言，其年龄特征导致其判断能力有限，使用价值澄清法等教育模式往往会造成一定的思想混乱。因此，有必要正面注入，定性教授。事实上，不仅在中小学，在大学中，直接教学法也受到重视并广泛应用。以美国的哈佛大学通识教育课程改革为例，该校规定为2009级新生开设的通识教育课程新方案包括八大领域，即“美学和解释学”“文化和信仰”“实证和数学推理”“道德推理”“生命系统科学”“物理宇宙学”“世界中的社会”“世界中的美国”。通过人文社会领域课程的开设，对培养价值理性有很大的帮助，学生对待多元文化也能体现出更加包容的态度[②]。

当然，由于直接教学法有一定的局限性，如果讲授时不顾及学生的需要，忽视了学生的主体地位，就很难吸引学生的注意力，没有兴趣的学习也很难启发思维和想象空间，这样的直接教学很容易演变成注入式教学。因此，国外学者也关注到，在实施直接教学的过程中，教师必须非常重视教育对象的特点，在教授中既注重系统性和知识性，也注重内容的可接受性和针对性。为了避免步入“填鸭式”教学的误区，在这些学科的教授中，教师不能认为学生只是被动接受知识的容器，一味地进行填充教学，而是应该利用各种启发手段层层设

---

① 冯益谦．中美大学思想政治教育方法比较研究［J］．思想教育研究，2007（1）：37.

② 马健生，孙珂．美国大学主流价值观教育探析［J］．比较教育研究，2010（11）：27.

问，改变学生的心态——从被动听讲转变为主动思考，把学生学习的积极主动性充分调动起来，让学生自主地进行回忆、联想、判断、推理等深入的思维活动，主动运用知识、发现问题，从而引发学生的学习兴趣。

3. 讨论教学法（Discussion Method）

讨论教学法是在教师的组织和引导下，根据教学目标要求，学生与学生或者是学生与老师之间进行合作，共同探讨解决某个问题，从而帮助学生获取知识、加强能力培养、建立情感交流、开发思维等。由于考虑直接教学法可能存在的弊端，为避免使正面教育变成强制灌输，美国在价值观教育中主张加以启发诱导，反对死记硬背，提倡形式多样的讨论。①

由此确定的课堂讨论模式主要有两种。一是分组讨论模式。这种模式在讨论教学法中最为常用，具体步骤是学生先分组后进行内部讨论，然后各小组进行讨论交流，在此基础上，每个小组各派一名学生代表，总结陈述小组讨论后的最终结果或意见。在场所有成对小组要对对方组的观点进行尽可能准确的复述，并列举出双方观点的异同，最后对解决分歧的可行性方案进行分别陈述。二是自由讨论模式。这种讨论方法是一种群体性研究讨论活动，可以让学生加深对复杂问题的理解，寻求更好的解决办法。例如，自由讨论可以采取研讨会的讨论方式，教师在讨论过程中不再是权威，而是与学生处于相同的地位，学生也可以对承担的角色进行自由选择，既可作为发言人角色，也可作为听众角色，以问答的形式开展，边研讨边提问，从不同的角度提出解决的方案。

4. 角色扮演法（Role Playing Method）

美国心理学家雅各布·莫雷诺（Jacob Levy Moreno）大力倡导在教学中引入角色扮演法。角色扮演的目标之一就是提供给个体角色扮演的机会，即使在实际生活中没有这样的体验，也可以通过角色扮演切实感受，在不断演练的过程中，每个个体都可以把握更多角色模式，因此在应对各种复杂环境时，自身可以更善于观察、随机应变。莫雷诺认为，给予儿童机会，允许他们自发性地进行各种角色扮演，不仅能让自我更具创造性，而且能打开儿童心扉，充分建立情感交流，改善人际关系，进一步提高解决问题的能力。②

在美国青少年价值观教育的过程中，“角色扮演法”的操作步骤是：提出问题，确定角色，布置场景，明确任务，进行表演，分析评论，总结概括。具体

① 于洪卿. 美国“公民学”的课堂教学与启示［J］. 外国中小学教育，2007（12）：68.

② 王琪. 美国青少年公民教育理论与实践研究［M］. 北京：北京理工大学出版社，2011（11）：142.

来说，教师先给出一个主题任务，要求学生从各方面进行考虑，提炼出自己的观点看法，在共同商量的基础上对任务情境进行设置，对角色分配予以确定，随后，学生自主表演所扮演的角色，最后对活动成果进行总结汇报。汇报包括口头和书面两种形式，是角色扮演教学法最关键的环节之一，教师应很好地利用这个环节，引导学生积极参与并进行讨论、推理和总结①。

角色扮演法的重点在于结合生活实际，灵活运用具体事例进行教育，注重教育实效，课堂还可以充分结合过去或现在的活动内容，通过这些活动，培养学生思考问题时能从多角度和全方位进行分析的能力，帮助他们解决生活中碰到的实际问题。角色扮演法对教师提出了更高的要求，首先，要设计相关的情境和剧本；其次，要对学生的角色表演给出反馈，不要让表演变成“走过场”，减少学生“自由发展”的倾向；再次，角色扮演要求各方面都要做好充足准备；最后，教师需要把握学生进行角色扮演的尺度，学生可能会因表演失当出现情绪急剧起伏等状况，教师要尽量避免这种突发事件的发生。②

与此方法有相似出发点的，是英国学校德育学家彼得·麦克费尔（Peter McPhail）提出的体谅关怀理论。体谅关怀理论认为，道德教育的基本内核在于体谅，完成道德教育任务应当以此为出发点，因此，培养道德情感应是当务之急。该理论还提出了一系列有关人际与社会的情境问题，培养学生的人际意识与社会意识，进而引导学生学会关心与体谅。价值观教育的对象是学生，而学生的思想非常活跃，注重情感的观点有益于开展价值观教育。③

5. 反思探究法（Critical Thinking Method）

反思探究法即批判性思维法，指的是学生通过反思探究对复杂的社会问题进行分析，培养学生的价值分析和决策能力，加强学生对民主社会的认知，让学生真正参与到社会中来。这种教学法的主要内容是教师设置有争议性的现实问题，鼓励学生进行自主探讨和分析，并鼓励他们自由发表见解、看法；教师要向学生传递高质量的信息，让学生潜移默化地学会思考、解释、恰当处理各种不同信息；教师要对学生接受公民教育前后的价值观、兴趣、经验和知识转变及时做出反馈，鼓励学生终身学习，提高他们的批判性思考能力；教师要组织课题研究和社区服务等各种各样的活动，帮助学生有效地参与社会生活，帮助他们培养积极的品格特征，比如信赖、敬重、责任、公平、关怀、宽容、坚

---

① 孙伟国，王立仁．政治社会化取向的美国公民教育［J］．外国教育研究，2007（3）：36.

② 于洪卿．美国中小学公民教育课程探析［J］．外国中小学教育，2008（8）：68.

③ 景光仪．西方体谅模式的理论与实践［J］．中国德育，2006（10）：90.

定、礼貌和同情等。①

美国在1991年颁布的《国家教育目标报告》中指出，美国教育应培养大学生的批判思维能力，这样才能促进有效地交流并提高问题解决能力。报告认为，对学生学术领域和现实生活问题批判能力的培养，既是教育的重要目标，又有助于培养公民和劳动者应对复杂多变世界的思考能力，这对维护民主社会有着很重要的意义。美国在青少年公民教育中，非常注重培养学生崇尚、追求宪政民主的价值观，除了传授知识，更注重培养学生对社会、政治问题的分析能力，通过分析做出判断，进而使其行为符合民主社会的价值要求。有了批判性思考能力，才不会人云亦云地被动接受他人思想，而是进行良好的自我管理和自主决策。②

6. 服务行动法（Service Action）

服务行动法也称"服务学习法"（Service Learning），是一种社会实践方法，主要通过学校与社区的共同合作，把社区的服务内容与所学课程进行紧密联系，帮助学生积极参与有组织的服务性活动，培养他们的社会责任感，增强社会意识，以更好地满足社会需求。这一方法还是将课堂学习作为重点，这样才能保证学生充分获取知识技能，不断提高学生综合能力，学会与同伴或其他社会成员进行合作，从而分析、评判以及解决社会的实际问题。

美国学者艾尔伦（Elyler）和贾尔斯（Giles）通过实证研究发现，服务学习有利于促进个人和人际的发展，深化对知识的了解和运用，培养反思和批判思维能力，促成观念的改变，提高公民的素质。③ 这一方法来源于社会行动模型理论。具体而言，服务学习法会把课程学习与学校、社区服务活动结合起来，因此可以鼓励学生积极参与社区活动，以社区活动经验为基础对民主本质进行批判性思考；在活动过程中让学生树立社区主人翁意识、培养自豪感，有助于学生通过参与实践活动更好地理解、掌握课程知识，增强学生对组织性服务活动的主动参与性，培养其社会责任感，使学生灵活应对风险、开展合作，从而更好地为社会服务；这除了能够培养学生获取知识和技能的能力，还可以使学生对所学知识进行实践与反思④。因此，公民价值观教育领域应大力推广这种学

---

① 于洪卿．美国中小学公民教育课程探析［J］．外国中小学教育，2008（8）：51.

② 缪四平．美国批判性思维运动对大学素质教育的启发［J］．清华大学教育研究，2007（3）：103.

③ 孙莹．服务学习：发展自我、回馈社区的青年志愿服务策略［J］．社会工作，2006（11）：5.

④ 黄孔雀．美国高校服务学习的实践及启示［J］．复旦教育论坛，2014（1）：93.

习法。

在教育实践中，20 世纪 70 年代，美国的公民教育学家开始探讨革新教育理念，致力于把学生培养成“活跃的”“合格的”公民。具体思想主要包括：建议开设“社会行动”课程，创立配套的教学方式，倡导精心设计教育项目，让学生得到充分发展，并且可以在公共事务方面发挥他们的影响力等。服务学习的早期形式之一就是社区服务，包括保护环境、帮扶老人、支持慈善事业等。所以，自 20 世纪 80 年代起，美国政府倡导培养公民行动力的重要方式之一就是参与社区活动，学校要开设社区服务相关活动，让学生切实感受到作为公民的意义。一些社区和组织顺势而为，支持把“社区（组织）参与”作为公民学习的必修内容，“经验性教育”“社区实习”等社区服务学习项目开始得到大力推广。不同于传统的社区服务，服务学习把课程学习与社区服务有机结合起来。其主要包括五大方面：预备——学生在自己所在社区发现存在的问题，然后思考制订出符合社区需求的改善计划；合作——学生与当地社区开展协作，共同解决社区存在问题；服务——学生参与有助于改善社区的服务活动；课程结合——学生运用课堂所学知识解决实际的社区问题；反思——学生对社区服务工作经历进行反思，共同讨论，并形成文字资料记录下来。①

由此可见，国外学校的价值观教育并不局限于书本、课堂，而是延伸到课堂以外的校园生活、社区，甚至是整个社会。学校鼓励学生广泛参与学校和社会中的各种活动，让他们在活动中潜移默化地接受教育。由于在校园内开展公民教育的资源和条件有限，学校便充分利用日渐发展的社区教育这一重要资源，把课堂内容和学生生活的社区进行有机结合，直接选取学生所在社区中的实际政策问题，引导学生通过协作、调研和讨论等形式，并最终形成记录报告，有助于学生积极地参与到社会管理中，真正发挥社区的重要教育作用。②

7. 合作学习法（Cooperative Learning Method）

合作学习法强调符合现代教学理论的一个原则——整体大于部分之和，也就是说，在全体学习和交流中，学生能获得更多的信息和体验，进而保障课堂内的社会心理气氛得到显著改善，大多数学生的学业成绩有所提高，培养学生形成良好的非认知品质等。③

---

① 张鸿燕，杜红琴．美国公民教育的特点及其发展趋势［J］．首都师范大学学报，2007（1）：46.

② 于洪卿．美国中小学公民教育课程探析［J］．外国中小学教育，2008（8）：52.

③ VERMETTE P. Four Fatal Flaws Avoiding the Common Mistakes of Novice Users of Cooperative Learning［J］. The High School Journal，1994（12/31）：225.

合作学习的目的在于两个方面。第一，精熟学习与促进人际关系。通过小组成员的反复练习与相互指导，可以达成开展多元文化教育、提升学业成就的目标。第二，通过不同背景学生的接触和合作，可以使学生化解偏见，产生互相依赖和尊重的态度。合作学习的五个要素包括：积极的相互信赖关系，面对面的促进性相互作用，个人责任，合作技能，小组自评。具体来说，学生在学业水平、能力倾向、性别、个性特征等方面存在差异，首先对这些因素进行综合考虑，将学生分为若干个学习小组；其次创设一种情境，所有小组成员必须共同参与，每个组员的个人目标才能得以实现，也就是说小组成员不仅需要努力达成个人目标，还要帮助其他同伴实现目标。合作学习对传统的班级学习方式进行了补充和改进，以集体授课的方式为基础，采取合作学习小组活动这一主体形式，追求集体目标实现的同时力求个体也得以保持和发展①。

8. 咨询服务法（Consulting Service Method）

咨询服务法是价值观教育的一种有效方法，对于学生的情感健康发展、培养其亲社会行为都大有裨益。美国主要以心理学教育及心理咨询等形式完善大学生的健全人格教育。1947 年，美国高等教育委员会宣布进一步大力支持高校的心理健康服务，提倡高校在进行认知培养的基础上，还要“把情感和社会适应作为一项主要目标”。随着社会不断发展，政府政策、社会需求以及国家经济状况等多种因素不断变化，美国高校心理咨询机构也朝着专业化、规范化、多样化、职业化等方向进一步发展，集结了一批受过专业训练的教师，24 小时为学生提供专业的心理咨询服务。②

高校内设咨询服务机构的情况在国外比较普遍，这些机构可为学生提供学业咨询、职业指导、经济咨询和心理咨询等多种咨询服务内容。而且，这些机构提供的咨询服务紧紧围绕人的心理、思想等问题，因此可以助力价值观教育的开展，保证其良好效果。以美国圣地亚哥大学的“咨询和心理服务”机构为例，该机构不仅为学生提供多种咨询服务，如个人咨询、群体咨询、危机干预服务、转诊服务等，还借助各种辅导计划推出多种教育项目，聚焦于学生个人情绪管理、与人协作等，帮助学生在自我个性、社会性和情感性等方面健康发展，这种让学生参与各种体验的价值观教育，是一种潜移默化的教育，可引导学生实现全面发展。③

---

① 张方圆．中美高校思想政治教育方法比较研究［D］．西安：陕西师范大学，2020.

② 曾蓉，洪黎．美国德育的特点及其对我国大学德育的启示［J］．教育探索，2012（6）：156.

③ 马健生，孙珂．美国大学主流价值观教育探析［J］．比较教育研究，2010（11）：28.

三、国外价值观教育的社会支撑体系发挥保障作用

价值观教育体系在任何时候都不会是一个仅仅在教育体系内自运转、自循环的封闭系统，而是在一定的社会中，需要依托各种社会条件因素的主导性、保障性或支持性的介入，才可能得以实现的开放系统。在国外价值观教育中，政治体制、政党、法律、政策、社会组织等成为这一开放体系中的重要支撑力量。其中，不同的政治体制下的价值观教育管理模式既有差异性特征，又有共性特征。各国政党通过法律、政策和学校教育的多元路径和方式对价值观教育发挥领导和控制作用，各国的法律和政策对价值观教育具有刚性的支撑作用，各类社会组织也会对价值观的传播、维护和流动产生广泛的影响。

（一）政治体制对价值观教育管理的影响

政治体制是决定国家教育管理和组织方式的主要因素。从国家权力运作的集中程度来分，大致可分为集权型和分权型两类政府体制。在这两种政府体制下，教育管理的方式也会有所不同。

1. 集权型体制下教育组织化程度相对较高

在集权型体制下，教育活动的组织管理权在很大程度上集中在中央政府，由政府直接干预，统一管理全国范围内的教育，包括教育目标和内容的设定、教育载体（课程教材等）审定及教育活动的组织等，主要由国家、政府集中领导实施和管理督促。在日本、新加坡、法国等集权型国家，包含价值观教育内容的思想政治教育受到国家的全面干预。

例如，日本的教育行政是中央集权制，教育由政府指挥，文部科学省①操作执行。文部省有权制定教育发展规划，调整学校教育目标和要求，审定教科书，对地方教育行政机关提供技术性指导和建议，拟定学校基本标准，指导课程设置和教学方法等。如日本文部省在2000年的白皮书中指出：出生率的下降、核心家庭的发展变化和城市化的推进导致了家庭和当地社区教育功能的显著下降，无法继续承担教育儿童如何做人、培养自律和集体精神以及传承文化和传统的责任。这种情况造成了各种问题，包括学校欺凌、失学和青少年犯罪问题不断

---

① 文部科学省（Ministry of Education，Culture，Sports，Science and Technology，英文简称MEXT），前身为文部省，是日本中央政府的行政机构之一，负责统筹日本国内教育、科学技术、学术、文化及体育等事务。2001年1月6日起由原文部省与科学技术厅合并而成。以下简称文部省。

恶化。因而学校教育应该成为单方面向学生灌输知识的一种主要形式。① 与此相对应，在公民教育的领导上，日本采用国家全面干预的办法，由政府统一管理，通过法律和教育规划制定相应的行政干预措施。通过这种管理模式，国家可以从整体上控制学校、家庭和社会教育中的消极因素，促进公民教育一体化及社会价值观的统一，培养忠诚于国家和民族的人才。

新加坡政府对公民道德和价值观教育以及精神文明建设实行统一领导、全面干预。如果没有政府的主导作用，统一提出规划、确定目标、制定切实可行的措施、组织实施和严格监督，就不可能取得很大教育实效。② 除了少数例外，新加坡学生都就读于国立学校，所有学校都要遵守教育部的指导方针和规定。教育部通过制定课程、编写学校教科书和课程材料、管理国家考试和资助学校等手段保持控制力。教育部官员仍然是确定课程内容、知识和技能价值的主要决策者，他们可以邀请选定的教师和学者为课程发展进程提供投入，但公众和整个教学界在其中的影响很小。研究结果表明，只有精英学生才有机会接受促进民主启蒙和政治参与的公民教育。相比之下，在职业技术轨道发展的学生的社会研究课程几乎完全侧重于传授一套预先确定的知识和一套被认为对学业成绩低的学生必不可少的价值观。教育部通过授权国家课程框架、编写和出版所有教科书和工作手册以及制定所需的评估，对专业技术轨道发展的学生的社会学习课程保持非常严格的控制③。

法国是中央集权制国家，教育的权力也集中在中央。中央设立教育部（包括法国国民教育、高等教育与科研部），对地方实行垂直领导，统管全国教育，统一规划制定教育大纲、确定教学内容和课时等。④ 因此，中央教育部门统管公民道德和价值观教育的特征也是非常明显的。

2. 分权型体制下教育管理相对松散

在分权型体制下，教育由政府间接管理、指导协调，国家更多地通过制度、法规、管理文化市场、调控舆论、发布国家文件等实施指导，地方政府有较大的教育管理自主权。例如，在美国、英国、德国等分权型体制国家，思想政治

---

① White Paper 2000［EB/OL］.（2000-11）［2022-11-20］. http：//www. mext. go. jp/b_menu/hakusho/html/hpae200001/hpae200001_2_004. html.

② 王鹏. 新加坡大学生主流价值观教育探析［J］. 思想理论教育导刊，2012（12）：100-103.

③ LI-CHING HO，Sorting citizens：Differentiated citizenship education in Singapore［J］. Journal of Curriculum Studies，2012，44（3）：403-428.

④ 赵明玉. 法国公民教育述评［J］. 外国教育研究，2004（6）：11-14.

教育由政府间接管理。

美国联邦政府历来对教育干预甚少，主要实行地方分权。但是，20 世纪中后期，呈现走向统一规划教育的趋势。1979 年，美国成立了联邦教育部。1983 年，美国高质量教育委员会发表《国家处于危险之中：教育改革势在必行》的报告，开始显现教育管理集权的倾向。之后，美国国会加强了对教育问题的审查，联邦教育部提出改革学校教育的指导性技术建议，规定了课本基本标准等。①

在英国，教育行政由中央教育与科学部、地方教育行政部门共同管理，教育和科学部不直接管理学校，而主要通过财政拨款、视导等方式施加影响；地方教育委员会和教育局具体管理所辖学校。起先学校课程和教材可由校长确立，但是，1988 年实行教育改革，英国开始实施全国统一课程。② 2002 年，在关于公民教育和学校民主教育的《科瑞克报告》（1998 年）之后，中学首次将公民教育作为法定科目引入。③

德国是联邦制国家，地方各州在教育上有自主权。相应地，在思想政治教育领域，各地的具体实行情况也就有许多差异。然而，德国在公民教育方面形成了共同的传统。这始于第二次世界大战后的西德时代，对纳粹的反思是公民教育的驱动因素，其基础是“民主教育”，以创造一个新的社会，抵制所有类型的极权主义。联邦政治教育中心（Die Bundeszentrale für Politische Bildung）是负责提供德国宪法规定的公民教育的主要公共机构。广泛的教育活动旨在“激励人们，使他们能够对政治和社会问题进行批判性思考，并在政治生活中发挥积极作用”。这一做法的必要性在于，考虑德国在历史上经历过各种形式的独裁统治，德意志联邦共和国肩负着将民主、多元化和宽容等价值观牢牢扎根于人民心中的独特责任。④

3. 不同管理体制下价值观教育的共性

在不同体制下，各国对价值观教育的组织和管理方式虽然各有差异，但它们之间存在着共性，即国家关于价值观教育的基本目标和要求是大致相同的。

---

① 孔锴．浅谈 20 世纪 80 年代以来的美国基础教育课程改革［J］．外国教育研究，2006（2）：46-51.

② 白彦茹．论英国中小学课程改革与发展［J］．外国教育研究，2004（3）：18-21.

③ PIKE M A. The State and Citizenship Education in England：a Curriculum for Subjects or Citizens?［J］. Journal of Curriculum Studies，2007，39（4）：471-489.

④ Bundeszentrale fur Politische Bildung（2009）.［EB/OL］．（2021-05-03）［2022-11-20］. http：//www. bpb. de.

国家的价值观教育目标，从个体的角度来看，是引导个体完成政治社会化过程，培养公民形成一定的政治价值、政治态度和政治行为，成为合格公民；从社会的角度来看，国家通过各种教育和影响，将社会主导的价值传递给公民，培养公民的政治认同、政治忠诚和政治责任感，使其能够扮演一定的政治角色，以实现政治价值的传承和社会的稳定。因此，各国都有统一意识形态和价值观念的出发点、理论依据和现实需要，也会从各自的社会特点出发，集聚各种社会资源，调动各方社会力量，运用各种行政手段和方式，实施或加强价值观教育。

（二）政党对价值观教育的领导作用

马克思主义认为，政党本质上是特定阶级利益的集中代表者，是特定阶级政治力量中的领导力量，是由各阶级的政治中坚分子为了夺取或巩固国家政治权力而组成的政治组织。[①] 在现代国家中，政党通常有着特定的政治理念、政治目标和意识形态，政党建构价值观念和意识形态的重要体现就是要营造与传播社会共同的价值观。

虽然国外政党不一定直接领导或者管理社会价值观教育，其政党的组织与社会的其他组织（如学校、企业等）绝大多数不存在组织层面的联系，更没有组织意义上的隶属、支配关系，政党是相对独立、分离的政治组织，但是政党成员广泛分布在政府和各种社会组织中，其对价值观教育的重视程度有增无减，政党通过各种路径对社会的价值观教育产生影响。

首先，政党通过学校课程教育实施政治灌输。阿普尔（Apple）研究指出，课程本身就是主流阶级的权力、意志、价值观念、意识形态的体现和象征，课程知识实际上是一种“官方知识”，是一种法定文化，其背后必然隐藏着某些价值观念或意识形态的控制。[②] 而最能体现主流阶级权力意志、价值观念和意识形态的往往是各国政党，尤其是执政党。资本主义国家在开展价值观教育过程中必然贯穿资产阶级政党的意识形态和价值观念，虽然未必设置价值观教育的专门课程，但都会在公民课程、德育课程、社会课程中予以体现。

其次，政党通过制定纲领政策和教育法案，推进教育和思想政治教育改革。比如，美国的“新品格教育”运动，不论是2000—2008年共和党执政时期，还是2008年后民主党执政时期，都通过教育提案等方式予以支持。共和党总统布什于2000年提出的《不让一个孩子掉队》立法议案中，明确了为加强品格教育“要增加用于品德教育的拨款，用于培训教师和增加品德教育方面的课程与活

① 王浦劬．政治学基础［M］．北京：北京大学出版社，2005：194.

② 阿普尔．意识形态与课程［M］．黄忠敬，译．上海：华东师范大学出版社，2001：序.

动”的具体指导性方案。① 随后，美国各地州政府纷纷制定品格教育的方案和加大投入，推动品格教育在美国的进一步发展。

最后，政党领袖或重要人物对价值观教育施行柔性渗透。政党领袖或重要人物一般都在社会上有巨大的影响力，他们的政治主张和言行举止皆可能对社会产生广泛影响，进而对价值观教育进行渗透。以美国为例，美国两党竞选从普及和宣传资产阶级的政治、经济、社会主张与价值观念等方面来看，可以对青年学生的价值观、政治观念的形成产生直接影响作用。总统的就职演说、重要场合的发言、对重大事件的看法、重要政党人物在学校里的活动，都是直接宣传政党意识形态、培养学生国家观念和价值观念的重要机会。

（三）法律和政策对价值观教育的刚性支撑

各个国家通过制定政策和法律规范，对价值观教育进行相应的明文规定，这是价值观教育的政治保障和有力支撑。新加坡政府通过立法，对违背社会公德的行为进行严厉的处罚。政府还加强对网络的管理，对违规者采用法律手段进行制裁。韩国颁行的《国民教育宪章》以及其他教育法案、日本颁行的《基本教育法》和《社会教育法》等都促使教育法治化，对传统文化道德、民主、自由等价值观的教育给予法律上的支持和保障。韩国、日本、新加坡还推进公务员的道德入法。韩国宪法要求所有公务员在履职前向宪法宣誓，对国民负责。日本针对早期频发的“金权丑闻”，制定了相关法律，严格规范公职人员的行政行为和道德行为。新加坡政府实行“精英治国”，对政府公务员的选聘和考核制定了完整的管理体制，促使公务员提高道德水平和加强自律。②

美国联邦政府对公民价值观教育的间接干预也体现为法律手段的控制，政府可以通过联邦宪法和其他法律、法规把人们的思想和行为引向美国的价值和准则，为完成政治社会化的过程提供法律保障③。美国大部分州的法律对学校教授美国宪法课程做出明确规定，要求16~18岁的学生要学习《独立宣言》、代议制原则等，旨在培养公民对美国的法律和制度的所谓公正性与合理性的认识。④ 此外，美国联邦政府及其一些州还在法律中规定了核心价值观教育的内

① 张铁勇．新世纪美国学校德育发展的格局与走向［J］．外国教育研究，2010，37（3）：74-78.

② 曾凡星．韩国、日本与新加坡构建社会核心价值观途径研究［J］．上海党史与党建，2012（3）：60-62.

③ 张荆红．公共理性政治社会化的一个成功案例：美国的公民教育及其对中国的启示［J］．学习与探索，2008（2）：73-75.

④ 芦雷．美国“世界公民”教育的实施途径［J］．教学与管理，2010（34）：77-80.

容。例如，《加利福尼亚州教育法》第 44790 条规定，在加利福尼亚州所有公立学校的 K-12 年级实施有效的伦理和公民价值教育计划。新泽西州参议院 1992 年第 13 号决议案和第 298 次会议认为，品格教育意味着使每个儿童认同社会生活的共同核心价值。华盛顿等州也颁布了教育规范和决议案，规定了核心价值观的内容。一些学区给予了响应，如得克萨斯州柏拉诺学区采用了一整套“蓝带学校”认同的核心价值观；俄亥俄州普林斯顿学区采用了一整套品格教育价值观。①

自 20 世纪 90 年代末至 21 世纪始，英国政府更加注重用政策和法律手段加强公民身份及价值观教育。根据法律，英格兰公立学校的所有儿童必须服从其支持的价值观（无论他们、他们的父母或他们的社区是否认同）。从 2002 年 9 月起，公民身份成为英国中学的一项新的法定基础科目（至少分配 5%的课程时间），也成为小学的个人、社会和健康教育中的一个基本要素。从 2003 年起，学校必须报告 14 岁儿童取得公民资格的情况。② 此外，英国政府还通过实施教育改革政策支持价值观教育。2007 年，英国教育与科学部发起了新一轮公民教育课程改革，发布了《课程审视：多样性与公民身份》白皮书，在公民教育课程中增加了“认同与多样性：共同生活在联合王国”的新内容，将英国共同价值以及英国生活方式的教育纳入法定公民课程中③。

二战后，德国政党通过立法推动“政治养成”教育，培养学生新的政治观念。联邦政府和各州政府都为此设立了联邦政治教育中心，要求学校开设政治教育必修课，目标是尽可能客观地给学生介绍政治发展的实际境况，培养公民的政治意识、政治判断能力及政治行动能力，了解和认同政治制度的基本价值，民主准则的性质。④

（四）社会组织参与社会价值观的“再生产”

在国外价值观教育及其建设中，企业及社会组织发挥的作用也有明显的表征和现实基础。尤其是非营利的各类社会组织在社会核心价值观的传播中发挥着重要作用。非营利的社会组织主要有国内民间组织和国际非政府组织两大类。

---

① 范树成．美国核心价值观教育探析［J］．外国教育研究，2008（7）：23-28.

② PIKE M A. The State and Citizenship Education in England: a Curriculum for Subjects or Citizens?［J］. Journal of Curriculum Studies, 2007, 39（4）: 471-489.

③ Sir Keith Ajegbo. Diversity and Citizenship Curriculum Review.［EB/OL］.［2022-11-20］. Http: //www. educationengland. org. uk/documents/pdfs/2007-ajegbo-report-citizenship. pdf.

④ ALEXY BUCK. The Education Ideal of the Democratic Citizen in Germany［J］. Education, Citizenship and Social Justice, 2009, 4（3）: 225-243.

1. 国内民间组织的多元化样态与社会核心价值观的传播和维护

目前，世界各国都存在较为庞大的民间组织，社会民间组织也日益成为参与国家社会核心价值体系建设的重要力量。它们凭借自身的强凝聚力优势，不断扩大影响力，甚至能够形成一定的国际性影响。各个国家纷纷通过立法规制、税收政策、政府扶持等手段，加以积极的引导和规范的管理，引导民间组织积极传播和维护社会核心价值观。①

欧美国家非常注重引导各类社会团体参与社会核心价值观建设，尤其是在生态环境保护、教育援助、历史文化艺术遗产保护等领域，通过给予税收豁免和贷款资助等优厚待遇，鼓励各类民间组织参与社会公益服务。通过加强政府与社区民间组织的合作，鼓励支持民间公益事业的发展，推动落实社会核心价值观建设和增强社会凝聚力。比如，在德国，除联邦政治教育中心外，还有300多个经批准的教育机构、基金会和非政府组织参与公民教育。重要的是，德国还为附属于议会政党的基金会提供资金。这些基本独立的基金会促进了德国公民民主教育的发展。与联邦政治教育中心一样，它们的工作也针对儿童和成年人。②

2. 非政府组织的功能与社会价值的流动

非政府组织（Non-Governmental Organization，NGO）是指不属于政府、不由国家建立的国际性组织，一般主要指非商业化的、合法的、与社会文化和环境相关的国际性的民间组织。NGO在国际社会中的角色是多元的，它兼有国际政治行为主体、联合国“咨商”、全球治理主体等多重角色。NGO的基金至少有一部分来源于私人捐款。③

相关研究表明，NGO为成年人提供了重要的非正式学习环境，内容涉及从基本识字到人权教育等问题。在实践中，NGO的干预往往基于这样的理由，即当向社区成员提供关于其法律权利的知识并对其进行公共问责方面的培训时，公民资格的能力将会增加，积极参与力将会得到加强。④ NGO对国家主权的影

① 周利方，沈全．国外核心价值观建设的实践类型及启示［J］．理论月刊，2011（11）：158-162.

② BUCK A. The Education Ideal of the Democratic Citizen in Germany［J］. Education，Citizenship and Social Justice，2009，4（3）：225-243.

③ SALAMON L. Global Civil Society：Dimensions of Nonprofit Sector（Vol. 2）［M］. S. Wojciech Sokolowski and Associates ed.（West Hartford；Kumarian Press，USA，2004），9-10.

④ HOLMA K，KONTINEN T，BLANKEN-WEBB J. Growth Into Citizenship：Framework for Conceptualizing Learning in NGO Interventions in Sub-Saharan Africa［J］. Adult Education Quarterly，2018，68（3）：215-234.

响具有两面性，一方面，它有独立于国家和政府的利益和见解，有时甚至站在对立面，对国家和政府提出批评；另一方面，NGO 是国家和政府的帮手与支持者，其行为是对政府行为的延伸。在更重要的意义上，非政府组织的使命和宗旨都彰显了某种社会价值。例如，绿色和平组织（Greenpeace）以保护地球、环境及其各种生物的安全与持续性发展为使命，促进实现一个更为绿色、和平和可持续发展的未来社会。其倡导的“非暴力直接行动”（Non-violent direct action）如今已成为引领公众促进社会变革的重要手段。国际红十字会秉持人道、公正、中立、独立、志愿服务、统一、普遍等价值原则，在国际性或非国际性的武装冲突和内乱中，以中立者的身份，开展保护和救助战争与冲突受害者的人道主义活动。有学者对英国和韩国的 NGO 进行了实证研究，其中第一个重要发现是，NGO 可以通过较不正规的教育在提供公民教育方面发挥重要作用；第二个重要发现是，NGO 在青年与学校之间、青年与社会之间发挥了很好的联系作用，NGO 实际也在补充学校提供的公民教育。①

总体来说，NGO 从事的社会服务、慈善活动及其他公益事业，渗透着人道主义和志愿精神，其本身也在形塑着平等、信任、合作等社会价值观念。与国家内部普通民间组织相比，NGO 更具有全球影响力，它在各文明社会价值观的流动中起到中转、继迁、集成、再造的作用，也是价值观教育中不可忽视的一支力量。

四、社会文化成为国外价值观教育的宏观环境基础

文化影响人们的价值取向和教育理念，社会文化的影响贯穿国外价值观教育的全过程。各国不同的文化对价值观教育的影响不同，产生或者促进或者阻碍的作用。

（一）社会文化影响价值观教育的机理

价值观教育作为一种教育实践活动，必然是在一定的社会文化环境中运行的，因而社会文化环境的影响就必然会渗入价值观教育过程。具体而言，社会文化在以下三个环节影响价值观教育的运行过程。

① PARK S Y, SENEGACNIK J, WANGO G M. The Provision of Citizenship Education through NGOs: Case Studies from England and South Korea［J］. Compare: A Journal of Comparative and International Education, 2007, 37（3）: 417-420.

1. 文化环境影响价值观教育的内化过程

马克思指出："人创造环境，同样环境也创造人。"① 价值观教育的内化离不开环境，环境和情境影响着教育对象价值观内化的过程。尤其是文化环境为受教育者价值观建构提供和营造了一种情境，这种情境对于教育者和受教育者而言是一种共时性的存在，使他们之间拥有相互理解和接受对方思想、感情、行为、言语方式的共同基础。并且，这一共同的文化基础不是教育行为发生的当下才有的，而是早已作为双方共处的生活环境，对他们有着不同程度的潜移默化的影响。唯其如此，教育者才能以此文化的力量激活受教育者内心的情感和思想内化的动力。

2. 文化环境影响价值观教育的外化过程

在价值观教育过程中，受教育者的价值观外化为行动，不仅需要外部提供物质动力，而且需要高层次的精神追求，从而驱动外部行为发生的强大需要动机。正如马斯洛的基本需求层次理论揭示的，低层次的生理需求必须得到优先满足，而高层次的精神需求不同于低层次的生理和安全需求，只有不断升级指向高层次的精神需求才能不断激励受教育者个体，使其成为"自我实现的人"。而高层次精神需求的产生离不开高层次的精神文化环境的熏陶和积极导向作用。因此，在价值观教育过程的"外化"环节，文化环境发挥着重要作用。

3. 文化环境影响价值观教育的反馈过程

教育者和受教育者双方是通过一定的文化环境接受价值观念并实现价值期待的，而正是由于个体价值观念深受外在文化环境的影响和熏陶，不同的个体均受一定的先在经验等社会文化因素的影响，先在经验的价值观念潜移默化地影响教育者和受教育者的评价。② 因此，在反馈阶段，由于教育双方先前背景知识、先有经验等文化环境的影响，即使反馈环节各类评价标准具有一定的稳定性和客观性，来自受教育者的自评以及教育者的他评也会一定程度地影响最终的价值观教育评价效果。

（二）各国价值观教育中社会文化影响的要素及特点

1. 美国价值观教育中的文化影响

（1）基督教文化：价值观教育的精神底蕴

美国的价值观教育中，宗教文化影响深远，在个人和社会的道德信仰层面

---

① 马克思，恩格斯．马克思恩格斯选集：第 1 卷［M］．北京：人民出版社，2012：172-173.

② 罗洪铁，周琪．文化环境：思想政治教育运行的新视界［J］．马克思主义研究，2007（3）：94-95.

起着举足轻重的作用，可以说，基督教文化铸就了美国精神的底蕴。美国是一个以新教立国的国家，仅用两百年的时间就从殖民地成为独立国家，从偏于一隅走向了世界舞台的中心，美国基督教文化倡导的自强、节俭、自律、友爱、互助、自由、勤奋、平等等，起到了价值观的动力作用。基督教文化还通过各种方式渗透到美国社会的价值观教育体系中。参与教会活动既是众多美国民众的文化传统，也是内化了的个人习惯。教会是美国民众的一个重要的社交平台，社区的新居民通过教会融入社区，居民通过教会活动联络情感；教会向人们传递传统的价值观和道德准则，在相当程度上影响着社会舆论。学校也是宗教文化的传承之地，如美国国会众议院投票通过，允许公立学校和其他公共建筑物陈列、展示宗教文化产品。美国很多私立学校开设宗教课程，教育和培养学生的品格和价值观念。①

（2）新保守主义：价值观教育的传统回归

新保守主义作为一个全球性的热点，于20世纪60年代末在西方国家出现。新保守主义在美国发展成为一种思潮，它与新自由主义如同阴阳两极，既相生相伴，又此消彼长。20世纪60年代，美国发生的两起新自由主义的标志性事件——肯尼迪、约翰逊总统倡导的“伟大社会计划”以及越南战争，都是以自由主义为理论基础的运动，但都以失败告终。特别是越南战争，不但在美国，在整个西方世界都造成了极其深远的影响。“嬉皮士”“垮掉的一代”“性解放”等带有深深负面烙印的社会现象不断滋长，不断侵蚀美国社会原有的价值观与道德基础，新自由主义因此陷入了危机，新保守主义渐渐崛起。② 新保守主义的两个代表人物——里根总统与小布什总统，带来了新保守主义的两轮高潮：20世纪80年代里根总统执政时期，在政府内起用了一批新保守派，新保守主义在这一时期的发展形成了第一轮高潮，里根政府的对内、对外政策深受其影响；21世纪初，小布什入主白宫成为总统，起用了一大批新保守派人物进入政府决策核心，新保守主义在这一时期的发展形成了第二轮高潮，内政外交政策带有浓厚的新保守主义色彩。尤其是“9·11”事件发生后，新保守主义的思想和政策主张对美国政治、经济和文化教育产生的影响更甚。

新保守主义主张伦理价值观教育回归传统，推崇西方传统道德观念和高雅文化，重视宗教、家庭的社会基础性作用。在价值观方面追求“普世价值”，即所谓超越国家、种族、文化、区域而为人们共同信奉的价值观。新保守主义提

---

① 周利方，沈全．国外核心价值观建设的实践类型及启示［J］．理论月刊，2011（11）：160.

② 徐媛媛．新保守主义对美国道德教育的影响［D］．济南：山东师范大学，2009.

高了宗教教育在美国公民道德教育和核心价值观教育中的重要性，发挥其社会文化的“压舱石”作用；同时，改进学校道德教育，除了正式德育课程外，把道德教育渗透到所有课程中；整合各种教育渠道，形成强有力的教育合力。

2. 英国价值观教育的文化基础

价值观与文化形态有着深层的内在联系，英国的思想文化在人类近现代史上有着非常重要的地位和巨大的影响力，对其本国的学校价值观教育也发挥了重要作用。

（1）自由主义：价值观教育的传统根基

英国文化具有自由主义的传统，主张个人的自由权利高于一切，强调人人平等，尊重个体差异。深受自由主义价值观念的影响，英国学校的价值观教育包容性很强，各种不同的价值观念都能够在一定程度上得到理解、尊重、接纳、认同。如 20 世纪之前，英国学校教育就倡导自愿原则，自愿原则使学生有免于义务教育的自由，学校也有免于国家干预的自由。

在这种传统思潮的影响下，英国学校的价值观从认知、情感、技能等方面都侧重于培养自由民主的社会合格公民，尤其强调非强制性灌输理念，即不是通过特定的、系统化的、显性的课堂教学方式硬灌价值观念，而是通过多种形式的价值观教育活动习得一定的价值认知，从而培养合格公民应具备的价值判断能力和价值选择能力。

（2）新保守主义：价值观教育的国家化转向

长期以来，英国缺乏国家层面统一规定的教育课程体系、师资培训、课程管理、教育督导、教学安排和课程框架等，这在其价值观教育中导致教育标准不一，教育质量参差不齐。国家层面公共权力机构对学校教育的指导力度和影响力度远小于同时期其他西方国家，这使英国学校的教育改革处于滞后状态，改革之路需要经历漫长的过程，造成了英国在相当长一段时期里价值观教育发展较为迟缓。比如，19 世纪末 20 世纪初，英国的初等、中等教育制度相互独立，还未实现初等、中等教育有机衔接。又如，其他西方国家直接通过国家立法即可实现国家教育改革法的颁布和实施，而在英国却经过百年的漫长等待，才终于迎来《1988 年教育改革法》的颁布和实施，初步实施全国统一的国家课程和考试评估体系。

然而，新保守主义则有效推动了英国学校价值观教育的国家化发展。不同于英国传统的保守主义者，新保守主义者特别尊崇国家权威，他们考虑并强调教育的传统权威性、秩序标准性、等级制度性等要素，新保守主义助推英国的教育行政体制和基本权力结构发生重大变革，积极推动英国学校的价值观教育向国家化发展，逐步转入具有强制性的发展轨道。如保守党政府大力强化并推行公共教育领域国家化权力系列举措，设立国家直接拨款资助学校，在公立的中小学推行全国统考等，这些举措都是新保守主义“国家权威主义”价值观的直接反映，这些强有力的举措甚至被学者麦克利恩（M. Mclean）称为“民粹主义的中央集权主义”，体现了新保守主义加强对教育的宏观领导和控制，为实现英国价值观教育的国家化发展转向铺平了道路。①

（3）多元文化主义：价值观教育同质性与多样性的张力

二战以后，在多元文化背景的影响下，英国的价值观教育呈现同质性和多样性的张力，其教育政策也经历了从同化到包容多元文化的发展历程。20 世纪 50 年代，作为老牌资本主义国家的英国由移民输出国转为移民输入国，面对不同文化背景的移民，英国开始进行差异群体的生活模式研究，这一时期，其教育政策体现了同化教育观念，学校帮助移民学生逐渐淡化和抛弃原有的文化认同，逐步理解、接受英国的主流价值观念，缩小移民文化差异，帮助学生适应和融入英国主流社会，增强英国主流文化认同。

20 世纪 70 年代，英国教育政策凸显“整合论”取向，学校的课程既彰显英国主流文化和主导价值观的优越性，又力图将其主流观点整合到学校教育之中，同时包容文化的多样化。因此，其教育改革基于整合论观点，提倡主流价值观念，同时转向重视和包容教育教材、教法的自主选择和容许文化差异性。20 世纪 80 年代，英国开始出台一系列国家层面的教育报告和政策法规文件，强调学校教育要培养学生尊重文化多样性，为所有学生提供公平机会，推进教育民主化。如英国在 1985 年发表的《斯万报告》（“Swann Report”）表明，20 世纪 80 年代的英国是一个多种族、多民族、多文化的国家，它需要包容多元种族，既保持它们独特的民族特征，又要动员和促使多元族群在英国主流价值观念下，全身心地参与到英国国家建设中去。②

3. 法国价值观教育的文化基础

法国公民教育的发展深受其悠久的传统政治文化影响，不断形成法国独有的特点。

（1）法国公民价值观教育的传统政治文化背景

人权思想。人权思想不仅在法国占有极其重要的地位，而且被载入联合国

---

① 麦克利恩，石伟平．“民粹主义的”中央集权主义：评英国 1988 年教育改革法案［J］．外国教育资料，1990（8）：74.

② 邱琳．英国学校价值教育的发展模式和基本特征［J］．比较教育研究，2013（1）：65.

宪章。法国启蒙思想家最早提出“天赋人权”理论，强调人权思想，通过颁布《人权宣言》捍卫人权思想，使这一观念不断深入人心。人权思想在法国公民教育中通过注重权利意识的培养而充分体现出来，并且成为法国公民教育必修内容之一。

教育世俗化思想。18世纪到19世纪，法国的启蒙思想家反对教权过多干预社会和政治生活的思想体系，反对教会对教育的过多控制和干预，主张法国教育事业由国家主管，提倡教育要回归世俗，在此过程中推动和催生了法国公民教育的理念。他们主张全学科教育，培养法国共和国合格公民，包括对公民进行综合的社会科学、自然科学、伦理道德教育等课程学习，以道德教育课程代替宗教课程。

法治思想。18世纪的法国启蒙思想家在自由和人权的基础上，发展了亚里士多德（Aristotle）的法治思想。其中，法国伟大的启蒙思想家孟德斯鸠（Montesquieu）和卢梭（Rousseau）的法治主张影响最为深远，他们都崇尚理性，反对教权主义和专制主义，提倡科学、自由、平等、人权和法治的理念。他们以自然法为武器，为法国资产阶级革命和新兴的资产阶级国家政权奠定了坚实的思想基础和制度的理论基础，也为法国公民教育体系的构建提供了重视法律保障作用的思路。

（2）法国公民价值观教育呈现传统政治文化影响的特点

第一，国家组织化程度高。受传统政治文化影响，法国的公民教育呈现出高度的国家组织化的特点，政府高度重视公民价值观教育并坚持国家在其中的主导地位，国家建立统一的教育督导制，在中央集权教育领导体制下直接干预教育。这一特点正是发端于法国启蒙思想家的教育世俗化思想，并在公民教育自身的发展中逐渐形成的。①

第二，政治教育色彩浓重。法国公民教育突出公民权利意识的培养和政治参与意识的唤醒。其公民教育重在让学生明确认识作为法国公民的权利与义务，担当法国公民的职责，树立法国公民的权利意识，从而在公民价值观教育过程中不断锻炼和培养学生的政治参与意识。而法国的这种公民政治参与意识的培养最早是以法国大革命精神和颁布的《世界人权宣言》为参照基点的。②

第三，法律保障实施意识强。源于法国启蒙运动的法治思想，法国的公民价值观教育依托法律的保障作用，其公民教育课程的重要地位以国家立法的形

---

① 高峰．法国学校公民教育浅析［J］．首都师范大学学报（社会科学版），2005（2）：110.

② 王晓辉．法国公民教育的理论和当前改革［J］．教育科学，2009（3）：86.

式加以明确，并以法律法规的形式保障公民教育课程的正常进行。

4. 德国价值观教育的文化基础

从历史的脉络来分析，德意志民族是世界上多民族最为特殊的混合体。近代德国思想家尼采（Nietzsche）曾经说："德意志人的灵魂首先是多重性的、多源头的、混合重叠的，而不是实实在在地建立起来的。"① 这也注定其文化的复杂性、多重性、混合性。由于受德意志民族历史、地理以及政治等复杂因素的多重影响，具有这种鲜明特点的德国文化成为其价值观教育的重要基础。②

（1）浓厚的民族情结

德意志民族经历了太久的分裂，使他们具有极其强烈的民族意识、爱国情结，他们尤其渴望民族团结，国家统一。这种浓郁的民族情感培育出德国人极其强烈的爱国主义思想，甚至曾使德国人走上民族"沙文主义"的道路，给整个德国及全世界带来灾难。

（2）根深蒂固的军国主义意识

历史上的德意志民族一直处于四处征战状态，通过战争求得民族的生存和国家发展，因而，从古代、中世纪一直到近代社会，德意志民族延续了军国主义传统，具有根深蒂固的军国主义意识，而这也是两次世界大战中德国成为世界大战策源地的重要原因。③ 在德国，这种与政治独裁紧密勾连的传统意识在第二次世界大战后的几十年中，逐步被民主的价值观教育改造和消弭。

（3）勇往直前的奋斗精神

德国在经历两次世界大战后遭到重创，但它仍能够在较短时间内迅速重建、崛起，被誉为"灰烬中升起的不死鸟"，这与德国民族文化基因密不可分。德意志民族具有艰苦奋斗、自强不息的文化精神，具有坚强的意志、顽强的毅力和开拓进取的创造力。④ 这是德国人能够从废墟中迅速崛起的文化资本。

（4）实用主义的文化传统

德国在古代便具有奉行实用主义的特点，后来实用主义逐渐成为德意志文化传统之一，成为德国人为人处世的一项基本原则。由于中世纪以来普鲁士历任统治者均信奉实用主义，而此后实用主义也成就了其自身的强大，实现了国家统一。第二次世界大战以后德国继续推行实用主义，带来了经济的再次复苏

---

① 转引自（美）科佩尔·S. 平森. 德国近现代史［M］. 范德一，译. 北京：商务印书馆，1987：7-8.

② 胡劲松. 20 世纪德国文化的文化特质和教育特征［J］. 比较教育研究，2004（3）：1.

③ 赵爱荣，张有龙. 德国文化传统与教学论［J］. 教学与管理，2007（7）：156.

④ 赵爱荣，张有龙. 德国文化传统与教学论［J］. 教学与管理，2007（7）：156.

和快速崛起，国家再度实现统一，实用主义也逐渐成为德国重要的精神内核之一。

(5) 争取自由和民主的人文主义传统

18 世纪中叶到 19 世纪中叶这百年时间，是德国文化最为繁荣的时期，也是德国启蒙运动中产生古典人文主义思潮的时期。从康德、莱辛、歌德到席勒，德国古典人文主义思潮经历了从形成、发展到高涨的历程，同时这一历程是德国思想领域资产阶级民主主义和自由主义产生的时期。古典人文主义思潮与传统的军国主义相对立，争取自由和民主，倡导发展人的个性，提出人道主义理念，推崇宽容、人性和民主的进步理念，反对教会，反对封建专制。这也成为后来德国民主政治文化重建的重要思想文化来源。①

5. 新加坡基于儒家文化继承发展的价值观教育

新加坡十分重视国民价值观念的培育，推崇东方优秀传统文化教育、传统道德教育，逐渐成为世界上推行优秀传统文化教育的典范。新加坡重视公民道德教育，各级各类学校注重选编公民道德教材，培育融合儒家精神和公民道德教育观念的新加坡合格公民。具体而言，呈现出以下特点。

(1) 去粗存精，继承发展儒家伦理思想

新加坡结合社会需求，对儒家伦理道德思想进行扬弃，取其精华，去其糟粕，继承儒家优秀传统思想，赋予儒学思想现代意义。如“五伦”，新加坡对其内容和解释都做了调整，摒弃男尊女卑的封建观念，强调男女平等。通过对儒家伦理思想做出符合现代社会需求的合理化取舍和改造，使儒家思想获得人们新的认同感。

(2) 编写儒学教材，推行儒家伦理

新加坡通过编写儒学教材，开设儒学课程，对学生进行儒家伦理及其道德价值观的教育。如出版的道德科通俗读物，收录孟母三迁、孔融让梨等中华传统美德小故事，编写英译本《三字经》，通过这些自编教材，在新加坡各级学校中开展科普读物的学习，推行优秀传统文化教育，收到良好的教育效果。②

(3) 注重道德教育与实践活动的结合，增强教育效果

新加坡除了进行显性的学校课程学习，还重视社会大场景中的道德实践活动，通过开展丰富多彩的实践活动，增强学生的活动体验感、获得感，从而提

---

① 任平．德国普通教学论的嬗变、危机与展望：基于经典教学流派的评［J］．课程·教材·教法，2020（8）：137.

② 张华，严春宝．现代化浪潮中的儒家德育实践：新加坡“儒学伦理”教育研究述评［J］．孔子研究，2020（4）：84.

高其道德品格。据不完全统计，新加坡每年开展的全国性活动约 20 个，多数活动是以儒家伦理作为指导思想的。① 如长期开展“礼貌活动”，使青少年一代普遍接受礼貌教育，提升新加坡人的整体精神风貌。此外，新加坡还注重在公共场所营造社会教育氛围，张贴印有传统文化语录的宣传广告等。这些实践活动举措通过自然化、无声化的方式渗透到社会生活方方面面，发挥德育隐性教育功效。

这里需要补充说明的是，新加坡价值观教育的文化背景并不是那么单一。除了儒家文化影响外，诸如社群主义等西方思潮也在新加坡产生较大的社会影响。关于儒家思想与社群主义思想在新加坡如何交融而形成具有内在统一性的主流文化，并成为其价值观教育的宏观文化背景，这个问题我们将在本书分论中进行专题探讨，在此不做赘述。

6. 韩国基于儒家文化浸染的价值观教育

受地缘因素影响，自古以来，儒家文化对韩国的影响较大，浸润较深。它不仅深深影响着韩国国民教育，甚至在一定程度上影响着韩国国民的文化心态。

（1）儒家伦理决定道德教育方向

儒家伦理是韩国道德教育的重要载体，是培养和塑造大韩民族气质，决定民族走向的最重要道德教育内容。韩国教育宪章中提到的“民族自尊”“弘益人间”等儒学思想与中国古代儒学思想一脉相承，体现了修身、齐家、治国、平天下的儒学思想。②

（2）儒家伦理决定道德教育内容

韩国的中、小学校尤其重视伦理道德教育，并将德育作为必修学科授课，德育课程的核心是体现儒学精神。如小学低年级开设礼节德育课程，小学高年级开设融入“个人生活、邻里生活、学校生活、社会生活、民族生活”等方面的德育课程。韩国中学则是对小学德育课程的拓展和延伸。③

（3）儒家伦理决定道德教育的实践

韩国不但重视德育理论维度的知识传授，而且特别注重在实践维度将儒学精神有机融入实践载体。韩国学校在学生在校吃饭礼仪、课间走路礼仪等实践活动中融入儒家思想。④ 此外，韩国还借助社会实践活动载体，将儒学精神融入

---

① 张华．儒家伦理课程中的国家认同教育［J］．思想政治课教学，2021（3）：76.

② 程增俊．韩国公民教育中的儒学精神［J］．阜阳师范学院学报（社会科学版），2005（4）：114.

③ 方宗丹．探析韩国德育发展的成功路径［J］．科技创新导报，2014（17）：189.

④ 姜英敏．韩国全球公民教育的发展及其特征［J］．比较教育研究，2013（10）：49.

国民潜意识，将儒家伦理精神植入国民心中，将优秀儒家文化作为国民修身之德铭，引导学生将德行与国家命运紧密相连，培养具有爱国主义精神和文化素养的韩国国民。

第三部分

国外价值观教育体系的评价与可借鉴性分析

如前文所述，国外价值观教育中，价值观教育的体系化建构和运行是其最基本的特征，包括价值观教育的精神内核系统、价值观教育的运行机制系统、价值观教育的社会支撑系统以及社会文化环境系统，合力形成了其价值观教育的基本运行体系。基于此，我们将进一步研究和揭示其体系化运行中的内在规律和本质，做出客观的评析，并从中获得对于我们的启发和可借鉴之处。

一、有效性：国外价值观教育体系化运行评价的核心

我们在对国外价值观教育体系的现实情况进行系统考察的过程中，设定了一个基本的分析视角——教育的有效性，即从有效性的视角对国外价值观教育状况进行评析，其中包含对其运行取得成效的策略及其运行中遭遇问题的双重揭示。

（一）国外价值观教育体系化运行取得成效的总体策略

国外价值观教育有其体系化运行的特点，而这其中蕴含着有利于取得教育效果的因素。只有透过现象的表征看其内在的深层特征，我们才能客观准确地了解和掌握国外价值观教育取得有效性的基础所在。从总体上考察，国外价值观教育的策略、特点及实效是在若干对立统一的辩证关系中呈现出来的。

1. 国外价值观教育的“名”与“实”：体系化运行的实质

在国外许多国家的政治生活和教育活动中，“价值观教育”虽然并非作为一个有公认的明确界定的概念或者常用词被使用，在国外大学的一些教师和管理者的识见中甚至是讳莫如深的概念①，但价值观教育是各国执政党和政府实实在在予以重视和投入的一个领域，因为它关涉国家意识形态的领导权和控制权，关涉国家政权的稳固和政治的持续运行。

---

① 在本书开展的访谈中发现，某些国外大学的部分教师和管理人员对“价值观教育”的提法或不置可否，或避之不及，态度有些模糊。

“无名有实”，可以说是许多西方国家中价值观教育及其体系化运行的一个共性特点。在其教育活动的日常管理和社会生活中，“价值观教育”通常不被明确地专门提及和论说，实际却普遍地存在于政治生活和教育实践之中，其渗透性甚至达到无时不有、无孔不入的程度。就如英国的一位熟谙价值观教育的小学女校长在接受本书访谈中形容的：价值观教育就像一把巨大的伞，张开在学校教育和孩子成长的空间。[①] 而且，由于社会各方对价值观教育的参与、协同和支持，已在无形中形成一个巨大的价值观教育社会运行体系，这个体系由三个子系统构成：家庭、学校和社会的教育协同系统；政党、政策、法律和社会组织的社会治理系统；传统、文化和国际背景的社会环境系统。从表面看，这些因素处于松散的结构和自在的形态，实际却被统摄在国家和社会治理的一个宏观的运行体系中。价值观教育“名”与“实”的分殊在这里显得并不那么重要，因为这完全不能遮蔽国外价值观教育的实存及其体系化运行的实质，也没有因此而减弱其价值观教育的效度。

2. 国外价值观教育的“多”与“一”：意识形态的策略

虽然西方国家素有“自由主义”思想传统，标榜自由、民主、人权的政治理念，勾勒了一个所谓完全意义的“自由社会”图景，但是从其意识形态的实质来看，在其包容“多元性”的自由表象之下，恰恰是资产阶级意识形态万变不离其宗的“一元化”实质。这本身即基于其以“多”涵“一”的意识形态策略。就如萨克凡·伯克维奇（Sacvan Bercovitch）研究认为的，美国的开放包容性是与它的吸收同化和拒斥的能力直接相对应的，所谓异质共存，就是通过拒斥而吸收同化的能力，这本身就是它的一种行使霸权（意识形态霸权）的功能。[②]

这种意识形态策略在其价值观教育过程中得到充分展现，具体体现在其价值观教育目标和精神内核的建设上。如前文所述，发达资本主义国家以及一些国家的价值观教育，虽在教育目标的具体表述上有所差异，但共同的交汇点在于培养自己国家和民族需要的“好公民”；并且，在其价值观教育的精神内核上有共同的聚焦点——以爱国民族精神为核心的公民道德教育和以资产阶级自由主义思想为核心的政治认同教育。这其实就是其价值观教育统合的基础，在表面包容“多元”思想的背后，是维护其意识形态“正统”的实质——“一元”

① 根据本书于2018年在英国伦敦进行的访谈调研。
② 萨克凡·伯克维奇．惯于赞同：美国象征建构的转化［M］．钱满素，等译编．上海：上海译文出版社，2005：13.

精神内核的统辖，其根本目的无外乎是维护资本主义国家的政治制度。

3. 国外价值观教育的“显”与“隐”：运行机制的特点

如前所述，国外价值观教育不仅存在，而且是建立在整个社会的体系化培育和支持的基础上的。其培育体系的一个显著特点是显性教育与隐性教育形成互补的运行机制。显性教育集中体现在公民教育体系中，包括学校教育中设置的专门课程教学（如社会研究课程、公民教育课程、人类文明课程等）、家庭教育和社会终身教育等。隐性教育则渗透于学校及社会的方方面面，如学校中的通识及专业知识课程教学；校风、教师身教、校园文化、体育活动、社团活动、学生自治机构等辅助性学校活动；社会服务活动；文学艺术、影视、参观、礼仪、仪式活动；政党及其领导人的传播活动；等等。

在国外的价值观教育实施中，显性教育固然受重视，但是渠道和形式丰富多样的隐性教育更受青睐。隐性教育在国外也被称为“隐性课程”“潜在课程”“隐蔽课程”等。柯尔伯格认为，隐性课程能够更好地促进学生的道德成长，能够为学生选择自己的价值观提供众多机会，而且绝大多数的辅助性活动都有很多的价值观教育成分，譬如，主动、勤奋、忠诚、机智、勇气、慷慨和利他等品质或价值观。① 隐性教育由于是在潜移默化中进行价值观教育，往往能够取得良好的教育效果，各国都非常重视探索与利用隐性教育的渠道和方式。

例如，美国价值观教育十分看重隐性课程的作用，将价值观教育渗透在诸如文学、科学、数学与技术等课程之中。文学课程是通过故事及人物事迹向学生传递、树立学习榜样的重要课程领域，威廉·基尔帕特里克（William Kilpatrick）在《为什么约翰尼不能分辨出对和错》一书中写道：道德认知和品格教育的各种案例都证明故事教学在传播社会价值观和智慧过程中的重要作用。② 价值观作为一种思维习惯，也可以在自然科学和技术课程中得到塑造。美国的隐性价值观教育将课外活动作为学生践行价值观的重要途径，包括典礼和仪式、学校体育活动、活动小组的活动、学校服务、社区服务等课外活动形式等都得到采纳。德洛什（Edward F. Derecho）认为，学校的课外活动能够帮助学生体验和践行自律与自爱、合作与团队精神、尊重与责任感、归属感与奉献精神等

① 葛春，李会松．美国学校价值观教育实施及对我国核心价值观教育的启示［J］．全球教育展望，2009（1）：47-50.

② KILPATRICK W. Why Johnny Can't Tell Right from Wrong：Moral Illiteracy and the Case for Character Education［M］. New York：Simon，Schuster，1992：45.

道德价值，有助于学生实践和运用共识性价值，以及发展良好的品格特质。① 此外，美国还十分重视通过公共环境的塑造来进行隐性价值观教育。国家不惜投放大量资金进行社会政治教育环境、场所的建设，如美国国会大厦、华盛顿纪念堂、林肯纪念堂、杰弗逊纪念堂、国会图书馆、航空航天博物馆等，这样的场所在华盛顿就有十几个，各种参观点一百多处②，都是美国表现其历史文化和现代文明、宣扬其政治制度的重要场域和鲜活教材。这些都在有形无形中对人们的价值观形成巨大影响。

法国要求学校把德育教育渗透到各个学科，学校不但把价值观教育渗入文学、历史、地理、社会等课程，而且把这些内容渗入课外与校外活动、学生社团、教师职责、管理机构等工作。法国人把学生参与丰富多彩的校外活动称为“读无字书”，学生每周的星期三、星期五下午不在校上课，全部学生必须参与社会教育活动。社会公共资源向学校开放，并给学校德育、美育、心理健康教育等教育活动提供服务。③ 法国的价值观教育与学校实际生活的所有方面结合。

日本也非常注重对学生道德和价值观的隐性教育。其隐形教育的方法形式多样，如善于把思想政治教育渗透到历史学、经济学、心理学等其他学科中，让各科教师都承担起教育责任；注重优化校园教育环境，通过期刊、海报、教师言行及历史名胜等渠道体现价值观和道德教育；利用学生喜爱的动画形式，传播日本民族文化，渗透人生观、价值观教育影响等。④

4. 国外价值观教育的“变”与“不变”：多元文化中的选择

近几十年来，西方社会由于多民族文化的存在而产生矛盾甚至频发激烈的社会冲突，由此不得不面临文化策略的选择：是坚持还是放弃多元文化主义？政治统治秩序与多元文化主义的博弈面临的实质问题是：多元文化主义还能在什么前提下以及在多大程度上得以保持？

事实上，许多西方国家选择和实施的文化策略，实际是在国家主义与多元文化主义之间保持一种张力，包容多元文化之“变”被适度控制在主流文化“不变”之中。正如伯克维奇分析的在非凡的意识形态霸权束缚下美国的文化特

---

① DERECHO E F，WILLIAMS M M. Education Hearts and Minds：A Comprehensive Character Education Framework［M］. Thousand Oaks：Corwin Press，1998：74.

② 韦文学．国外高校德育的特点及对我国的启示［J］．理论导刊，2005（8）：75.

③ 冯秀梅．法国学校德育优势：我国学校德育的借鉴之处［J］．科教导刊，2010（15）：128-129.

④ 查丽华，陈晓涛．日本对青少年思想政治教育方法的特点及启示［J］．学理论，2011（3）：63-64.

点：由于支撑多元主义和共识模式的意识形态平衡因素的存在，在所谓具有五花八门“现实”的合众国与关于美利坚的抽象而统一的意义之间维持着变化不定而又持续不断的关系，由合众国变成美国的过程中，一方面是多元文化主义隐去了将美国聚为一体的结构；另一方面是对所谓“美国”属性的共识，它超越了阶级、地区、族辈和民族的“意识形态局限”，以这一原则渗透于美国文学中便形成一种广泛而根深蒂固的象征策略（文本与语境的关系引向一套文化象征：一套为社会各领域共有的表达方式）。①

英国、法国等虽然都声称不放弃多元文化主义，但在面对国内少数族裔的文化及政治的“挑衅”和压力时，不约而同的反应则是加强国民的价值观教育，而其“价值观教育”的指向是双向度的：一方面，教育倡导本国公民包容和尊重多元的文化，不同族裔的人和平共处；另一方面，通过学习认同和践行统一的国家价值观，不同族裔的人形成社会共识。可见，包容多元文化的教育必须是以认同国家主流价值观和主流文化为前提的，这一文化策略和应对措施也使其社会在面临不稳定因素威胁时重新获得维护社会秩序稳定的依托。关于这方面的具体做法和特点，我们在分论中将进一步做个案性的专题研究。

（二）国外价值观教育运行中遭遇的问题

在考察国外价值观教育做法和成效的过程中，我们不难发现其运行中遭遇的一些矛盾和问题。②

1. 关于教育的统一性与自主性的矛盾

在国外一些国家中，无论是在集权型体制的国家还是在分权型体制的国家，教育管理上都会遇到的一个共性问题是：如何把握价值观教育的统一性与自主性的关系。2001 年 10 月，由中国教育部社政司组织的考察团在对法国、德国青年学生的政治和价值观教育的情况考察中发现，法国和德国共同遇到的一个问题是：作为体现国家意识形态的必修课，是否要有统一的教学大纲？而这在他们国内教育界尚存在着分歧。一种观点认为，政治和价值观课程应有一个统一的教学大纲，在学校具有较大的教学自主权的情况下，若没有统一的教学大纲，就不能有效地规范教学内容，统一教学要求和达到教学目标。但是，另一种观点担心，如用一个统一的教学大纲可能会对教学造成较多的限制。

---

① 伯克维奇．惯于赞同：美国象征建构的转化［M］．钱满素，等译编．上海：上海译文出版社，2005：13-14.

② 参见中国驻英大使馆教育处提供的资料。

2. 关于教学效果的问题

近年来，欧美国家对价值观教育相关课程的教学方法进行了改革探索，但在一些具体问题上仍缺乏成熟的统一的共识。例如，法国教育中虽提倡采用“说理式辩论”的方法，但习惯传统教学方式的教师感到开放式的课堂讨论比较难驾驭。又如，实践学习法是近年中被教育界颇为推崇的教育方法，但也不无问题，如通过实践去理解有些概念的时候，效果并不明显。再如，关于多元文化的背景下价值观教育的困境，在历经社会变迁之后形成的多元文化格局中，如何提高价值观教育的效果是一些国家面临的共同难题。

3. 关于学科建设和教育效果评估的问题

价值观教育虽然在国外许多国家得到重视，但其对公民教育效果至今尚未有科学的评估体系和办法。由于公民教育课程具有多学科的色彩，涉及的知识领域广泛，内容变化也比较大，要上好一堂公民教育课需花费大量时间备课，课程质量很大程度上取决于教师的精力投入，因而容易产生结果参差不齐、效果难以保证的现象。

4. 关于师资培训的问题

师资问题也是国外价值观教育中存在的一个普遍性问题。例如，在法国和德国，没有专职教师（宗教课程除外）从事公民教育和价值观教育，基本上都是由历史课和地理课的教师来担任。对于这些教师而言，要上好公民教育课，就意味着需要跨越专业局限，涉足新的领域，难度较大，这也使公民教育和价值观教育性质的课程呈现向知识课发展的趋势，许多教师偏重知识传授，而忽视了价值观引导的功能。由此，如何有计划、有系统地进行教师培训成为亟待解决的问题。

二、国外价值观教育的可借鉴性分析

他山之石，可以攻玉。对国外价值观教育考察研究是为了由此观照中国的价值观教育，从中寻找可资借鉴之处。然而，借鉴不意味着妄自菲薄，借鉴也绝不等于照抄照搬，而是在马克思主义理论和方法的指导下，必须结合我国的历史和国情，在认真总结历史经验、赓续自己的优良传统基础上，学其所长补己之短。因此，对于国外价值观教育的可借鉴性分析应该以坚持正确的原则和方法为前提。

（一）聚焦方法论意义，把握借鉴的准确定位

作为人类文明的一种成果，国外价值观教育对我们而言诚然具有一定的吸

收和借鉴意义，但价值观教育固有的意识形态属性决定了价值观教育的借鉴必然会受制于社会形态和社会制度的性质。一方面，社会制度性质的差异导致价值观的内涵存在差异，甚至具有本质性的差异；另一方面，由于国情的不同，在一国有效的做法也未必完全适合于另一国。这就意味着，借鉴还必须结合社会制度形态和国情的特点。国家的经济社会发展水平、社会结构、政治制度等基本国情，都是评估和决定其可借鉴性的前提条件。质言之，准确地说，我们所谓国外价值观教育的可借鉴性主要体现在方法论的意义上，即我们应当把可借鉴性研究的着力点放在国外价值观教育取得有效性的方法论原则和实施路径上，尤其是重点关注以下两个方面。

1. 场域融合：拓宽价值观教育培养渠道

价值观教育是一个长期的综合性过程，学校和社会双方的参与合作必不可少。国外价值观教育中注重拓宽价值观教育培养渠道、挖掘社会各方力量、形成教育合力的经验值得我们借鉴。

例如，德国的家庭、政府组织、社会各界都很重视青年一代价值观教育，形成了家长、政府、社会协同配合的教育网络，从孩子抓起，价值观教育过程贯穿从儿童到成年人成长各个阶段。如德国的“善良教育”备受推崇，得益于政府的大力倡导，构建起“家庭—学校—社会”完善的一体化互动机制。[①] 爱护环境是德国“善良教育”的重要内容，家长在孩子很小的时候就会灌输给他们有关节约、卫生、安全等方面的环境教育。学校一方面通过课堂教学不断向学生传授关于环境教育的知识内容；另一方面会组织各种环保活动，让学生亲身参与，体验如何真正做好环境保护。政府则会通过立法，建立和保证社会贯彻执行环境保护标准；加大环保知识宣传力度，以使公民自觉遵守环保规范等，从而建立由社会、学校、家庭共同合作开展的公民教育机制。

又如，澳大利亚和新加坡这两个国家，社会活动丰富多彩，教学辅助活动更是多种多样，学校与社区、家庭之间建立起非常紧密的联系。有些学校，家长积极参与主动充当教学辅助活动的志愿者，传递给学生多样化的信息，为学校增添活力和新鲜气息；有些学校，家长代表竞选成为校董会成员，为学校分担各种责任，甚至包括学校的重大事务、筹款等。除此之外，学校践行公民教育时还会寻求社区意见，积极获取社区反馈，在此基础上不断进行革新，更好地适应时代日益复杂的要求，更好地满足地区需求。对于公民教育来说，社会、

---

① 刘宏达．论德国的善良教育及其对我国社会主义核心价值观教育的启示［J］．社会主义研究，2015（2）：38.

社区、学校、家庭彼此联动，形成了一个完整的教育生态系统。而就个体而言，在其整个成长过程中，公民教育影响深远，因为这不仅仅是终身教育，更是一个事关社会、社区、学校、家庭全方位参与整合的大工程。

相比之下，目前我国的德育系统尚缺乏全方位的联动合作，学校与社会、社区以及家庭之间的联系尚不够紧密和有效；在学校内部，德育学科与其他学科、思想政治工作系统与教学和管理系统的联系并不紧密。而要想改变这种“孤岛”状态并非易事，需要通过制度和机制建构来完成。首先是认识要到位。学校是价值观教育培养的主渠道，但仅靠学校教育是不够的，需要建构完整的核心价值观教育体系。换言之，我们需要拓宽价值观教育的场域。尤其是家庭、学校、社区应该成为一个有机整体，相对独立又紧密相连。作为学生日常活动的空间，这三个方面是进行价值观教育的主要场域和重要阵地。价值观教育是一项系统性的大工程，需要家庭、学校、社区全方位的参与合作，从而整合形成一个目标一致、相辅相成、协调发展的立体化联动体系，当前着力点在于建设有效的联动机制。只有真正形成立体化联动闭环体系，深化价值观教育的目标才能更好地实现。

2. 方法融合：创新价值观教育的形式

在现实中，我国的学校价值观教育效果还不尽如人意，其中一个重要原因就是价值观教育方法比较单一和僵化。由于历史和教师主、客观因素的影响，价值观教育的相关课程多采用直接灌输的方法，在理论教育中较少结合使用诸如价值澄清法、价值推理法、价值分析法等注重激发受教育者主体性的方法培养学生的价值理性；在使用实践教育法、服务行动法等方法引导学生知行统一方面，也存在重形式不重效果、发展不平衡不充分等问题；而采用协作学习法以及探究学习法等方法，则仅限于公开课或示范课中。较少有教师自觉地将多种教学方法融合使用并长期保持。总而言之，相对比较习惯于依赖直接灌输的方法，缺乏各种有效方法的融合，是我国价值观教育实际操作中的“短板”，学校价值观教育流于说教和形式化的现象尚未能避免。

国外价值观教育采用多种创新方法有效融合的做法对我国的价值观教育有一定的启示意义。如在法国高中公民教育中引入“说理式的辩论”的价值观教育方法中，教师的作用不是在于讲授知识，而是引导学生进行自主思考。教师在教学中会提出问题，但会明确表示没有固定答案，也不会要求学生做出标准回答。这种教学方式的重点在于让学生明白讨论这些问题的意义，培养学生独立构建知识结构的能力，帮助学生逐步形成人和人之间关系的概念。德国的教育专家则认为，培养价值观必须从小抓起，学生要充分发挥自己的想象力，而不是一贯依靠教师的僵化模式。当然，学生也不能只停留在掌握知识层面上，教师需要顾及学生的情感和能力等各方面的表现，并发挥引导作用，让学生基于个人体验或经验对事情做出自主判断。①

对比而言，美国高校价值观教育的特点主要体现在实践性和服务性两个方面。美国将培养大学生价值观的教育视为整个社会的当务之急，无论是政府、社会、学校、家庭，还是大众传媒和宗教团体等，都会不失时机地大力宣传美国的价值观念，形成了价值观教育的整体合力。学生可以参加丰富多样的实践活动，以此培养自我教育能力、自我管理能力、团结协作观念，增强社会责任意识、社会适应能力等。开展的实践活动不仅弥补了课堂教学呆板单一等方面的不足，还可以加深学生对书本知识的理解和掌握。学生团队协作精神也因此得到培养，不仅为学生播下服务社会等良好品德的种子，还为他们的未来打下了坚实基础，可以更好地适应社会生活，确立社会需要的价值观。② 鉴于此，在我国显性的学校价值观教育中，教师应当不断提高自己的知识与技能，融合直接教学法、讨论教学法、价值澄清法、反思探究法、合作学习法等多种有效的方法实施价值观教育，既教给学生必要的价值观基础知识，也要提高学生面对现实问题理性的价值分析和价值判断能力。此外，还应重视隐性的价值观教育实施方法，充分发挥规章制度约束法、情境熏染法、教师示范法、心理辅导和生涯指导等咨询服务法、社会实践活动法等对价值观形成的潜在影响。通过各种实施方法的综合运用，最终达到价值观认知与实践能力的双重效果，增强价值观教育的实效性。尤其是高校，要把夯实社会实践活动作为大学生了解社会、增长才干、培养品格等方面的重要途径，帮助学生积极探索社会资源，拓展其社交渠道，营造全社会积极参与价值观培育的整体氛围，最终实现学生自我教育、自我管理和自我服务的教育目的。

（二）以问题为导向，彰显借鉴的针对性

借鉴的根本目的是解决实际问题，因此，为提高借鉴分析的价值，我们还应当进一步以目前我国价值观教育运行体系中存在的突出问题和重点任务为导向，有针对性地进行借鉴。

1. 分层推进：阶段性实施价值观教育

遵循教育的一般规律，应根据教育对象的成长阶段和接受程度，分层次、分阶段地开展价值观教育。近年来，我国已然确立了这一教育理念，并积极探

---

① 毓民．法国、德国政治和价值观教育情况概览［J］．思想理论教育导刊，2002（3）：57.

② 贾付强．美国的“公民教育”及其启示［J］．教育探索，2016（12）：130-131.

索大、中、小一体化的教育体系建构。在这一过程中，国外价值观教育中的相关经验可为我们提供借鉴。

例如，日本特别注重根据学生的层次、年龄、认知水平来制定不同的德育目标，规定每阶段的学习内容，并使用不同的手段和方法进行教学。小学主要的教育是从小事做起，强调“养成教育”，以讲故事、做游戏等方式，在娱乐、轻松的氛围中让学生体会团结互助的含义，以培养学生基本的生活习惯与为人之道；中学主要以讲历史、实地参观等实践活动为主，让学生从亲身实践中理解善、恶、美、丑的内涵，从对现实案例的分析判断中形成正确的价值取向。①韩国的中小学传统道德教育也实施分阶段教学。如小学低、中年级的道德内容以日常公共礼节、公共道德为主；高年级道德内容以传统道德知识为主。新加坡同样重视价值观教育的分层次、分阶段设计，小学的教材形式丰富，活泼生动，非常具有吸引力。其中，小学低年级教材以连环画为主，小学高年级则以实例为主，主要内容基本取材于日常生活，也包含一些有趣的寓言童话。②

这种按对象的不同年龄、不同心理特点分层次实施教育，选择不同的教育内容和形式的理念与做法是符合教育规律的，有一定的学习借鉴意义，启发我国对现行各阶段教育内容、叙事方式和教育形式重新审视，借鉴改善。

2. 课程改革：凸显通识滋养与人文关怀

当前，在我国学校教育体系中，从小学到中学阶段，再到大学及研究生阶段都设有思想政治教育必修课，但从提高教育效果而论，课程仍面临深化改革的任务。改革的重点之一在于教育理念的创新发展，即如何从社会要求与受教育者个体发展的双重需要出发，更多地体现对学生价值观教育引导，并更好地凸显人文关怀的价值指向。有研究发现，除小学阶段价值观教育能够生动活泼，贴近儿童现实生活外，其余阶段均存在价值观教育的课程主题内容不够全面和丰富，对价值观教育、心理健康教育等基础性教育引导关注不够等问题，这也导致价值观教育“高大上”“不接地气”，容易引起受教育者抵触和逆反心理。

一种价值观要真正发挥作用，必须融入社会生活，让人们在实践中感知它、领悟它，要注意把提倡的价值观与人们日常生活紧密联系起来，达到“日用而不觉”的效果。我国要深化课程改革，在价值观教育中突出人文关怀与心理疏导作用，加大人文、社会、心理学等通识课程对价值观教育的滋养，实施贴近

① 查丽华，陈晓涛．日本对青少年思想政治教育方法的特点及启示［J］．学理论，2011（3）：63.

② 曾凡星．韩国、日本与新加坡构建社会核心价值观途径研究［J］．上海党史与党建，2012（3）：61.

学生实际、对接学生生活现实问题、体现以人为本价值取向的综合学科教育。借鉴国外价值观教育中关注个体价值的经验，让学生真正感受人文关怀，切身体验心理疏导，这样不仅引导大学生积极关心国家大事、国际时事，坚定社会主义信念，还可以体现价值观教育对大学生个体发展的引导和促进作用，从而理解大学生、尊重大学生个体特点，提升价值观教育对大学生的吸引力。

（三）重视文化因素，铸就借鉴的基础

国家的文化传统、人文环境、民族心性等都会在吸收外来文化中有着潜在和不可忽视的影响力，是可借鉴性研究中需要考量的基本因素之一。国外价值观教育中注重挖掘和利用文化资源的做法，可为我们提供参照。

语言类课程的教学可以更好地服务价值观教育，因为优美的语言和文学可以最直接、最快捷地传递真、善、美。比如，新加坡的小学母语教学就将这一点体现得淋漓尽致。又如，英国卡梅伦政府曾主张英国所有的移民必须讲官方语言——英语，学校必须设置英国的共同文化课程，让学生了解掌握；具体的语言教学策略也发生了变化，此前是根据移民者的母语再进行翻译，现在则是多以英语进行直接教学。从某种意义上来说，英国政府发布的语言教育政策是以如何帮助少数族群更好地掌握英语作为重心的。因为，在政府看来，这样做不仅可以帮助他们提高学业成绩，更重要的是，英语作为英国文化的重要载体，学好了可以更好地推动少数族裔的“文化适应”过程。以语言文化教育为手段对公众进行英国文化和共同价值观方面的渗透，可以缓和他们因文化差异而带来的负面情绪，取得良好的教育效果。①

我国是一个多民族国家，不同的民族有自己的民族文化，很多少数民族甚至都拥有本民族的语言。在尊重和保护少数民族语言文化的同时，还应该通过学校教育大力推广普通话，提高民众的普通话水平，并以语言文化教育为载体，渗透中华优秀传统文化及核心价值观方面的教育影响。

① 王璐，王向旭．从多元文化主义到国家认同和共同价值观：英国少数民族教育政策的转向［J］．比较教育研究，2014（9）：22.

第四部分

我国社会主义核心价值观教育的发展进路：体系构建与有效性探索

研究国外价值观教育的最终目的，是更好地促进自我发展。习近平总书记指出，在坚持全面深化改革中，必须坚持和完善中国特色社会主义制度，不断推进国家治理体系和治理能力现代化，吸收人类文明有益成果，构建系统完备、科学规范、运行有效的制度体系。①通过借鉴国外价值观教育的有益成果，有利于加强和改进我们的工作，把我国社会主义核心价值观教育落细、做实。自从党的十八大凝练和提出“三个倡导”的社会主义核心价值观基本内涵，并提出积极培育和践行社会主义核心价值观的明确要求，近十年来，党的创新理论明确把坚持社会主义核心价值体系纳入新时代坚持和发展中国特色社会主义的基本方略，社会主义核心价值观的教育实践在各个层面积极展开，中国特色社会主义的价值建设水平在不断提升，其中积累的经验值得我们认真总结；同时，我们必须立足长远，勇于改革，不断谋求创新发展。结合研究国外价值观教育中得到的有益启示，我们认为，今后一段时期推动我国社会主义核心价值观教育深化发展的重点应在于两个方面：一是注重推进社会主义核心价值观教育的体系化建设，二是注重加强社会主义核心价值观教育的有效性。

一、坚持党的领导，构建中国特色社会主义核心价值观教育体系

我国推进社会主义核心价值观教育的体系化建设，根本的前提和关键点在于必须坚持党的全面领导。

（一）坚持党的领导是促进社会主义核心价值观培育和践行的根本保证

中国共产党在建设中国特色社会主义伟大事业中是领导一切的力量。党的十六届六中全会第一次明确提出“建设社会主义核心价值体系”的重大命题和战略任务，指出要“坚持把社会主义核心价值体系融入国民教育和精神文明建

① 习近平．在中国共产党第十九次全国代表大会上的报告［M］// 中共中央党史和文献研究院．十九大以来重要文献选编：上．北京：中央文献出版社，2019：15.

设全过程、贯穿现代化建设各方面”。[①] 党的十七大进一步指出“社会主义核心价值体系是社会主义意识形态的本质体现”，要建设社会主义核心价值体系，增强社会主义意识形态的吸引力和凝聚力。[②] 党的十七届六中全会指出“社会主义核心价值体系是兴国之魂，是社会主义先进文化的精髓，决定着中国特色社会主义发展方向”。[③] 党的十八大报告明确提出，要加强社会主义核心价值体系建设，倡导富强、民主、文明、和谐，倡导自由、平等、公正、法治，倡导爱国、敬业、诚信、友善，积极培育和践行社会主义核心价值观。[④] 党的十九大报告强调指出，要坚持社会主义核心价值体系，必须坚持马克思主义，不忘本来、吸收外来、面向未来，培育和践行社会主义核心价值观。[⑤] 这一系列重要论述为新时代加强社会主义核心价值观教育指明了方向。

近十年来，在党的领导和推动下，围绕社会主义核心价值观培育和践行的理论与实践在逐步展开。党中央尤其重视对于青年一代的社会主义核心价值观教育。2014 年，习近平总书记在北京大学师生座谈会上指出：“青年正处在价值观形成和确立的时期，抓好这一时期的价值观养成十分重要，这就像穿衣服扣扣子一样，如果第一粒扣子扣错了，剩余的扣子都会扣错。人生的扣子从一开始就要扣好。”[⑥] 近年来，我国在培育和践行社会主义核心价值观方面的经验与成绩，都是在中国共产党的正确领导下取得的。同样地，而未来推动社会主义核心价值体系建设仍然必须始终坚持党的领导。

（二）在党的领导下推动社会主义核心价值观教育的体系化建设

从建设社会主义核心价值体系到以“三个倡导”积极培育和践行社会主义核心价值观的战略任务的提出，充分体现了中国共产党在改革开放新时期对于社会主义意识形态和社会主义文化的探索历程和发展成就。社会主义核心价值

---

① 胡锦涛．中共十六届六中全会公报［M］//中共中央文献研究室．十六大以来重要文献选编：下．北京：中央文献出版社，2011：661.

② 胡锦涛．在中国共产党第十七次全国代表大会上的报告［M］//中共中央文献研究室．十七大以来重要文献选编：上．北京：中央文献出版社，2009：26.

③ 胡锦涛．中共十七届六中全会公报［M］//中共中央文献研究室．十七大以来重要文献选编：下．北京：中央文献出版社，2013：564.

④ 胡锦涛．在中国共产党第十八次全国代表大会上的报告［M］//中共中央文献研究室．十八大以来重要文献选编：上．北京：中央文献出版社，2014：25.

⑤ 习近平．在中国共产党第十九次全国代表大会上的报告［M］//中共中央党史和文献研究院．十九大以来重要文献选编：上．北京：中央文献出版社，2019：16.

⑥ 习近平．青年要自觉践行社会主义核心价值观［M］//中共中央文献研究室．十八大以来重要文献选编：中．北京：中央文献出版社，2016：6.

观是社会主义核心价值体系的内核，反映社会主义核心价值体系的丰富内涵和实践要求①，因此，加强社会主义核心价值观教育是社会主义核心价值体系建设的着力点。

从对国外价值观教育的考察中，我们可以得到一个有益的启示，价值观教育的体系化运行有利于价值观教育的整体有效推进和持续发展。为有力推动社会主义核心价值观的深化发展，我们有必要立足长远确立社会主义核心价值观教育体系化建设的战略目标，在党的领导下，从整个社会范围内合理地布局，科学地规划，有序地组织，分层次地落实。

为此，我们应当进一步加强顶层设计，构建具有相对稳定性和广泛统摄力的"中国特色社会主义核心价值观教育体系"。概括地讲，这个体系的构建应包括以下四个系统的建设工作：第一，凝练社会主义核心价值观教育的精神内核系统；第二，探索创新社会主义价值观教育的有效运行机制系统；第三，建立健全社会主义核心价值观教育的社会支持系统；第四，优化社会主义核心价值观教育的社会环境系统。

二、把握教育灵魂，凝练社会主义核心价值观教育的精神内核

党的十八大提出的"三个倡导"，分别从国家、社会和个人三个层面涵括了社会主义核心价值观的基本内容，这一集中概括实际为构建社会主义核心价值观教育的内容体系奠定了基础。但是，就像国外价值观教育中呈现了其独特的精神内核一样，我们的社会主义核心价值观教育体系也应该能够进一步明确提炼精神内核，并以此作为把握整个核心价值观教育的灵魂所在。

中国社会主义核心价值观教育体系的精神内核是什么呢？我们研究并提出，应该主要包含以下两个方面。

（一）以马克思主义为指导思想的中国特色社会主义道路自信教育

我们确立的社会主义核心价值观，从字面上看，与国外资本主义国家的主流价值观固然有共同之处，即所谓全人类"共同价值"的"能指"，但从其依托的理论基础、理想信仰以及选择的制度和道路的角度，其"所指"不同甚至存在本质性的差异。首先，社会主义核心价值观与资本主义国家主流价值观的实质意义及社会效应是不同的。比如，"民主"价值观的"所指"——社会主义民主的本质是：无产阶级民主，即真正的人民民主，维护和实现全体人民的

① 中共中央办公厅．关于培育和践行社会主义核心价值观的意见［M］//中共中央文献研究室．十八大以来重要文献选编：上．北京：中央文献出版社，2014：578.

根本利益。而资本主义民主的本质是：资产阶级民主，其实质是维护资产阶级的根本利益。另外，我们实现社会价值目标依托的社会制度性质与选择的道路也是不同的。中国特色社会主义是中国人民在中国共产党领导下，以马克思主义为根本指导思想，为实现中华民族的伟大复兴历经千辛万苦、付出巨大代价选择的道路，马克思主义指导思想和中国特色社会主义的基本性质，是社会主义核心价值观区别于资本主义国家主流价值观的根基所在。中共中央《关于培育和践行社会主义核心价值观的意见》（以下简称《意见》）中明确了培育和践行社会主义核心价值观要坚持以理想信念为核心，抓住世界观、人生观、价值观这个总开关，在全社会牢固树立中国特色社会主义共同理想，着力筑牢人们的精神支柱。① 由此可见，在我国，加强马克思主义基本理论和中国特色社会主义理论的教育，坚定共产主义理想信仰，树立走中国特色社会主义道路的坚定信念，这在社会主义核心价值观教育内容体系中应占据最核心的地位，也是正确理解和把握社会主义核心价值观具体内涵的理论基础和政治原则的根本所在。

（二）以爱国主义为核心的中华民族精神教育

如果说以爱国民族精神为核心的公民道德教育是国外一些发达国家价值观教育的精神内核的话，那么可以说以爱国主义为核心的中华民族精神更应该是我国核心价值观教育的精神内核。在中华民族的精神谱系中，“爱国主义”具有特殊的地位。中国传统社会在儒家思想影响下是以伦理文化为特质的，在“家国一体”的传统社会结构中，爱国意识的生成与宗族血缘以及地缘的内在关联性更为鲜明，“爱国”的意识始于对家族、对故土的依恋之情和责任感，产生于将自己的命运同祖国兴衰联系在一起的理性认同。基于这种“家”“国”同构的伦理范式，对国家的忠诚成为中华民族的“集体无意识”，也成为中华文明绵延不绝的生命力之源。经过数千年的文化传承，爱国主义早已成为融于中华儿女血液之中的精神基因，正如习近平总书记指出的，爱国主义自古以来就流淌在中华民族血脉之中，是我们维护民族独立和民族尊严的强大精神动力，只要高举爱国主义的伟大旗帜，中国人民和中华民族就能在改造中国、改造世界的拼搏中迸发出排山倒海的历史伟力②，因此，爱国主义是中华民族精神的核心，以爱国主义为核心的中华民族精神教育理应成为社会主义核心价值观教育体系

---

① 中共中央办公厅．关于培育和践行社会主义核心价值观的意见［M］//中共中央文献研究室．十八大以来重要文献选编：上．北京：中央文献出版社，2014：579.

② 习近平．在纪念五四运动一百周年大会上的讲话［M］//中共中央党史和文献研究院．十九大以来重要文献选编：中．北京：中央文献出版社，2021：27.

的精神内核。

三、拓展教育路径，探索社会主义核心价值观培育的有效机制

借鉴国外价值观教育的有效做法，我们进一步拓宽价值观教育的渠道，尤其是为改变目前家庭教育作用式微、学校教育效度不足、大众媒体协同缺乏等方面的薄弱环节和状况，需要下功夫进行积极的机制探索，进一步拓展教育路径，改善教育的效果。

（一）提升学校价值观教育效果的路径

1. 加强社会主义核心价值观教育的大中小学校一体化建设

《意见》明确提出，培育和践行社会主义核心价值观要纳入国民教育总体规划，遵循青少年身心特点和成长规律，从小抓起、从学校抓起，构建大、中、小学有效衔接的德育课程体系和教材体系。① 近年来，为推动这项工作的有效开展，教育部成立了全国德育大中小学校一体化专家委员会，各地教育部门也在积极探索德育大中小学校一体化的实践，为推进德育大中小学校一体化建设奠定了基础。如何将这方面的研究和实践成果具体运用到社会主义核心价值观教育实践中，或者说更多地关注和凸显德育一体化中的价值观教育部分，实质地体现社会主义核心价值观教育的大、中、小学校一体化建设成效，是当前需要提上议事日程的问题。

2. 加强思政课程与课程思政协同体系建设

思政课是学生思想政治教育的主渠道，是落实立德树人根本任务的关键课程，应当贯穿社会主义核心价值观教育的目标要求，但从目前现实情况来看，这方面的教育实施仍处于不确定的状态。一是有关教育内容注入课程体系缺乏刚性要求。以大学为例，除“思想道德与法治”（原课程名为“思想道德修养与法律基础”）课程中有专门章节设置要求外，其他各门课程在价值观教育内容方面就没有刚性要求，这就造成了价值观教育实施的不确定性。二是思政课教师的价值观教育意识和能力不足。一些教师在思想上不重视甚至不认同价值观教育的意义，把思政课作为一般知识课程，突出课程的知识性而淡化思政课程的价值性；一些教师的思想理论和知识储备不足，导致价值观教育效果不到位。这些都是今后思政课建设中需要加以重点解决的问题。三是实践教学质量不高，流于形式的比较多。学校和教育管理部门应当加强对实践教学的具体指

---

① 中共中央办公厅．关于培育和践行社会主义核心价值观的意见［M］//中共中央文献研究室．十八大以来重要文献选编：上．北京：中央文献出版社，2014：580.

导和协调支持，规范实践教学课要求，加强对实践教学课的考核，督促教师提高实践教育水平和质量，创造条件开辟社会教育实践基地。

课程思政是教育部和各地积极探索的创新领域，近年来已取得了一些宝贵的改革成果，不少地区的高校树立“立德树人”的教育理念，积极挖掘各个学科各门专业课和通识课中的思想政治教育元素，在很大程度上体现了价值观教育的渗透，在扩大价值观教育资源方面发挥了积极的隐性教育作用。目前，主要面临的是解决可持续性和不平衡性的问题，即尝试改革的学校和部门如何总结及巩固已取得的教育成果，进一步提高任课教师的价值观教育自觉性和业务能力；以及课程思政的改革成果如何扩大推广到未及实施课程思政的地区和学校。

思政课程与课程思政之间如何加强联系与合作，更好地形成协同效应，是进一步需要予以关注和解决的问题。课程思政教师由于缺乏思想政治教育的专门知识和教学经验，在结合本专业知识教育中如何挖掘思想政治教育的元素实施对学生的价值观教育引导方面往往显得力不从心，不能达到应有的课程思政教育效果。学校领导和管理部门应推动协同工作机制建设，引导和帮助建立课程思政教师与思政课程教师的联系与合作，使思政课教师能够在课程思政的价值观教育元素提炼和教学方法改善方面助专业课教师一臂之力，而专业课教师则在思想政治教育的“隐性”知识方面给予思政课教师相关的教学资源支持。

3. 加强“三全育人”体系建设

2016年，中共中央、国务院在《关于加强和改进新形势下高校思想政治工作的意见》中提出，加强和改进思想政治工作要坚持“全员全过程全方位育人”的基本原则，把思想价值引领贯穿教育教学全过程和各环节，形成教书育人、科研育人、实践育人、管理育人、服务育人、文化育人、组织育人长效机制。①

近年来，教育部通过设立全国“三全育人”体系建设试点高校等举措，推动了高校“三全育人”的实践。目前的难点问题在于，学校各层面的相关工作如何有机衔接和有效协调。学校内部教学业务部门与学生日常思想政治工作部门之间，思政课教师与专业课教师之间，马克思主义理论学科与其他相关学科之间，仍没有摆脱“各自为阵”的分离状态，对此应该通过建设有效的管理措施和工作机制来加以改变。

---

① 中共中央、国务院．关于加强和改进新形势下高校思想政治工作的意见［M］//中共中央党史和文献研究院．十八大以来重要文献选编：下．北京：中央文献出版社，2018：480.

（二）发挥家庭价值观教育作用的路径

1. 发挥家庭家风家教涵育价值观的作用

家庭是每个人成长的摇篮，父母是孩子的第一位老师，父母的言传身教影响着孩子的一生。因此，家庭教育往往是成功教育的开端，良好的家风、家教对于孩子的正确价值观的形成具有重要意义。受到中国优秀传统文化的影响，中国人的家庭观念向来是比较重的，父母与子女之间在生活方式和感情关系上都比较密切，但是中国的父母中不少人过分宠溺孩子，物质生活上偏于放任满足，思想心理上却疏于关怀引导，以致一些青少年养成不良的生活习惯和不健全的性格心态，不利于其正确价值观涵养和全面健康成长。

家庭教育关涉青年一代的健康成才，关涉国家未来的发展，正确教育子女实际是在承担一份社会责任。在社会主义核心价值建设中，我们应当弘扬中华优秀传统家庭美德，倡导现代家庭文明观念，通过各种途径和措施促进家庭家风、家教建设，推动形成社会主义家庭文明风尚，引导家庭用正确的价值观念和方法塑造子女的美好心灵，注重人生理想和社会责任教育，培育感恩、友善、忠诚、责任、公益、爱国、亲情、孝敬等价值观和良好品质。

2. 完善家—校—社区联动教育网络

《意见》指出，要完善家庭、学校、社会三结合的教育网络，引导广大家庭和社会各方面主动配合学校教育。① 从思想政治教育规律和以往教育的正、反两面经验看，但凡学校教育得到来自家庭和社会的正面影响与支持时，学校教育的成效就容易得到巩固，反之则会事倍功半，甚至前功尽弃。在近年的教育改革中，教育管理部门和学校方面都开始重视和加强学校与家庭的联系，建立了家校联络网，但在升学压力下更多关注的还是学生的文化学习方面的情况。除此之外，对学生安分守己方面的关注会多一些，而对于学生“三观”等更深层次思想政治品德方面的关注则比较少，与家长的沟通也不够畅通。

对于学生而言，除学校与家庭外，家庭所在的社区也是主要的日常生活场域。但事实上，学校与社区联动则更显稀疏，仅限于学校偶尔要求学生参加社区志愿服务，走一下社区居委会“打卡”证明的程序而已。如何加强与社区的联动，充分挖掘社区的教育资源，发挥社区在学生价值观教育中的积极作用，促使家—校—社区的教育场域融合，是拓宽价值观教育培养渠道的未来方向。

---

① 中共中央办公厅．关于培育和践行社会主义核心价值观的意见［M］//中共中央文献研究室．十八大以来重要文献选编：上．北京：中央文献出版社，2014：580.

（三）增强媒体价值观传播效应的路径

1. 发挥新闻媒体传播社会主流价值的主渠道作用

《意见》指出，新闻媒体要坚持正面宣传为主，不断巩固壮大积极健康向上的主流思想舆论。① 在大众媒体的议程设置中，要加大传播社会主义核心价值观的力度，勤于宣传、精于宣传，以大众喜闻乐见的形式引导培育和践行社会主义核心价值观。

主流媒体应有政治担当，不仅重视国内社会生活中的舆论引导，而且在中国的海外形象塑造和对外思想文化传播领域也要体现作为，在对外传播中显明中国的价值立场。由于主流媒体的对外事务报道在很大程度上对国内民众的认知和舆论有着风向标的作用，因而要有清醒的政治头脑和敏锐的新闻触角，抓准机会敢于发声、善于发声，尤其在倡导理性爱国和构建人类命运共同体理念的传播中发挥正向作用。

2. 建设社会主义核心价值观的网上传播阵地

当今中国网民人数众多，网络成为迅捷并有巨大社会影响力的传播渠道。尤其是青年学生在校学习生活中，主要使用电脑、手机等通信设备收集信息，了解社情。宣传和教育管理部门应掌握网络传播规律，做大做强重点新闻网站，做特做优新兴媒体，在网络宣传、网络文化、网络服务等层面体现社会主义核心价值观教育要求。同时，以全媒体战略和技术手段整合传统媒体与新兴媒体，不断优化媒体形态，集聚舆论引导合力。近年中，国内出现了一些较好掌握网络传播规律的新兴媒体和全媒体产业，孵化出一批积极宣传正能量的平台和产品，深受网民喜爱，典型的平台如“学习强国”“新华全媒”“哔哩哔哩”“共青团中央微信公众号”等，作品如《那年那兔那些事儿》等。但在地方的基层单位，网上传播阵地建设状况参差不齐，由于基层的宣传和思想政治工作者在观念、方法和能力等方面的局限，这种不平衡状态的改变还有待时日。

四、完善社会支持系统，将社会主义核心价值观教育纳入社会治理范畴

根据国外价值观教育的有益启示，构建价值观教育的社会支撑体系十分必要。从长远和全局来看，为持续地深入开展社会主义核心价值观宣传教育，有必要完善社会支持系统，把社会主义核心价值观教育体系建设纳入社会治理体系中。党的十九届四中全会公报指出，顺应时代潮流，适应我国社会主要矛盾

---

① 中共中央办公厅．关于培育和践行社会主义核心价值观的意见［M］//中共中央文献研究室．十八大以来重要文献选编：上．北京：中央文献出版社，2014：582-583.

变化，必须在坚持和完善中国特色社会主义制度、推进国家治理体系和治理能力现代化上下更大功夫。[①] 为有力推进社会主义核心价值观教育，我们应强化政策导向，加强价值观教育的法治化建设，把推动广泛践行社会主义核心价值观融入制度建设和日常社会治理工作中，形成社会主义核心价值观教育的强大社会支撑力量。

（一）加强经济社会生活中的公共政策导向

1. 发挥公共政策的导向和调节作用

社会主义核心价值观的根本要求应当贯穿在经济社会发展目标和发展规划、经济社会公共政策和重大改革措施以及市场经济下开展的生产经营活动中。尤其是公共政策，它与人们的生产生活和现实利益密切相关，直接影响着人们的价值判断和价值取向。应当科学制定各项公共政策，使其在社会生产和生活中起到良好的导向和调节作用，以形成经济效益与社会效益有机统一、市场经济与社会主义核心价值建设良性互动的局面。在涉及收入分配、就业、教育、住房、医疗、社会保障等重大民生问题上，公共政策应维护社会公平正义，合理处置各方利益关系。

2. 完善公共政策的评估反馈机制

在各级政府和教育部门的运行管理中，要将对社会主义核心价值观教育的领导和实施工作业绩纳入政绩考核范围；在各级各类学校的办学管理中，要将社会主义核心价值观教育成果纳入教育教学工作评估和业绩考核系统。并且，完善公共政策的评估反馈机制和纠偏机制，防止出现政策措施与社会主义核心价值观相背离的现象。

（二）加强社会主义核心价值观教育的法治化建设

1. 以立法促进和保障社会主义核心价值观教育

要积极用法律的权威来增强人们培育和践行社会主义核心价值观的自觉性。[②] 首先，要推进社会主义核心价值观入法，为培育和践行社会主义核心价值观教育奠定坚实的法治基础。在合理范围内把社会主义核心价值观相关要求上升为具体的法律规定，推动社会诚信、志愿服务、见义勇为、勤劳节俭、保护生态等方面的立法工作，充分发挥法律在社会主义核心价值建设中的规范、引

---

① 中共十九届四中全会公报．中共中央关于坚持和完善中国特色社会主义制度、推进国家治理体系和治理能力现代化若干重大问题的决定［M］//中共中央党史和文献研究院．十九大以来重要文献选编：中．北京：中央文献出版社，2021：581-582.

② 中共中央办公厅．关于培育和践行社会主义核心价值观的意见［M］//中共中央文献研究室．十八大以来重要文献选编：上．北京：中央文献出版社，2014：581-582.

导、保障、促进作用。其次，要推进社会主义核心价值观教育本身的立法。在宪法、教育法及相关法律法规中专门就社会主义核心价值观教育做出相应的规定，为之提供更直接的法治化保障。

2. 以执法普法建设社会主义法治文化

首先，要加强司法和执法工作，通过严格执法和公正司法，彰显法治权威，维护公平正义，增强社会主义核心价值观凝聚人心的作用。其次，要加强普法守法宣传教育工作，增强人们的法治观念，形成有利于培育和践行社会主义核心价值观的法治文化环境。

五、全面深化改革，创造有利于社会主义核心价值观教育的社会环境

从宏观社会环境层面，需要加强价值观教育的社会环境生态化建设。必须将价值观教育的各种社会生活环境，包括经济生活、政治生活、文化生活等方面，视为一个大的生态系统，把社会主义核心价值观要求体现到“五大文明建设”和党的建设各领域，通过系统、协调、可持续的发展，形成更加有利于价值观教育的社会生态环境。

（一）创造新时代的经济生活

价值观教育的成效最终归于人们的价值认同。曼纽尔·卡斯特（Manuel Castells）认为：“虽然认同也可以由支配的制度产生，但是只有在社会行动者将之内化，且将他们的意义环绕着这内化过程建构时，它才会成为认同。”① 而人们对价值意义的真正内化根本的是以利益关系和需要的实际满足为基础的，正如马克思指出的：“人们为之奋斗的一切，都同他们的利益有关。”②在中国社会全面转型中，人们思想上出现的矛盾和冲突，很大程度上源于利益冲突加剧、社会矛盾凸显的现实问题，由于社会处境不同，人们的价值标准、价值评价不同。因此，只有通过继续深化改革，团结带领中国人民不断为美好生活而奋斗，才能从根本上提升人民的社会认同度。一方面，坚持社会主义核心价值体系，将社会主义核心价值理念贯彻治国理政的各个环节；另一方面，坚持在发展中保障和改善民生，“着力解决发展不平衡不充分问题和人民群众急难愁盼问题”，使全体人民共同富裕取得更为明显的实质性进展，协同推进人民富裕、国家强盛、中国美丽，③ 全面实现新时代人民对美好生活的向往。这样才能使人们增强

① 卡斯特．认同的力量［M］．夏铸九，等译．北京：社会科学文献出版社，2003：2-3.

② 马克思，恩格斯．马克思恩格斯全集：第1卷［M］．北京：人民出版社，1995：187.

③ 习近平．习近平谈治国理政：第4卷［M］．北京：外文出版社，2022：9-10.

对改革的信心，坚定中国特色社会主义的共同理想，真正建立对社会主义核心价值观的认同。

（二）创造新时代的政治生活

人们的价值认同和内化也基于具有广泛参与性的民主政治生活。党的十九届四中全会公报指出，“坚持人民当家作主，发展人民民主，密切联系群众，紧紧依靠人民推动国家发展”是我国国家制度和国家治理体系具有的显著优势之一，并提出要“坚持和完善人民当家作主制度体系，发展社会主义民主政治”，包括坚持和完善人民代表大会制度的根本政治制度，支持和保证人民通过人民代表大会行使国家权力；坚持和完善中国共产党领导的多党合作和政治协商制度，构建程序合理、环节完整的协商民主体系及落实机制；巩固和发展最广泛的爱国统一战线，坚持一致性和多样性统一；坚持和完善民族区域自治制度，打牢中华民族共同体思想基础；健全充满活力的基层群众自治制度，拓宽人民群众反映意见和建议的渠道；等等。① 这为新时代政治生活建设奠定了总基调。

习近平总书记在庆祝中国共产党成立100周年大会上的讲话中进一步指出，新的征程上，我们必须紧紧依靠人民创造历史，保证人民当家做主，发展全过程人民民主，维护社会公平正义。② 全体人民拥有当家作主的主体地位，从根本上说是由社会主义的社会性质决定的，而这又是需要通过制度予以保证的。发展全过程人民民主，需要通过完善社会主义政治制度，健全民主实现机制，切实实现扩大人民的民主权利。这一过程既是以坚持社会主义核心价值观为基础的，政治文明的创新实践成果也将进一步推动社会主义核心价值体系建设，夯实加强社会主义核心价值观教育的政治生活基础。

（三）创造新时代的社会生活

社会生活是涵养社会主义核心价值观的现实场域。多年来，我们在具有广泛群众性的社会生活中探索出丰富多样的社会实践形式，在社会主义核心价值观教育中应当不断提升和发挥其积极的推动作用。

1. 广泛开展公民道德教育和实践活动

根据中共中央、国务院印发的《新时代公民道德建设实施纲要》精神，我们应着力构建教育引导、实践养成、制度保障“三位一体”的公民道德建设体

---

① 中共十九届四中全会公报．中共中央关于坚持和完善中国特色社会主义制度、推进国家治理体系和治理能力现代化若干重大问题的决定［M］//中共中央党史和文献研究院．十九大以来重要文献选编：中．北京：中央文献出版社，2021：275-277.

② 习近平．习近平谈治国理政：第4卷［M］．北京：外文出版社，2022：9.

系。在深化道德教育方面，要以抓好学校教育为龙头，以抓好党员干部、青少年群体教育引导为重点；在推动道德实践养成方面，要不断创新推进诚信体系建设，深入推进社会志愿服务活动；在发挥制度保障作用方面，要健全法律法规，彰显公共政策价值导向，深化道德领域突出问题治理。①

2. 深入开展群众性精神文明创建活动

群众性精神文明创建活动是群众自我教育的良好途径。群众性精神文明创建活动要突出价值观涵养要求，充实价值观教育内容。推进各领域文明创建活动，将价值观引领贯穿创建全过程。广泛开展美丽中国生态文明建设宣传教育，积极践行绿色生产生活方式。各类精神文明创建活动要在突出社会主义核心价值观的思想内涵上求实效。②

（四）创造新时代的文化生活

文化是一个国家、一个民族的灵魂。加强文化建设，创造人民美好的文化生活，充分挖掘文化教育资源，是培育社会主义核心价值观最深厚的土壤。

1. 发挥中华优秀传统文化涵育文明的重要作用

中华优秀传统文化包含着中华民族最根本的精神基因，积淀着中华民族最深沉的精神追求，是中华民族生生不息、发展壮大的丰厚滋养。要加强对中华优秀传统文化思想价值的挖掘，面向新时代，通过创造性转化和创新性发展，使优秀传统文化在传承和发扬中涵育人们的价值观。当前，在学校教育中要着重研究如何分阶段有序推进学校优秀传统文化教育的体系化建设，使优秀传统文化教育实现长效化、常态化。

2. 发挥革命传统文化的价值观教育作用

要加强对革命传统文化的价值观教育资源的挖掘和时代价值的阐发，充分利用重要传统节日、重大节庆和纪念日举办庄严庄重、内涵丰富的群众性庆祝、纪念活动和主题实践活动，开展革命传统教育，传播社会主流价值。加强爱国主义教育基地建设，积极拓展免费开放的场馆，注重运用现代技术手段开发红色教育资源。

3. 发挥社会主义意识形态的凝聚导向功能

要善于吸收人类文明的有益成果，包括思想史上和当代世界哲学、社会科学的精神文化成果，通过鉴别和批判分析，汲取其中具有先进性、科学性的思

---

① 中共中央．新时代公民道德建设实施纲要［M］//中共中央党史和文献研究院．十九大以来重要文献选编：中．北京：中央文献出版社，2021：225-240.

② 中共中央办公厅．关于培育和践行社会主义核心价值观的意见［M］//中共中央文献研究室．十八大以来重要文献选编：上．北京：中央文献出版社，2014：585.

想理论精粹，丰富和发展社会主义文化体系，增强社会主义意识形态的解释力、吸引力和凝聚力。要坚持以社会主义核心价值体系引领社会思潮，既要尊重差异，包容多样，[①] 也要对错误思潮予以坚决有力的批判和抵制。在此基础上，全党、全社会形成统一的指导思想、共同理想、强大的精神力量和良好的社会风尚。

对于一个民族、一个国家来说，最持久、最深沉的力量是全社会共同认同的核心价值观。如果一个民族、一个国家没有共同的核心价值观，莫衷一是，行无依归，这个民族、这个国家就无法前进。[②] 习近平总书记指出，“我们要在全社会大力弘扬和践行社会主义核心价值观，使之像空气一样无处不在、无时不有，成为全体人民的共同价值追求，成为我们生而为中国人的独特精神支柱，成为百姓日用而不觉的行为准则”。[③] 当今，在世界百年未有之大变局中，中国共产党领导中国人民迈上全面建成社会主义现代化强国的第二个百年奋斗目标的新征程，在这个关键时期，我们必须以更大的力度、更有效的方法，持续地推进社会主义核心价值观教育这一系统工程，最大可能地确立全国各族人民共同认同的价值观“公约数”，为实现中华民族伟大复兴的中国梦凝聚人心，积聚精神力量，进而转化为行动伟力。

---

① 胡锦涛．中共十六届六中全会公报［M］//中共中央文献研究室．十六大以来重要文献选编：下．北京：中央文献出版社，2011：661.

② 习近平．在北京大学师生座谈会上的讲话［M］//中共中央文献研究室．十八大以来重要文献选编：中．北京：中央文献出版社，2016：2-3.

③ 习近平．在文艺工作座谈会上的讲话［M］//中共中央文献研究室．十八大以来重要文献选编：中．北京：中央文献出版社，2016：134.

下篇　分　论

国外价值观教育体系化运行的专题研究：理论、实践与启示

第一部分

国外价值观教育的运行机制研究

第一专题　欧美国家价值观教育内核的考察：国家认同教育及其局限

如果我们将价值观教育置于全球化的世界图景中去考察欧美国家，其社会主流价值观教育的内核究竟是什么，不免会产生这样的疑惑：其社会价值观教育仅仅是以我们熟知的自由主义和个人主义为内核吗？经过深入考察和研究，我们发现，欧美国家的主流价值观教育还有一个重要内核——以爱国民族精神为核心的国家认同教育。

一、国家认同教育：欧美国家价值观教育的精神内核与核心动力

在全球化时代，作为各国文化软实力角逐的重要领域——价值观的较量，看似波澜不惊，实则是一场意识形态领域没有硝烟的战争。尽管西方诸多国家一再强调对个体自由的维护，强调对文化多样性的保护，强调对价值中立的尊重与支持，但是就像马克思主义者指出的，任何政权都不会放弃意识形态的领导权。为使国家机器顺利运转，掩盖在其自由主义、个人主义价值追求之下的是强化国家意识的教育。

（一）培育国家认同：自由平等价值理念外显下的内隐存在

价值观教育话题不可能摆脱社会现实语境而发生，而价值观教育的重要目的就是帮助人们形成对政权合法性及其现存制度的自觉认同。① 以美国为例，1776 年，随着《独立宣言》的颁布，美国社会的价值系统有了基本指向，那就

---

① PORTER J. Canadian Character in the Twentieth Century［J］. Annals of the American Academy of Political and Social Science，1967（370）：48-56.

是以美国精神为代表的价值观体系。在《独立宣言》宣扬的自由、民主、平等、法治等外显价值下，是历经美国独立历史考验的具有美国标识的“美国信念”，它彰显了维护共同政治信念的重要性，体现的是对各民族的国家认同和爱国主义的要求。

一方面，自由平等的理念意味着不同种族、不同宗教信仰、不同性别、不同文化背景的人都值得受到公平、公正对待，每个公民都享有身份平等、经济平等、政治平等等法律保障的权利。在美国中学阶段的历史教科书中，以《美国：我们国家的历史》《美国历史》《世界历史》为例，均用专门篇幅来描述言论自由、教育机会均等、性别平等、种族平等等价值理念，尤其在涉及公民权利运动、奴隶制、独立战争等内容时更为突出，并配以插图、人物阐述等方式加以渲染。同时，对于《独立宣言》《美国宪法》等重要历史文献，对学生有全文学习的要求，其中多处述及自由、平等等价值理念。在高校，通识课程往往承担着价值观教育的任务。如哈佛大学的“美国宪法”课程，向学生传递包括宗教自由、言论自由、公民平等权利等法治精神。在斯坦福大学的通识课程中，以“民主”定名的就有数十门，如“民主对话”“民主与政治权威”“审议民主及评论”等。

另一方面，爱国主义意味着要培养每个公民忠于国家的思想、国家自信与国家自豪感，形成作为合格公民的自我要求，以及正确看待个人与国家的关系等。欧美国家中的爱国主义教育虽然没有像自由平等理念教育那样显性，却是其价值观教育的内隐存在。在美国，尽管教育法案没有对各学段开展何种价值观教育进行统一要求，但是价值观教育的目标隐含在相关条款的具体规定中。如 1994 年颁布的《2000 年目标：美国教育法》中提出“提高学生的判断能力和推理能力”“培养责任感”，2002 年颁布的《美国教育部 2002—2007 年战略规划》中包含“提升青年人的公民精神和坚定品格”等条款。在具体操作上，美国高校具有高度的自主权。1945 年，《哈佛红皮书》将“共同文化核心”及民主等理念作为高校价值观教育的重要内容。哈佛大学的非洲与非裔美国人研究中心强调在课程中可以依托各民族文化如爵士乐发展史等，探讨种族差异与文化发展问题，在此基础上理解并认同美国精神。同时，注重运用历史事件、英雄人物的力量帮助学生认识美国文化及其蕴含的国家精神，使其认识到作为美国公民肩负的对美国精神价值的续存、传播、再创造的历史使命。

在北欧国家，虽然不主张在价值观教育中灌输政治观点，但是仍然非常重视政治主张的认同教育。因为意识形态可以通过教学大纲传递给新一代。① 在挪威，高中阶段开设两年的政治与民主课，学生需要学习关于政治制度、不同政党观点以及与福利国家相关的政策。同时，教育的重要使命就是使学生对本国传统熟悉，并为世界多样性做出贡献。中小学的历史课涵盖了古挪威时期的社会特征、民间故事、神话传说、传统节日风俗等。在瑞典，学生在社会科课程中需要学习关于人权的相关内容，同时，课程要能够唤醒学生的爱国主义情怀，这是培养学生优良品质的基础。② 虽然，在北欧各国现行的宪法及相关法律中，没有关于“民族主义”和“爱国主义”的文字表述，但对国家认同和爱国主义的教育已成为价值观教育的重要组成部分。就如阿普尔认为的，教育本质上绝不是价值中立的，教育背后定然蕴含着政治因素及其意识形态性。③ 在欧美国家，培养对国家的责任感，提升国家认同、政治认同，是其价值观教育超越时代性的特征。进言之，无论时代如何变迁，培养爱国主义精神始终是欧美价值观教育的精神内核。

（二）凝聚价值共识与增强使命感：国家认同教育的核心内容

在欧美国家，社会需要一种价值共识，在这种价值共识中个体可以履行构建社会生活的实践④，个体需要具备坚守这种共同价值观的义务⑤，这是培育国家认同的基本前提。将“价值共识”寓于“自由主义”之中，将“国家意识”置于“个人主义”之上，是欧美国家进行价值观教育的根本限度与首要原则。⑥ 所以，在欧美等国的价值观教育中，自由更多地表现为一种“有序自由”，它强调个体的理性精神需要在社会秩序框架内活动，也就是对社会在一定程度上约束个体自由的一种认可。⑦ 就像加拿大前公民与移民部部长肯尼（Kenny）认为的那样，“个体应对国家保持高度的忠诚及认同，国家应帮助每个个体理解我们

---

① CHERRYHOLMES C H. Curriculum Dynamics and History: Citizenship Education in Sweden ［J］. Journal of Curriculum Studies, 1989, 21 (2): 191-195.

② 托马斯·尼格伦. 1927—1961 年瑞典历史教育的国际化改革：实施国际理解教育的复杂性［M］//刘新成. 全球史评论：第 7 辑. 北京：中国社会科学出版社，2015：169-192.

③ APPLE M W. Ideology and Curriculum ［M］. New York: Routledge, 2004: 1.

④ 泰勒. 现代社会想象［M］. 林曼红，译. 北京：译林出版社，2014：19.

⑤ AXWORTHY T S. Towards a Just Society: The Trudeau Years ［J］. Presidential Studies Quarterly, 1992, 22 (2): 400-401.

⑥ BOYER P, CARDINAL L, HEADON D. Subjects to Citizens: A Hundred Years of Citizenship in Australia and Canada ［M］. Ontario: University of Ottawa, 2004: 221-222.

⑦ DWORKIN R. Liberal Community ［J］. California Law Review, 1989, 77 (33): 479-504.

国家的制度、标识与价值观，每个个体有责任使加拿大成为一个内聚力强的国家”。①

欧美各国通过支持青少年参与政治活动，鼓励他们对政治理念进行争论性探讨，并以切身体验来增强对国家发展以及大众幸福生活的感受，从而增强对本国社会制度优越性的认同感。而且，这种参与往往具有现实关怀，与学生的生活实际紧密相关。比如，2011 年，挪威针对当地发生的两起重大刑事案件，请学生讨论关于“如何缓解种族冲突”的问题。在芬兰，每年的国庆节都会举行针对青少年的宣誓仪式，以培养学生对烈士的敬仰和对祖国的热爱之情。瑞典也提出了关于“如何以人道主义关怀来解决难民涌入并维持社会稳定的问题”等。这些涉及政治信仰与国家认同的论题，不仅可以使学生在学习中强化使命感，而且在服务社会中增强了自身的政治意识与爱国情感。可见，学校既是知识传递机构，又在某种程度上发挥着服务意识形态的功能。而且，通识类课程是其高校进行价值观教育的主要载体，并通过隐性的、潜在的方式传播着意识形态，以实现价值塑造与文化再生产。

（三）促进民族团结与国际合作：国家认同教育的重要延伸

以国家认同为精神内核与核心动力的价值观教育，在促进欧美国家的民族团结和国际合作中发挥着重要作用。以北欧国家为例，尽管原先北欧国家的民族结构相对简单，以北日耳曼民族为主，但随着国际交流的日益增多，形成了本民族与少数族裔如鞑靼族人、犹太人、萨米人、波兰人、俄罗斯人等多民族共存的民族结构。为了维护稳定有序的社会秩序，宣扬平等、团结的价值观就显得极为重要了，这不仅有助于拓宽学生的全球化视野，还是各国政治、经济和文化发展的需要。②

在北欧国家的学校教育中，国际主义教育以及防止关于种族主义或排外的民族主义的教育是其历史课、宗教课和公民课等课程中必不可少的内容。早在 20 世纪 50 年代，瑞典的国家课程大纲中就提出，要防止以“纯粹的欧洲观”来阐释世界史的情况。③ 在丹麦，学校课程中有关于各国风土人情、宗教、第三世界等的内容。在挪威，学校教育引导学生要包容多元文化，认识这个“充满

---

① BREAN J. The Changing Meaning of Citizenship in Canada ［N］. National Post，2012-03-16（3）.

② 杨婷婷. 试析挪威的民主公民教育政策［J］. 全球教育展望，2013（5）：66-74.

③ 托马斯·尼格伦. 1927—1961 年瑞典历史教育的国际化改革——实施国际理解教育的复杂性［M］//刘新成. 全球史评论（第七辑）. 北京：中国社会科学出版社，2015：192-368.

冲突的人类历史”，学会尊重各民族历史及其信仰，并认识到“平等”“团结”等价值的重要性。在瑞典，学校教育致力于促进种族平等，并鼓励学生与各种种族主义行为做斗争。

二、文化多元环境下国家认同教育的境遇：国家认同与多元文化主义的矛盾与出路

（一）多元文化的内在矛盾导致价值观教育的模糊性

欧美国家价值观教育处于其社会多元文化并存和发展的背景下，多元文化固有的内在矛盾，对社会核心价值主导作用形成了冲击。

多元文化的内在矛盾主要表现在，一方面，它强调不同文化的平等地位，任何族裔文化都需要被承认、被尊重；另一方面，由于没有一种文化可以优于另一种文化而存在，不存在所谓的主导价值文化，也不可以将主流价值观强加于任何民族和任何人。在这种情况下，多元文化主义很容易演变为“文化相对主义”。由于过于强调价值平等与价值观教育的中立立场，社会的价值尺度会变得模糊，价值认同会出现“碎片化”割裂，社会共识与国家认同会被弱化甚至被漠视，价值观教育在全社会引领精神风貌、共塑社会成员理想的功能就会被不断消解。所以，多元文化真正面临的挑战不是如何确保价值文化的多样性，而是如何构建一个没有隔阂与滞碍的具有凝聚力的社会。多元文化面临的最大威胁在于如何将难以融合的、各不相同的“单质性”族群包括少数族群集合成一个整体。①

作为典型的多种族、多元文化共存的国家，美国在政治观念、宗教背景和文化传统等方面存在着多样化特征。同样受多元文化主义的影响，美国学校价值观教育中也呈现出多元主义价值观倾向。以高等教育为例，由于办学形式的多样化，以及学生群体的异质性特征，价值观教育在传递共同文化价值理想上往往会遭遇现实挑战。

再以加拿大这个世界上第一个实施多元文化政策的国家为例，政府于 1971 年就提出“保护并分享所有文化群体的文化”主张②，并认为多元文化是保障

---

① VERTOVEC S. Multiculturalism，Culturalism and Public Incorporation ［J］. Ethnic and Racial Studies，2011，19（1）：49-69.

② DANIEL D. The Politics of Ethnic Heritage Preservation in Canada：The Case of the Multicultural History Society of Ontario ［J］. Information and Culture，2012，47（2）：206-232.

其公民文化自由的方式。① 同时，强调统一制度与共同规范对多元文化的制约。② 但是，事实上，这种多元文化在一定程度上导致了“垂直马赛克”文化分层现象的产生，即各族裔与以民族文化融合为标志的盎格鲁文化之间的等级差距。③ 比如，在加拿大，价值观教育面临着来自原住民、法裔群体、现代移民的多元文化影响以及美国文化的渗透而显示出一种内在危机。正如加拿大印第安人奇夫·丹·乔治（Chief Dan George）认为的那样，“在教科书中，我们的民族被漠视了，描述得还不如这里的水牛重要”④。2013 年，“价值观宪章”提案由魁北克政府发布，强调捍卫法裔群体的核心价值观，以维护魁北克地区的民族纯粹性与凝聚力。然而，这一提案立即遭到来自联邦政府的反对，认为这样做违背了多元文化的价值理想，“切断了加拿大的宽容之根”⑤。而纵观加拿大历史，它更是美国革命“催生的产物”⑥。美国源源不断地将其所谓的优越的价值观念输送给加拿大，因而“需要不断警惕美国经济文化对加拿大的影响与威胁”⑦。由此可见，这种所谓的平等的、尊重差异的多元文化主义由于对族群独特文化的过于强调而在事实上存有效果上的差距，因而不可能实现真正意义上的价值公正与平等，反而消解了社会的价值共识基础与联结纽带，使一些族裔尤其是少数族裔游离于主流价值文化之外，而导致社会的分裂。⑧

在民主自由程度相对较高的北欧，这些地区对待多元文化普遍采用较为包容的态度。1975 年，瑞典将“多元文化主义”上升为国家层面意志；2006 年，确定该年为瑞典的“多元文化年”。然而，自 2010 年以来，由于中东局部战争导致源源不断的难民涌向北欧，2013—2015 年，瑞典接收了 30 多万难民，仅

---

① RIENDEAU R. A Brief History of Canada [A] . New York: Facts on File, 2007: 332.

② KYMLICKA W. Finding Our Way: Rethinking Ethnocultural Relations in Canada [M]. Oxford: Oxford University Press, 1998: 16.

③ FORCESE D. The Canadian Class Structure [M] . New York: McGraw Hill Ryerson, 1986: 44.

④ CARLETON S. Colonizing Minds: Public Education, the Text Indian and Settler Colonialism in British Columbia, 1920-1970 [J] . BC Studies, 2011 (169): 101-130.

⑤ LACOVINO R. Contextualizing the Quebec Charter of Values: Belonging Without Citizenship in Quebec [J] . Canadian Ethnic Studies, 2015, 47 (1): 41-60.

⑥ ARTHUR R M. Lower Colony to Nation: A History of Canada [M] . Toronto: McClelland, Stewart, 1977: 79.

⑦ PEARLSTEIN S. No Canada? Neighbor Searches for Identity in the US Shadow [J]. Milwaukee Journal Sentinel, 2000 (10): 23.

⑧ 常士訚. 异中求和：当代西方多元文化主义政治思想研究 [M] . 北京：人民出版社，2009：119.

2015 年接收的难民就占据了全国人口的 1.6%。同时，北欧各国普遍允许少数族裔拥有“选择自由”的权利，即可以在维持并发展自身文化与接纳迁入国的文化之间做出自由的选择。这些政策的确在一定程度上调和了海外移民对北欧传统社会单一结构的影响，但是这些多元并存的价值思潮必然会因其核心理念不同以及不可避免的价值冲突而对价值观教育产生消极影响。比如，这种看似符合“平等自由”价值理念的做法，却往往因为对不同族裔间文化分歧的过度包容、对文化多样性的过度强调而引发“文化相对主义”。就像美国，外来族裔要么会“独立于主流文化之外”，要么会“将自身文化整体迁移”，以致产生“故步自封的同族聚居区”①。在缺少强有力的核心价值观主导力量情况下，这种松散的价值联结会使价值观教育的不确定性升级，整个社会的价值尺度会变得模糊，并直接影响价值观教育的实效性，进而削弱价值观的引领作用。所以说，尽管北欧诸国以其“民主自由之博大情怀”包容了外来人口尤其是众多难民，但是这种“多元共存”的理想被现实中的暴力、骚乱、种族之争狠狠打了脸。在瑞典的斯德哥尔摩、哥德堡等大城市，纵火、恐怖袭击等恶性事件层出不穷，芬兰、丹麦和挪威也相继发生枪击事件，制造这些恶性事件的往往是那些难民中的青年人。在北欧，这个以和平、宁静、幸福为标志的地区，面对外来移民带来的对本国经济文化的冲击，其固有的价值观教育理念的引领作用显然已危如累卵。

对于处于价值观形成关键期的青年而言，多元文化的内在矛盾会导致他们对价值选择产生迷茫，对自身未来的认识趋于混沌，对社会共同价值理念形成抵触情绪。因此，在价值观教育中，过度强调多样化只会造成价值观体系内部的分殊性，冲淡多元文化之间本就稀薄的价值共识。

真正的多元文化认同不仅仅停留在对公民身份的确证上，更应表现为各族裔之间、个体之间，以及个体与共同体之间的联结感与归属感。因为，若缺少可以超越各类族群认同的共同体，任何政治手段最多表现为处理多族群关系的权宜之计而已，各族群之间便会放大彼此的差异而变得无合作，甚至毫无宽容感，更不会出现相互理解、团结、信任与协商的状况②。

---

① SCHLESINGER A. The Disuniting of America：Reflections on a Multicultural Society［M］. New York：Norton，1992：137-138.

② 金利卡，诺曼．多元文化社会中的公民身份：问题、背景、概念［M］//王新水，译．李丽红．多元文化主义．杭州：浙江大学出版社，2011：124.

（二）多元文化背后的政治诉求：对国家的忠诚度与归属感回归到国家认同上

多元文化的内在矛盾使得价值观教育处于一种悖论中，但是究其实质，多元文化背后的政治诉求还是需要回归到国家认同上。我们可以通过加拿大政治文化建设中处理族群文化差异的策略，来分析其背后的深层次政治诉求。根据巴里（BERRY）教授的“文化互动”模型，政府在处理互异族群文化价值整合及其背后的政治整合上，一般有四种策略①，第一，强制性“文化同化”策略。它要求少数族裔完全舍弃原有认同方式与民族文化，以一种新的文化身份严格依照主流文化制度生活，这种策略以维护政治稳定为出发点，强调全社会范围内形成一致性“主导文化”的重要性。加拿大早期，奉行的便是“熔炉”与“同化”策略。然而，由于这种简单粗暴的策略无法回应不同族裔的文化价值诉求，即使个体有融入主流文化的期望，但对于其原有文化之根存有难以割舍的文化情感，因而很难对主流价值文化产生新的真正认同。对于统治阶级而言，也很难实现“同质性”社会文化理想，很难达到政治整合的目的。第二，包容性“文化整合”策略。它承认不同族裔文化多样的合法性，尊重其价值认同根基与民族文化基因，允许其以差异化个体身份参与社会文化互动。这种策略既期待维护“文化一致性”，又尊重不同族裔保留文化差异性的价值诉求以及融入主流文化的愿望。如加拿大推行的“多元文化主义”策略。这是一种相对温和的文化整合策略，为实现多元文化的国家认同创造了有利条件。第三，歧视性“文化分离”策略。它要求少数族裔生活于民族文化的封闭空间内，不为其提供融入主流文化的途径与机会，因而使不同族裔很难形成对主流文化价值的认同感，极易导致“同族聚居化”现象。这种策略以分离不同族裔生活区来达到避免价值文化冲突为目的，但是实际上，随着人口流动化和社会信息化的常态发展，绝对的价值文化分离是难以实现的，它只会使不同族群之间价值文化的矛盾与冲突激增，从长远来看，并不利于多民族形成强有力的国家意识。第四，排斥性“文化边缘”策略。这种策略往往发生在政府未能有效接纳不同族群尤其是少数族裔融入主流文化制度，而又不允许其保留原有的民族文化的情况中。这种策略使受到排斥的少数族裔被迫处于孤立的状态，一方面他们无法与其他社会成员持有共同的价值目标追求；另一方面其自身的社会性文化又岌岌可危，因而极易形成对国家政治稳定与文化安全的威胁。以上四种“文化互动”模型

---

① BERRY J W. Psychological Aspects of Cultural Pluralism: Unity and Identity Reconsidered ［J］. Topics in Culture Learning, 1974 (2): 17-22.

策略，无论哪一种其背后均蕴含着促使全体社会成员形成对国家的忠诚度与归属感的政治目的，都标志着实现政治整合、形成国家认同的政治意图。从实效上来看，加拿大在对待移民的文化价值整合、形成少数族裔对文化制度安排的信任方面，的确取得了一些超越其他移民国家的成绩。也就是说，在其对待移民倡扬的个人主义的外表下，隐含着其谋求国家认同、强化国家意识的初衷。

在澳大利亚，1988 年的《菲茨杰拉德报告》指出，要逐步与多元文化主义保持一定距离，形成一定的国家认同。① 其他资本主义国家，如美国、英国、德国、荷兰等也不断明确共同价值观、内聚力、共享的公民身份等内涵的重要性。在美国，通识教育发挥着培养学生维护国家制度、形成国家意识的作用，以使其成为合格公民，而且此种状况不会随着共和党与民主党的轮流执政而出现变化。②

所以说，尽管很多国家表示要尽量避免党派之争波及教室，但是实际上无论在教室内还是在教室外，价值观教育都自带意识形态因素。③ 对任何政府来说，教育是不会超越政治之外的。④ 在多元主义表象下，这些国家实质上也重视自上而下的政治文化塑造与价值理想引领，在它们看来国家是可以对个体实施一定程度限制的，同时社会精英集团起着维护政治共同体、调和社会矛盾的重要作用。因此，欧美国家价值观教育的重要社会功能表现为尽可能提升多元种族中的共同思想、多元文化中的共同精神、多元价值观中的共同准则，以增强文化向心力和价值凝聚力，增强不同种族间“存异求和”的包容性。

（三）在多元文化与国家认同的张力中寻求平衡：资本主义框架内的渐进改良以及有限度的价值介入

在多元文化表象与其背后的政治诉求的张力中如何寻求平衡呢?

作为移民国家，美国的多元种族、多元文化与多元价值观成为其社会的显著特征。在这种背景下，高校的价值观教育同样面对着知识分化、社会多样化带来的困惑，因此如何在多元共存中探寻一条培养学生共同价值的教育路径已成为其价值观教育需要认真审视的问题。比如，在学生培养目标上，以成为具

---

① FITZGERALD S. The Report of the Committee to Advise on Australia's Immigration Policies [R] . Canberra: Australian Government Publishing Services, 1988: 5-9.

② 李义军．西方国家学校思想政治教育的几个特点［J］．思想理论教育导刊，2005（7）：70-72.

③ CUMMINGS W. The Revival of Values Education in Asia and the West [M] . Oxford: Pergamon Press, 1988: 52.

④ 范斯科德．美国教育基础：社会展望［M］．北京师范大学外国教育研究所，译．北京：科学教育出版社，1984：69-70.

有多元价值关怀的合格美国公民与世界公民为基本方向。在课程中，以文化认同提升价值共识，在多元共存中提升对种族平等、尊重多元文化的认识。《公民学：行动中的政府和经济》一书中，就有类似“美国：文化的马赛克”这样的标题，凸显多元文化是美国文化的重要标志，并强调各种族、各类文化的文化平等权。伊利诺伊州立大学设置的“种族、宗教和冲突”课程，强调对个体差异性与各种族文化平等权的尊重，强调对学生社会认同的培养，以推动社会融合、凝聚价值共识。在针对中学阶段的《美国：我们国家的历史》中，将国徽置于正文之前并凸显，向学生传递“合众为一”的价值理念。同时，还有关于公民宣誓仪式等更具体的内容，无一不是在多元中积极寻求统一与团结。①

在加拿大，政府从未以国家之名提出价值观教育的相关意见或要求，而是通过法律文件、语言战略、符号文化、场馆展览、假日活动等方式，来积极引导公共价值取向。如颁发《权利与自由宪章》《多元文化主义法案》等法律文件，为个体参与公共生活提供准确标尺，为个体践行价值观提供法律依据；通过“加拿大文化遗产资助”，强化外贸中的“文化例外”等方式，展现维护文化安全和国家利益的坚决态度；通过对多元文化教育专项拨款、创设国家文化保护基金等政府注资行为，以及建立反渗透进入税等资本控制方式，落实政府在价值观教育方面的话语权与战略部署。② 基于此，帮助个体产生“共享”的认知基础与历史记忆，强化个体的社会属性及对社会发展的依赖性，以达至形成国家认同的政治目的。

再来看北欧地区，从地理角度来看，北欧地区主要包括冰岛、挪威、丹麦、瑞典和芬兰五个国家，因其历史进程相连、文化传统相似、制度政策相近而具有价值观教育上的同质性。列宁在《论民族自决权》中曾论及，“瑞典”与“挪威”存在“经济”“语言”“地理”上的联系，这种联系的密切程度并不比那些“大俄罗斯民族”与“斯拉夫民族”的联系低。③ 由于整体经济较为发达，北欧各国属于高社会福利国家，而提供优质的教育服务就是其中极为重要的部分。北欧国家虽不认同苏联模式，但又期望通过渐进改良方式来减少资本主义制度的困境，以实现民主自由、平等团结等社会价值理想。因此，在价值观教育上，既倡导尊重个体自由与文化多元，又批判无限度的自由；既倡导将“平

① DAVIDSON J W. America：History of Our Nation ［M］. Boston：Prentice Hall，2014：627-631.

② TRUDEAU P E. Approaches to Politics ［M］. Toronto：Oxford University Press，1970：49-50.

③ 列宁. 列宁选集：第2卷［M］. 北京：人民出版社，1972：538.

等团结”等价值纳入价值观教育体系，又鼓励平衡个体自由与集体发展间的关系。进言之，北欧社会既强调个体的自由与文化的多元，又强调社会整体的福利，这便是对价值观教育强有力的制度支撑与保障。同时，在价值观教育中，北欧国家既不秉持非指导性原则，“教育机构不可能价值中立”①，不支持“只摆事实，不考虑价值判断结果”的情况，又不主张完全的价值介入，不主张在任何领域、任何情境下对学生进行居高临下的、刻板教条的价值干预，“灌输并非公民教育的必定要求，不可限制人们的理性思考权利——尤其对于好社会和好生活中存在的不同观点”②，而是通过有限度的价值介入来影响学生的价值观形成。比如，在涉及民主等价值观教育时，教师应主动引导；而在关于种族主义、男女平等等价值取向方面，教师会更多地从支持学生讨论的角度发展他们独立的价值判断能力。同时，通过借助内在规范，进行结果监控而非直接管理。

尽管北欧国家试图通过对传统资本主义价值观进行改良，比如，在以“自由”为核心的传统价值观教育中增加对“平等团结”等价值的宣扬，在多元文化中强调对社会共识的维护，以克服资本主义制度自身的弊端，在北欧国家的价值观教育中甚至出现以高福利为代表的“集体主义”意味，但这只是在资本主义架构中的有限调整。这种改良并不触及“资本至上”的生产资料私有制，无法突破资本主义的制度架构，骨子里仍然是资本主义意识形态的产物，维护的仍然是资本主义生产方式及其上层建筑，说到底是为资产阶级利益服务的。在这种价值观教育中，“自由”不过是资本操控之下的自由，而非人的全面发展中真实的自由；“平等”也不过是基于不平等生产关系基础之上的形式平等而已；同时，“民主”和“公正”是不彻底的，因为资本主义制度没有产生本质上的变革，就不可能实现真正意义上的个体解放。因此，从表面上看起来，这种价值观教育似乎很“普世”，但究其实质仅仅是对资产阶级特殊利益及资本主义内部矛盾的掩饰和缓解而已。欧美价值观教育，归根结底代表的是其特殊利益集团的利益，实质上是为其资本主义生产方式服务的，这一点，无论其教育形态如何变化，都不会发生实质性改变。

---

① KOHLBERG L. Indoctrination versus Relativity in Value Education［J］. Zygon, 1971, 6 (4): 285-310.

② GUTMANN A. Democratic Education［M］. New Jersey: Princeton University, 1987: 44.

三、启示：提升我国价值观教育核心动力的思考

（一）我们的价值观教育需要核心动力——以爱国主义为核心的民族精神

与欧美国家奉行的多元文化主义表象与自由主义外显不同，我们的价值观教育旗帜鲜明地强调爱国主义精神的弘扬与维护，从而表现为一种显性的价值观教育。当然，我们坚持的社会主义核心价值观教育之路，对应的社会性质，不是经典社会主义论述的在资本主义充分发展下的结果，也不是像苏联模式那样的强调片面维护结构性属性的传统社会主义，而是驾驭资本为人民服务并从根本制度上超越资本主义发展缺陷的中国特色社会主义，是更能历史性地反映社会主义本质特征的现实社会主义。所以，我们的社会主义核心价值观教育之路，不仅要借鉴国外价值观教育内核即培养国家认同的合理做法，更要有扬弃与超越。扬弃的是国外价值观教育中多元文化与国家认同的内在矛盾弊端，不仅要创造性地实现马克思、恩格斯等马克思主义经典作家的理论预设，还要超越苏联式的传统社会主义价值观教育，以及西方民主社会主义的价值观实践，同时它有别于我们过去走过的路。这种扬弃与超越应集中体现在新时代对以爱国主义为核心的民族精神的建构上，并以此为价值观教育的核心动力。有别于欧美国家的价值观教育，我们的爱国主义一方面强调维护国家主权、捍卫共同精神家园的重要性，另一方面强调对人民性的重视，这是社会主义核心价值观教育超越欧美主流价值观教育的重要体现。一个将人民的生命安全置于首位，将人民的美好生活视为国家的根本目的，将人民的利益放在至高位置的国家，才是一个重视爱国主义教育“人本逻辑”的国家，才是能够为人民创造美好幸福生活的国家。

当然，在这一过程中，一方面，在纵向维度上，对于我们自身而言，坚定自信不是意味着陶醉于过于肯定成绩的自我膨胀中，而是应该在肯定实然建设成果的同时直面与社会主义应然之间的问题与差距。以此，我们才能进一步解放思想、实事求是，主动借鉴人类社会包括国外价值观教育中的有益成果，并更加专注于发展这个历史悠久的主题。另一方面，在横向维度上，我们要警惕那些以国外的优质生活为掩护，比如，北欧宽松的社会环境与庞大的福利体系，图谋以抽象的平等、自由、团结、民主等为借口，撬动我们的价值观教育基石。虽然对我们的执政党而言，不会像西方社会那样处于时刻接受在野党挑战的境遇，我们却不得不面对来自国内外各种思潮的压力以及西方民主社会主义的比较与竞争。因此，在这种情况下，在重建新的世界秩序过程中，我们要坚决捍

卫意识形态领域的话语权，毫不动摇地实践以爱国主义为核心的民族精神教育，坚定不移地走中国特色的社会主义核心价值观教育之路。

（二）协调凝聚共识与包容差异的关系

价值观教育首先是一种需要凝聚共识的认同教育，它需要促成教育对象的共同价值观念的形成与稳定；其次是一种需要包容差异的差异化教育，全球化的纵深发展使不同文化的交流日益频繁，同一国度内也会存在异质文化与主流价值观之间的碰撞。那么如何处理好种族多样性与文化多样性造成的价值观教育困境，成为各国必然面对的时代难题。

在国外，多数国家的价值观教育"凝聚共识"的主基调中融入了"包容差异"的部分，因为一方面共同体中的人需要有这种"认同框架"，另一方面这种"认同框架"可以对人们生活中的根本差异做出本质规定。① 学生在这一过程中学习如何认识并尊重相互间的文化差异，学习如何以非排斥的姿态面对彼此间价值观的多样性，以更好地达至价值观教育的目的。当然，这种"包容差异"更多的是从维护民族团结为出发点与落脚点的。比如，挪威、丹麦、瑞典等国反对那种"绝对同质性"的价值理念，将尊重有差别的公民身份与文化权利视为制定一般政策的出发点。尤其体现在对卡文人、芬兰丛林人、犹太人、吉卜赛人、萨米族人等不同民族语言与文化传统的保护上，甚至接纳在特定价值原则和相应文化性格范围内的有限偏离。当然，这种包容差异不能背离共同价值原则，且必须在国家总体价值框架内活动，以促进社会共同体凝聚力提升为最终目的。

从我们自身的价值观教育来看，"凝聚共识"与"包容差异"更需要我们考虑的是，这并不意味着要用某一种价值体系取代另一种价值体系，而是寻找一种能够超越地域、超越族群的共识性价值，这种共识性价值能够为个体价值观的塑造梳理界限、指明方向，在赋予自身生活意义的同时唤起对国家意识形态及其民族精神的真正认同，从而使个体能够自觉践行社会倡导的价值理念。

（三）实现价值认知与价值实践的统一

在欧美国家的价值观教育中，价值认知与价值实践各方未曾各行其是，两者始终保持动态的衔接关系。也就是说，个体在了解抽象的价值原则的基础上，还必须有相应的价值判断、价值选择的实践过程，才可视为接受完整的价值观教育。而且，在价值认知方面，对个体的知识储备及理性思维都有相应的要求，

---

① TAYLOR C. Sources of Self: the Making of the Modern Identity [M]. Cambridge: Harvard University Press, 1989: 29-30.

尤其是成熟的、独立的公共理性，只有这样，才能在基于一定价值理解力的基础上形成个体的行为胜任力。

例如，在美国，价值观教育非常重视“生活模式”，价值实践不仅是价值观教育由抽象的理论转向实际行动的必要一环，还是其重要的源泉与动力。这有助于学生形成自身的价值原则，并更好地理解社会价值观念及其文化传统。① 所以说，无论是布鲁纳的“发现式学习”，还是杜威的“教育即生活”，在中小学社会科的“公民行动”中都可以看到相应的实践，具体可以通过学校课程、政府法规、社会文化符号、家庭活动中的价值引导、价值熏陶与价值实践展开。可以认为，体验式实践已成为价值观教育不可或缺的组成部分。同时，美国各级政府、公共服务机构、企业等为学生的课外实践提供便利。如政府为实践教学提供经费支持，并对服务学习立法等；多数的纪念馆、博物馆向中小学生免费开放；通过一定的评价制度，学生的实践学习成绩和升学甚至与就业直接关联。

对于我们的价值观教育而言，认知与实践并非纯粹的“单向”关系，认知可以使实践成为可能，而实践同样可以在非常大的程度上带动认知。② 所以，强化价值观教育的实践维度，需要将价值实践摆到与价值认知同等重要的位置上来。

（四）政府引导与社会力量形成合力

一方面，政府引导是提升价值观教育实效性的关键。在欧美国家的价值观教育中，其政府引导并不是包罗万象的集权管理，更多的是一种与社会力量相配合的三级管理模式，即“中央—地方—学校”的间接放权式管理模式。这是一种相对多元、开放、分权的价值观教育模式。这种政府引导并不通过设置思想政治教育机构来实施，而是以教育政策、课程标准等方式从总体上加以限定，也就是从宏观层面使价值观教育内容能有机地融入宗教教育、公民教育等课程中，以体现国家意志；而地方政府主要是从中观层面负责分配教育资源、组织教育机构达成教育目标等③；学校则从微观层面可以对课程设置、教材配备等做出自行决定，学校在价值观教育的具体实施上有更大的自主权，可以更为灵活地确定具体教育内容、采取何种教育方法等，并根据教育对象的具体情况发挥它们的能动性。

---

① GRANT C A. Cultivating Flourishing Lives: A Robust Social Justice Vision of Education [J]. American Educational Research Journal, 2012, 49 (5): 910-934.

② 泰勒．现代社会想象［M］．林曼红，译．南京：译林出版社，2014：20.

③ 薛二勇．瑞典教育改革中的教育公平发展政策［J］．比较教育研究，2009（9）：17.

另一方面，社会力量是价值观教育取得实效的重要保障。比如，在北欧国家，文化管理上的“一臂之距”理念在价值观协同教育中发挥着一定作用。这些艺术文化机构在相应的国家委托与监督下，独立于政府系统而从事艺术文化活动，为此与政府之间保持着“一臂之距”。它们既在国家价值观教育总体框架内活动，又独立运行、自主经营，并依托专业化力量实现专业化发展，因而它们往往成为政府与基层单位间的纽带，以至于价值观教育更具可调适性与灵活性。如丹麦的文化署与国家艺术基金会就发挥着这样的纽带作用，既有助于国家价值引领目标的落实，又便于对价值观教育实行实践指导，提升其科学性与实效性。在美国，政府寻求来自社会各界的广泛支持，甚至授权于一些 NGO 的学术机构来进行价值观教育研究，如美国大学与学院联合会、校董校友理事会等，它们为地方政府组织进行价值观教育提供了必要的智力支持与技术保障。

总之，在全球化时代背景下，任何国家都面临着不同价值观交错复杂的客观现实。在对欧美国家价值观教育进行研究的同时，我们不仅要借鉴其价值观教育的合理做法，更要进行扬弃与超越。

第二专题　英国公民课中的政治价值观教育取向

英国的价值观教育是其整体社会政治体系的一部分，学校是落实价值观教育任务的主要机构之一，其设置的相关课程则成为实施教育的重要载体。2002年，公民课被纳入英格兰和威尔士的中学必修课目录，英国成为最后一个把类似课程纳入法定必修目录的经济合作与发展组织国家。国内现有研究对这一改革的具体过程和内容进行了详细介绍。① 本专题则尝试结合英国公民课的最新情况，论证政治价值观教育是英国公民课的重要内核，分析其内涵及实施中的特点，并基于此深化对我国价值观教育的思考。

一、英国公民课与政治价值观教育

在英文语境中，“价值观教育”（Values Education）的含义具有一定争议性：狭义的价值观教育被认为是道德教育的一个维度，而广义的价值观教育则涵盖了有关价值反思、认同和传承的所有教育理论和实践。② 政治价值观教育是广义价值观教育的重要组成部分。欧洲教育发展和研究机构联合会在20世纪90年代围绕“价值观教育”对欧洲26个国家的教育界进行了调研，其首要结论就是“价值观教育与一国的政治发展密切相关”，而正是各国不同的政治历史和意识形态导致价值观教育在名称、界定、实践上的多样性——包括但不限于道德教育、社会教育、宗教教育、人文教育、公民教育等。③

和其他发达国家相比，最终被命名为“公民课”的英国价值观教育课程以专门独立科目形式进入中学必修目录的时间较晚。然而，正是在这个较为曲折的法定化过程中，英国国内产生了围绕该议题的丰富争论，清晰显示出其中的政治价值观教育取向，具体体现在以下方面。

---

① 陈鸿莹．英国公民教育简述［J］．外国教育研究，2003（9）：37-41.

② ODDIE G. Values Education：in The Oxford Handbook of Philosophy of Education［M］. Oxford：Oxford University Pres，2009：5.

③ TAYLOR M. Consortium of Institutions for Development and Research in Education in Europe［R］//Values Education in Europe：A Comparative Overview of a Survey of Countries in National Foundation for Educational Research（UK），1994：97.

（一）对“政治教育”正当性的论证为公民课提供了理论和舆论支持

早在1934年，“公民教育协会”就试图推动公民教育课程进入英国中、小学校，但是并没有成功。伴随由该协会引发的讨论形成了两份报告，它们都对单设公民教育课程持批判意见。主要原因在于：其一，具有高度复杂性和争议性的政治议题不适合学龄期儿童和青少年；其二，对政治议题的教育可融入历史和地理等课程。① 由此可见，对单列公民课的负面态度以对政治教育正当性和可行性的疑虑为背景。这表明，英国教育理论和实践领域对公民教育讨论的核心问题是对政治教育的理解和看法。

随着战后政治和社会环境的转变和发展，英国国内开始明确就政治教育进行讨论。早在1951年，迈克尔·奥卡肖特（Michael Oakeshott）就把其就职伦敦政治经济学院政治学系系主任的演说命名为“政治教育”，并指出该词汇在当代被污名化，而这正是战后英国政治生活混乱的原因。② 1967年4月，《卫报》刊登的时任布莱顿教育学院历史学系系主任德里克·希特（Derek Heater）教授的编辑来信则把该议题推到了大众媒体中，该来信中“为政治教育正名”的呼吁成为点燃围绕政治教育的激烈争论的导火索。随着舆论热潮的出现，政治学学术界也加入了讨论，1969年，由谢菲尔德大学政治学教授伯纳德·科瑞克（Bernard Crick）任主席的政治学协会成立，通过设立学术期刊、召开学术和政策研讨会议、出版调查研究报告等形式对政治教育展开热烈讨论。随后，纳菲尔德基金、汉萨德协会、英国教育部等对多个研究团队进行了大额资助，出版了围绕英国政治文化和政治参与的一系列具有社会影响力的调查和研究报告③。在展开热烈的学术探讨同时，公共舆论也依然保持热度，例如，《泰晤士报》曾在1977年11月专设增刊来呼吁“在英国重建政治教育”，并在此后连续刊登了一系列有关讨论。

虽然战后围绕政治教育的热烈讨论随着保守党在20世纪80年代掌权而有所降温，但是该讨论的核心议题——为“政治教育”去污名化和构建正当性理由，在学术界和公共舆论界产生了广泛共鸣，进而为公民课在21世纪初的合法

---

① The Spens Report. Secondary Education with Special Reference to Grammar Schools and Technical High Schools，London：HM Stationery Office，1938. The Norwood Report，Curriculum and Examinations in Secondary Schools ［R］. London：HM Stationery Office，1943.

② OAKESHOTT M. Political Education：An Inaugural LectureDelivered at The London School Of Economics And Political Science ［M］. Cambridge：Bowes & Bowes，1951：7-28.

③ CRICK B，PORTER A. Political Education and Political Literacy ［M］. Hoboken：Prentice Hall Press，1978：15.

化提供了重要理论和舆论支持。

（二）政治价值观教育是现行公民课的核心内容

1997 年，新工党执政后不久，当时的教育大臣大卫·布伦基特（David Blanket）就组织成立了“公民和民主教育咨询小组”，并任命政治学协会主席科瑞克教授担任该咨询小组的主席。该小组在 1998 年发布了与小组名称一致的咨询报告（也被称为《科瑞克报告》），建议把公民课纳入英格兰和威尔士的法定课程目录。英国政府完全接受了该建议，并从 2002 年开始实施。法定化初期的课程内容也直接采用了咨询报告的设计，包括：社会道德责任、社区参与、政治素养。其中，政治素养的界定完全延续了 1978 年的《政治教育和政治素养》报告①，指“能够让学生有效参与公共生活的知识、技能和价值观”②，这充分彰显了英国公民课的政治价值观教育特色。

在公民课法定化的前一年（2001 年），英国教育部就组织专家学者开始着手对课程进行评估。每年一次的评估持续了十年后，2013 年，英国议会就是否在法定课程中保留公民课再次展开了争论。在“公民教师协会”（Association of Citizenship Teachers. ACT）和“民主生活”（Democratic Life，DL）等民间组织的倡导和推动下，公民课在中学课程目录中的法定地位得以保留。同时，英国教育部也给出了新的课程指导意见③，并于 2014 年 9 月开始实施。根据该指导意见，现行英国公民课的目标主要包括四项内容：第一，获得关于英国政治治理、政治制度和政治参与的完善知识和理解力；第二，培养对于法律的作用以及立法和执法情况的完善知识和理解力；第三，培养对志愿服务的兴趣和承诺，并养成可以带入成年期的志愿习惯；第四，具备财务技能，使学生能够在日常生活中管理好自己的资金，并为未来的财务需求制订计划。可以看出，虽然该方案做出了较大调整，但政治教育依然是其核心内容，从排序来看，还有得到进一步强调的趋势，培养有效参与公共生活需要的完善知识和理解力，即政治素养教育被提到第一位。

回看历史，政治价值观教育在公民课内容体系中的位置颇令人回味。1998

① CRICK B，PORTER A. Political Education and Political Literacy［M］. Hoboken：Prentice Hall Press，1978：1.

② CRICK B. Education for Citizenship and the Teaching of Democracy in Schools：Final report of the advisory group on citizenship［R］. London：Qualifications and Curriculum Authority，1998.

③ Department of Education，UK. Citizenship Programmes of study for Key Stages 3-4［EB/OL］.（2013-9-11）［2023-7-27］https：//www. gov. uk/government/publications/national-curriculum-in-england-citizenship-programmes-of-study.

年出版的《科瑞克报告》明确指出，“与政治教育和政治素养相比，公民教育这一提法更具有包容性”，但是，科瑞克在后来对该咨询报告起草过程的回忆中指出，课程名称从“政治教育”到“公民教育”的转变是为了实现政治教育法定化做出的“马基雅维利主义的政治技巧”，政治素养依然是其最为强调的内容。① 从 2014 年推出的新课程方案来看，科瑞克强调以政治价值观为核心的政治素养教育的理念得到了教育实践的进一步认可。

（三）英国公民课的方案设计是多种政治意识形态妥协的结果

作为英国公民课法定化的主要理论支持者，科瑞克的意识形态认同首先是英式的民主社会主义。他是 1997 年工党掌权后首任英国教育部部长布伦基特的大学老师，在 1987 年就出版了《社会主义》的小册子，认为工党连续竞选失利与社会主义意识形态在舆论中的不利地位有关。而这个小册子意在澄清社会主义的基本理念，进而重塑人们对社会主义意识形态的认同。② 可以说，强调平等文化、公共辩论和议会斗争的英式民主社会主义既为新工党推动公民课法定化提供了意识形态基础，也直接形塑了课程的方案设计。

科瑞克晚年时的意识形态认同还具有浓厚的共和主义色彩。这一转变对其在 1997 年担任英国公民课改咨询小组主席后的观点和行为有很大影响。据科瑞克回忆，随着世界政治局势的变化，他开始反思《为政治辩护》一书仅从“冲突调解和公共讨论”角度对“政治”的界定，认为自己年轻时受到了冷战中两大阵营简单对立思维的影响，高估了在“自由辩论”中达成妥协和培育美德的可能，开始认同通过公共讨论之外的其他方式进行品格教育的必要性和可能性③，这就导致他愿意与更为强调道德教育的保守主义者以及更为强调社区参与的社群主义者合作，能够接受“公民课”的名称，并同意在其方案中放入“社会道德责任”和“社区参与”这两项内容。

科瑞克在其晚年接纳并与之合作的共和主义者、社群主义者是参与推动公民课法定化的另一支核心力量——以相关政府官员和社会团体负责人为主。和我国国内现有研究引介的一样，英国国内也长期把公民课法定化的推动力主要归于以科瑞克为代表的政治学理论家。但是，本·凯斯比（Ben Kisby）在 2012

---

① CRICK B. Education for Citizenship：The Citizenship Order，Parliamentary Affairs，Volume 55，Issue 3，1 July 2002；CRICK B，Citizenship：The political and the democratic［J］. British Journal of Educational Studies，2007（3）：235-248.

② CRICK B. Socialism［M］. McGraw-Hill Education，1987：2.

③ CRICK B. Citizenship：The political and the democratic［J］. British Journal of Educational Studies，2007（3）：235-248.

年出版了《工党与公民教育》一书，对这一观点提出了异议。该书通过对课改前后主要文件的梳理以及对课改核心参与者的直接访谈重新回顾了这一过程，并指出，科瑞克等政治学家虽然在课程法定化的过程中起到了很大作用，但是课改成功的主要原因在于其与异己的意识形态和政治理论认同者的合作，英国公民课可以说就是多元主义、社会主义、共和主义、社群主义等多个意识形态的混合体①。

二、英国公民课中政治价值观教育的内涵及实施的特点

如上文所述，以政治价值观教育为核心的政治素养教育是英国现行公民课最重要的目标和内容。在实施过程中，其政治价值观教育的内涵取向和实施方法上呈现的一些特点值得进一步提炼和关注。

（一）政治价值观教育的内涵

英国公民课作为多种意识形态的混合体，实施的政治价值观教育在内涵上有其遵循和聚焦的核心价值取向，主要包括以下方面。

1. 政治和谐

英国公民课在政治价值观教育中的第一个特点是强调政治和谐。这首先体现在科瑞克的政治学理论中，而这正是其推动公民课法定化的理论基础。科瑞克认为，政治是“调解差异性利益并在其间分享权力的活动”②，政治秩序是“能够在不可消除的价值和利益冲突之间达成温和妥协的体系”③。从这些界定中可以看出，虽然他的确知道价值和利益的多元与冲突在政治生活中是“不可消除的”，并把政治生活的起点和终点都界定为对利益和价值冲突的调解，但是他更确信，共识、共同善和共同意志就存在于达到政治和谐的具体政治调解行为之中。也就是说，政治妥协是在政治冲突的外在环境中达成政治和谐的方式，政治和谐是最终目标。为达成政治和谐，科瑞克还特别强调，应该把政治权谋排除在政治行为之外，以避免政治被污名化，而公共讨论则是践行政治调解和妥协的最有效方式之一。④ 事实上，从为“政治教育”正名到“公民课”法定

---

① KISBY B. The Labour Party and Citizenship Education：Policy Networks and the Introduction of Citizenship Lessons in Schools［M］. Manchester，New York：Manchester University Press，2012.

② CRICK B. In Defense Of Politics［M］. Chicago：University of Chicago Press，1962.

③ CRICK B. Democracy：A Very Short Introduction［M］. Oxford：University of Oxford Press，2003.

④ CRICK B. In Defense Of Politics［M］. Chicago：University of Chicago Press，1962.

化，英国公民课改过程本身就是对科瑞克“妥协与和谐”的政治学理论的最佳阐释；而2014年的课程方案调整也正是继承了他的这一政治价值理念。新方案在初中高年级阶段的学习目标中特别增加了“多元文化身份与尊重”这个条目，体现了对“政治和谐”的价值认同。

2. 政治平等

英国公民课政治价值观教育取向的第二个特点是强调政治平等。科瑞克的政治学理论蕴含的这一思想，主要是基于其受到的社会主义意识形态的影响。一方面，不同于保守主义对于自然等级的强调，科瑞克等在论证政治教育的正当性的时候指出，政治权利的平等具有内在价值，自然个体的先天禀赋不存在根本差异，和其他人类活动一样，政治活动必须通过适当的教育和学习过程来习得；另一方面，在政治教育的支持者看来，政治教育也是真正实现所谓政治平等的必经之路，因为法律权利的落实离不开权利主体对权利内容和相关制度等一系列知识的了解，更离不开行使具体权利需要的意愿和技能，否则，法定权利就会成为一纸空文。简而言之，政治平等的内在价值天然地要求政治教育的普及，而平等的政治教育也是实现政治平等的有力保障。英国公民课2002年方案对于政治素养的强调以及现行方案对于政治制度和法律知识的强调，都与这一精神高度一致。民间组织“公民教师协会”（ACT）更是直接地指出，公民教育不仅是公民的义务，而且是年轻人获得相关政治和法律知识的权利。

3. 政治参与

英国公民课政治价值观教育取向的第三个特点是强调政治参与。这既包括志愿参与社区活动（2002年和2014年方案都有这一内容），也包括通过政治行为推动制度变革。前者是推动公民课法定化的社会组织强调的，而后者是科瑞克等政治学者更为强调的。这既是基于其对民主社会主义通过议会改良走向社会主义的意识形态认同，也基于其对参与式共和主义的晚年转向。据科瑞克回忆，虽然他同意在公民课中放入品格教育和社区参与，但他的核心意图仍然是培育具有参与政治变革意愿和能力的“积极公民”，而非仅仅具有良好个人品性的“好公民”。他还专门对此举例说明：公民课不应该仅仅让孩子们出于“善良美德”而志愿参与养老院活动，更重要的是要培养孩子们对现有养老制度进行反思、批判和推动其渐进改良的能力和意愿。①

---

① CRICK B. Education for Citizenship：The Citizenship Order，Parliamentary Affairs，2002，55；CRICK B. Citizenship：The political and the democratic ［J］. British Journal of Educational Studies，2007（3）：235-248.

4. 政治品格

英国公民课在政治价值观教育取向上的第四个特点是强调政治品格对于政治民主和政治教育的意义。涉及的政治品格主要指政治责任和政治信任两个方面。科瑞克曾在多处强调政治民主离不开每个参与者政治责任意识的提高，只有权利而没有义务责任的观念是对良善民主理论和实践的偏离，而责任话语的缺失是导致英国政治乱象的重要原因。① 2014 年的新方案则更直接地把“负责公民、公民责任”等放入了其教学目标中。② 政治信任则是推动公民课法定化的另一支力量（主要由英国政府官员和民间团体组成）的主要理论依据。他们以布坎南（Buchanan）的社会资本理论为出发点，主要是出于对英国社会资本（社会网络培育的社会信任）下降的担忧而推动课改的。社会道德责任曾是 2002 年方案的三项核心内容之一，虽然 2014 年新方案在核心目标中删去了这一表述，但是仍包含了与其倡导一致的志愿精神和法律意识，新方案一再强调的“理解力”（Understanding）也与责任和信任的品格精神相一致。③

（二）政治价值观教育的实施

英国公民课及其政治价值观教育在实施过程中，在方式方法上形成了以下特点。

1. 分阶段教育

英格兰的中小学共分四个“关键阶段”（Key Stages），分别针对 5~6 岁、7~10 岁、11~13 岁和 14~15 岁的儿童和青少年，前两个阶段对应于我国的小学，后两个阶段对应于我国的初中。英国的公民教育目前从第三阶段（11~13 岁儿童）开始，即公民课被纳入了初中阶段的必修课目录。但是，教育部同时为小学提供了不具有强制性的课程指导方案，指导方案含有明显的不同阶段之间的区分和衔接意见。第一阶段和第二阶段给出的总体目标类似——具有自信和责任感、健康和安全的生活、为积极公民做准备以及学习尊重具有差异的人。但是每个阶段在这四个细分目标之下给出的具体内容又各有侧重，第一阶段更强调认识到和意识到相关问题，第二阶段则开始强调表达和写作。就第三阶段

---

① CRICK B. Education for Citizenship：The Citizenship Order，Parliamentary Affairs［J］. 2002，55（3）：488-504.

② Department of Education，UK，Citizenship Programmes of study for Key Stages 3-4［EB/OL］.（2013-9-11）［2023-7-27］https：//www. gov. uk/government/publications/national-curriculum-in-england-citizenship-programmes-of-study.

③ Department of Education，UK，Citizenship Programmes of study for Key Stages 3-4［EB/OL］.（2013-9-11）［2023-7-27］https：//www. gov. uk/government/publications/national-curriculum-in-england-citizenship-programmes-of-study.

和第四阶段而言，不再细分一级目标和二级目标，但是第三阶段以英国政治制度的概况和历史为主，第四阶段则更直接要求学生掌握相关的制度细节和进行国际比较。目前，关于公民课在不同年龄人群中的作用在英国仍具有一定的争议，例如，2010 年，教育部官员吉姆·罗斯（Jim Rose）曾提出把公民课纳入小学必修课，但是没有通过议会最后一轮辩论。针对公民课的评估显示，在16~18 岁依然接受公民教育的学生行为态度更积极，因而建议把公民教育延长到这一年龄阶段，但相关讨论仍在进行中。

2. 课程化建设

自 2002 年公民课被纳入法定必修课程后，英国公民课便进入了课程化的建设轨道。法定化方案采纳了《科瑞克报告》的建议，即公民课作为初中的必修课程，占用课时不超过总课时的 5%，且英国教育部不负责给出统一教材，明确提倡学校结合自身情况灵活进行公民课程的教学安排，并可以与其他类似课程（如个人、社会和健康教育课程）进行合并教学。与此同时，在“公民教师协会”网站上给出了大量围绕课程指导意见而进行的专题课程设计资源，并随着社会发展而持续更新。在设立课程的同时，政府设立了评估机构，从课程引入的前一年（2001 年）开始持续到 2009 年，共调查 43410 个青少年、3212 位承担公民课教学任务的教师，涵盖 690 所学校，评估组织基于该大范围调查对公民课进行了严谨的量化分析。① 课程方案和课程评估共同为英国公民课的课程化建设提供了支持。

3. 隐性教育资源的挖掘

英国公民政治价值观教育不仅体现在具体的课程，还特别注重挖掘隐性教育资源。例如，2015 年，英国教育部设立了一个通过橄榄球教练帮助学生进行品行教育的特别实践项目，以 50 万英镑资助 14 家专业俱乐部，为学生设计并提供利用纪律严明、相互尊重的运动精神培养品行和适应能力的项目，帮助培养缺乏关爱和处境不利学生的品行和适应能力，倡导青少年从橄榄球运动中体会和学习公正、尊重等政治价值观。

4. 社会力量的参与

英国的公民课被纳入法定大纲时的重要特点是对具体操作留白。这一方面

① Department of Education. UK，Citizenship education in England 2001-2010：young people's practices and prospects for the future：the eighth and final report from the Citizenship Education Longitudinal Study［EB/OL］.（2010-11-25）［2023-7-27］https：//www. gov. uk/government/publications/citizenship-education-in-england-2001-2010-young-peoples-practices-and-prospects-for-the-future-the-eighth-and-final-report-from-the-citizenship-e.

是由于从无到有建设时教学资料的缺乏；另一方面是回应“政治教育容易走向权力拥有者单方面说教”的质疑，但这在客观上极大调动了各界的积极性，带来了丰富的教学实践支撑材料。例如，“公民教师协会”“民主生活”背后都有强大的学术和教学团队支持，其主办的网站也建有论坛交流和共享资料区，分享内容细致到具体课程设计和教学材料，并组织公民教育的师资培训、提供针对青少年的公民社会实践项目等。英国议会网站上专门开设教育专栏，有近百个短小视频介绍英国政治体制和政府架构。

三、英国公民课政治价值观教育的启示

英国公民课的方案设计和实施中政治价值观教育取向显而易见，也形成了明显的特点。虽然国情和社会基础不同，但其中的一些经验仍可给予我们启发，值得我们在思政课建设和价值观教育中有所借鉴。

（一）政治价值观教育在公民教育内容体系中居于核心地位

目前，国际教育理论和实践界对于公民课的应然目标和实然操作的看法依然存在差异，在自由主义、共和主义等不同意识形态的影响下，不同观点之间依然存在一定的冲突，在公民课中是否应该具有以及如何实施政治价值观教育是其中的核心问题。英国公民课在法定化过程中，其政治理论界直面社会各界围绕政治教育必要性和重要性的各种意见，对此予以了有力回应。这个过程以及当前英国公民课的实际运行方案都显示，政治价值观教育在其公民课中具有核心地位。这对于我们理解公民教育的性质和功能有重要启发。

公民课是对受教育者集中进行公民权利和义务的认知教育和能力培育的课程。“公民”在当代既是一个法律概念，也是一个政治概念，但它首先是一个政治概念，因为政治共同体的存在是公民法律关系生成的前提。即使在法律体系中，公民的政治权利和义务诸如享有政治自由和民主权利、履行忠诚爱国和社会治理等政治责任和义务，也是保障公民其他诸多权利和义务的基础。科瑞克强调公民课的重心在于政治教育的理念，恰是表明其准确把握了公民教育的实质。质言之，政治价值观教育在公民教育体系中应当居于核心地位。

（二）要摸索有效的政治价值观教育的规律

英国公民课建设的经验也提示我们，要有效地进行政治价值观教育就需要摸索其中的规律。英国在教育实施中一些做法可供我们做些比较和借鉴。

1. 强化教育的阶段性差异

英国的公民课及其政治价值观教育实行分阶段教育，不同年龄段的教育目

标和具体内容既有层次性差异，又保持相互衔接。而直到现在，英国围绕公民课的评估报告和议会辩论仍然多次强调非知识性内容（道德、态度、参与技能）的教学实践存在很大挑战，需要教学创新。我国的思政课也面对类似难题，为避免政治价值观教育空洞化、说教化、流于形式等，需要通过充分动员学术界、教育界和社会机构积极参与思想政治教育实践，挖掘适合学生年龄阶段的、丰富多样的教育题材。对于中小学而言，具有故事性、趣味性的活动更容易被其接受，可以通过游戏、参观、参与社区等方式尝试创新。而对大学思政课而言，价值观教育不能停留于思想和知识普及性层面，而是需要提供有说服力的理论支撑和实践体验；要结合大学生的思维水平和思想实际，更侧重于讨论、交流和互动。

2. 实施科学化的课程评估

英国政府在采纳《科瑞克报告》把公民课程纳入法定课程框架的同时，建立了课程评估制度和机制。虽然英国政府了解公民教育很难以完全量化的标准衡量，但对于教育效果的常规化评估是必要的。相比之下，我国的思政课程建设中普遍缺乏常规化的科学评估制度和机制，这是我们思政课程建设中亟待加强的环节。对思政课程效果评估的缺位，使得我们对于思政课程重要性和必要性的阐释以及对思政课程如何改革推进的对策都会显得依据不充分。

3. 切实加强思政课师资培训

针对英格兰公民课的评估报告强调，公民教育的效果受到教师教育实践的重要影响，缺乏合适的师资是学校在具体落实中的关键制约因素。① 负责学校落实考核的教育及儿童服务与技能标准局（the Office for Standards in Education, Ofsted）的多个报告对此进行了多次强调。2011 年，议会代表还公开回应民间对于“每年有多少公民课教师得到培训”的询问。我国中小学德育和大学思政课也面临类似的师资约束。确实，由于这类课程内容丰富、弹性大，授课效果较其他知识性课程更依赖于教师个体的教学技能和知识储备。

4. 开发隐性教育资源

英国在实施合法化的公民课的同时，尝试发掘体育育人资源等隐性教育资

---

① Avril Keating, David Kerr, Thomas Benton, Ellie Mundy, and Joana Lopes. Citizenship education in England 2001-2010: young people's practices and prospects for the future: the eighth and final report from the Citizenship Education Longitudinal Study [EB/OL]. (2010-11-25) [2023-7-27] https://www.gov.uk/government/publications/citizenship-education-in-england-2001-2010-young-peoples-practices-and-prospects-for-the-future-the-eighth-and-final-report-from-the-citizenship-e.

源的做法也启发我们，除德育课和思想政治教育专门课程外，在其他各类课程或教育、活动渠道中也蕴含着丰富的思想政治和价值观教育资源可加以挖掘利用。近年来，我国教育界提出和推广“课程思政”的理念，即在各类专业知识课程中充分挖掘思政教育的元素，由此建立课程思政教学体系和“大思政”教育格局，这是一种有益的创新实践。还有开展广泛的志愿者服务、课外体育活动、社会考察调研等活动都可以是价值观教育的隐性场域。

（三）要正视和分析政治价值观教育中面临的困境

虽然英国公民课实施多年来积累了不少成功经验，但是从其后期国内的评估和有关讨论来看，呈现的效果比较复杂，政治价值观教育面临诸多困境。例如，英国公民课是多元主义、社会主义、共和主义、社群主义等多个意识形态的混合体，一方面是政治妥协的结果；另一方面难免在教育过程中相互掣肘，多元的政治价值之间的差异性增加了价值共识达成的难度。这表明，在价值多元的社会中进行政治价值观教育，通过政治妥协形成“共识”固然是一种策略，但必须认真考虑不同的意识形态之间能否契合的问题，需要寻找它们之间的契合点，并确定其中具有主导性的意识形态，以确保社会的内在稳定和自足发展。

又如，根据英国2010年发表的针对公民课所有调查的总结性结果，接受公民课的学生显现出更高的政治活动参与（签请愿书、选举学校自治组织等）及志愿活动参与热情，但参与的原因主要是基于个人受益而非义务责任意识，且课外活动参与更低；汇报自己“接受了很多公民教育”的学生呈现出更积极的行为态度，这些学生也呈现出更高的对自身政治参与有效性的认同以及对社会政治制度的信任，但是对集体（社区、国家、欧盟）的忠诚度更低。对这种看似矛盾的负相关现象如何分析，会影响对政治教育价值的基本判断。从表面看，人们容易由此得出结论：接受公民课教育的程度与政治参与及政治信任的程度成正比，与政治责任意识及政治忠诚度成反比。其实不能这么简单地看问题。政治参与行动积极的学生，动力可能更多地来自其个人利益的考量，由于他们更关注参与的效度，就会对集体（共同体）的回应有更多的期待，并且会带有更多批判性思维来评判政治机构的作为，他们往往是把对社会政治制度的基本信任和拥护与对具体机构现时表现的评价分开来看。把个人与国家的关系视为如黑格尔所说的双向伦理关系——个人与国家的权利和义务关系对等，这种观念在当代已为人们普遍理解和接受。当然，教育过程对此仍需加以协调和提升，应当在主张共同体对个体利益维护和支持的同时，引导个体提升自身的精神境界，增强社会责任感，能有多一些利他、利群表现。

再如，英国关于公民课的评估报告特别指出，在《科瑞克报告》指出的三项教育内容和目标中，“政治素养”在现实操作中最难落实，也是妨碍公民课实践的核心挑战所在，急需具体化和可操作化。科瑞克在其生前最后发表的几篇文章中明确指出，公民教育的核心在于“政治素养”（培养孩子参与政治、改变社会的能力），并基于此让公民教育成为公共政治体系中的一个部分；借由公民教育，一个政治社会中长辈们把公共生活中积累的经验教训告诉下一代，并启发孩子找到更好的公共生活方式。科瑞克遗憾地说，自 1998 年报告实施以来，他从教学实践中感到只有很少人真正理解了他的用意。① 让公民教育成为年轻人了解国家公共生活架构的现状、历史、原因和目前问题的机会，向孩子解释我们现有的生活，激发他们思考更好的生活并尝试落实，就是让孩子成为积极的公民，是公民教育的目的所在。确实，良好的政治素养是公民积极理性的政治参与的重要条件。如何有效培育公民的政治素养，需要我们的教育者在理论上深化研究，在实践中探索有效路径。

在英国公民课政治价值观教育中集中显现的上述困境问题，其实也是我们思想政治教育中不同程度共见的问题和现象。对此客观地加以分析和研究，对我们有触类旁通的启示作用。

（四）要凝聚政治价值观教育的多方合力

英国公民课的法定化离不开社会的多方合力，从其法定化前期的讨论和后期的评估、讨论中可以看出，支持公民教育的学术界、教育界、政府官方和社会组织都成为重要的推动力量。而在公民课的实施过程中动员社会各方力量的参与，则给价值观教育带来多样化的益处。学校、校长、教师、学生、家长都可以根据自己如何做一个成功及合格社会成员的认知和理解，并结合当下英国社会对健康、健全人格的需求，通过学校、社会、家庭相结合的多种模式培养学生们的品行和价值观。英国政府高度重视和加大通过学校的平台塑造与培养学生优秀品行的力度。英国教育部为此设立相关网站及数字信息平台，供在校从事学生品行和价值观教育的教师发布信息、分享优秀的教学案例和经验；同时，供英国教育部门搜集和统计相关的数据，来制定和指导下一阶段工作的政策与方案。此外，英国政府还积极鼓励各行业、机构能广泛参与对学生进行品行教育的工作，力促形成企业、用人单位及整个社会对具有高尚品行的优秀人才高度重视的社会氛围。

---

① 他在举例说，组织孩子到敬老院做志愿者是好的，但这不是公民教育的全部，更重要的是，告诉孩子老人为什么要待在养老院，让孩子思考这样的安排是否公正，有没有更好的安排，如何实现更好的安排。

我国在思想政治和价值观教育中提出了“全员、全方位、全过程”育人的理念。虽然“合力育人”的思想早已有之，但在开展的方式上多为“自上而下”的动员和部署，发布的教育资源信息也多为上下垂直流动，而体现各方主体性参与的教育信息横向流动较少，未充分激发各方主体的积极性和创造性，蕴藏的丰富教育资源也得不到充分共享。因此，我们可借鉴英国教育界的类似做法，尝试建立校际思政课共享网站，改变“自上而下”的单方面发布形式，搭建数字信息平台，鼓励从事学生思想政治和价值观教育及研究的教师、学者主动发布教学和研究信息，分享优秀的教学案例和经验，以更好地促进政治价值观教育。

第三专题 英国公民课改革的政治学理论基础和意识形态背景①

2002年，公民课被纳入英格兰和威尔士的中学必修课目录；2014年，英国教育部对公民课指导意见做出修订。英国公民课改革引起了我国学界的浓厚兴趣。现有研究清晰呈现了其历程和困境，并特别强调了科瑞克在推动这一改革中的重要作用。② 本专题尝试从政治学理论基础和意识形态背景角度梳理围绕英国公民课的讨论，包括：第一，详细介绍科瑞克的政治学理论架构及其对民主社会主义和共和主义的意识形态认同，阐释这些因素在推动英国公民课课程改革和形塑课程方案中的作用；第二，揭示对英国公民课改革产生重要影响的其他政治学理论和意识形态，如社会资本理论、保守主义和社群主义，指出课程设计是多方辩论和妥协的产物，且面临持续的争议和改革压力。

一、"政治"与"政治教育"：英国公民课改革的政治学理论基础

英国公民课改革的学术讨论主要来自其国内政治学界。相关学者普遍认为，公民课改革的理论基础是对人类政治生活及教育在其中应承担责任的理解，该问题的争议性决定了课程改革的争议性。要对围绕公民课的复杂争议予以清理，就必须从政治学理论根源上对"何为政治、何为教育"给出明晰界定；要赋予公民课以法定地位（Statutory Status），就必须对政治教育（Political Education）及其合法性进行充分论证。

正因如此，公民课改革在英国国内催生了一系列以"政治教育"为主题的学术成果，甚至可以说，"政治教育"已成为英国政治学界在20世纪70年代到90年代的一大热门研究话题。仅以在题目中包含"政治教育"为标准，据笔者于2016—2017年在牛津大学访学期间利用其图书馆馆藏资源做的不完全统计，这些成果包括近20部学术专著和近10部论文集；《牛津教育评论》（*Oxford Review of Education*）还于1999年以"政治教育"为主题专门组织专刊，而笔者还在牛津大学未发表的博士学位论文库中发现了《托马斯·霍布斯哲学理论中

---

① 陈琳.英国公民课改革的政治学理论基础和意识形态背景研究［J］.外国教育研究，2019（7）：108-118.

② 吴海荣.教育分权下英国学校公民教育的课程差异与困境［J］.外国教育研究，2014（7）：98-108.

的政治教育》（*Political Education in the Philosophy of Thomas Hobbes*）等从具体政治哲学代表人物角度深入分析政治教育的论文选题。同时，在实践界，工党出版了多个以“政治教育”为题的宣传手册，甚至教会的工作手册都以“政治教育”为题。从这些资料足见当时英国国内围绕“政治教育”的讨论热度之高。

在这个讨论过程中，政治学者科瑞克教授的政治学理论起到了推动和整合讨论的关键作用。他任主席的政治学协会（The Political Association）在1969年成立后就积极参与和推动相关讨论，他领衔的咨询报告《公民与民主教育》（*Education for Citizenship and the Teaching of Democracy in Schools*）常被简称为《科瑞克报告》（*The Crick Report*）①，标志着英国理论和实践界对公民课法定化从消极反对到积极支持的转折，并成为2002年课程法定指导意见的直接文本来源。

科瑞克把其政治学理论的来源主要追溯到亚里士多德——不同于柏拉图在《理想国》中阐释的高度一体化的政治架构，亚里士多德在《政治学》中指出，政治生活好比由冲突性音符和节奏构成的旋律。② 科瑞克则认为，政治是“调解差异性利益并在其间分享权力的活动”③，政治学旨在“研究对社会整体产生影响的价值、利益冲突及其调解”④，政治秩序是“能够在不可消除的价值和利益冲突之间达成温和妥协的体系”⑤。在1978年出版的关于英国政治教育的首个专门系统性研究报告中，“政治”被界定为“创造性调解利益或道德争议的行为”⑥，与科瑞克的理论高度一致。确实，对“政治”的这一界定有力回应了保守主义对政治教育的质疑，而后者则是导致政治教育在英国长期缺失的重要原因之一。在此从政治冲突和政治平等两个角度对此进行阐释。

（一）政治教育的正当性来源之一：政治冲突与政治调解

科瑞克的政治学理论最鲜明特征在于其对政治冲突的态度。包括：其一，以利益和价值的多元性与冲突性为政治活动的起点和终点，认为共识、共同善

---

① Digital Education Resource Archive（DERA）. Education for Citizenship and the Teaching of Democracy in Schools［EB/OL］.（2018-12-31）［2022-9-17］. https：//dera. ioe. ac. uk/4385.

② ARISTOTLE. Politics［M］. BARKER E，trams. Oxford：Clarendon Press，1952：51.

③ CRICK B. In Defense of Politics［M］. Chicago：University of Chicago Press，1962：15.

④ CRICK B，CRICK T. What Is Politics?［M］. London：Hodder Arnold，1987：1.

⑤ CRICK B. Democracy：A Very Short Introduction［M］. Oxford：Oxford University Press，2003：93.

⑥ CRICK B，PORTER A. Political Education and Political Literacy［M］. New Jersey：Prentice Hall Press，1978：6.

和共同意志就存在于政治调解（Political Conciliation）的具体行为之中，而不是外生于政治过程的抽象前提或结果；其二，区分“基于共同善的冲突调解”和“基于个体或团体意志的权力斗争”，把政治限定于前者，并把其作为人类文明进步的表征，认为混淆政治行为和权力斗争是导致“政治”被污名化的原因。该理论要点直接为政治教育的必要性和内容设计提供了支持。

首先，由于政治生活的核心要义在于对利益和观念的冲突调解，所以，使参与者获得相关知识和技能对政治运行至关重要，而这正是政治教育的内容。科瑞克的这一论证其实集合了当时多位政治教育支持者的观点。在他们看来，对政治教育重要性的强调可以追溯到亚里士多德，他在《政治学》（*Politics*）中把政治教育看作提高公共生活质量的核心方法以及立法者的首要职责。但是，近代以来，由于纳粹德国和苏联借助暴力权威进行的灌输式教育实践等多种因素的影响，“政治教育”在英文语境中引起的联想急速负面化。① 1951 年，在英国围绕公民课改革的讨论成为热点之前，奥卡肖特（Oakeshott）在就任伦敦政治经济学院政治学系主任之际，就直接把其就职演说命名为“政治教育”，并在开篇就指出，“政治教育”在当代已沦为了一个“邪恶”的词汇，这是现代语言“堕落腐化”的结果，也是战后英国政治生活乱象丛生的原因。② 1967 年 4 月，《卫报》（*The Guardian*）刊登了时任布莱顿教育学院历史学系主任的德里克·希特（Derek Heater）教授的编辑来信，呼吁“为政治教育正名”；1977 年 11 月，《泰晤士报》（*The Times*）也专设增刊，呼吁“在英国重建政治教育”，把政治理论界围绕“政治教育”的争论推到了大众媒体中。

其次，由于观念和利益冲突是人类政治生活不可消除的永恒主题，政治议题与价值判断的紧密联系以及与之相伴的争议性都不足以构成反对政治教育的原因。19 世纪末 20 世纪初，英国的一些保守主义者就以此为由，认为政治教育应该被排除在学校课表之外——政治活动涉及价值判断和行动方案，具有高度主观性，而学校教育的目标应是培养学生们热爱客观真理的情感和进行理性思辨的能力。③ 1934 年，一些自由主义者和费边主义者组织成立公民教育协会（the Association for Education in Citizenship in Britain），首次明确提出在英国进行公民教育，但由于政府中保守主义者的反对而无疾而终。1944 年，由该协会引

① WRINGE C. Democracy, Schooling and Political Education [M]. London: George Allen, Unwin, 1984: 95-100.

② OAKESHOTT M. Political Education: An Inaugural Lecture Delivered at The London School of Economics and Political Science [M]. Cambridge: Bowes & Bowes, 1951: 7-28.

③ BRONNHILL. Political Education [M]. London: Routledge, 1989: 1-15.

发的讨论形成了两份专题报告，但它们都对政治教育做出了负面评判：前者认为学龄期儿童和青少年不适合接受有关现实政治生活的教育①；后者认为政治生活不适合作为直接和独立的教育内容，而应该被纳入历史、地理、语言等其他科目的教学中②。同年颁布的教育法案首次在官方文件中提到了公民教育，但被放在“永不能被实施的内容条目”中。在20世纪70年代以来的讨论中，曾任中学校长和英国教育部部长的罗德斯·博伊森（Rhodes Boyson）在《泰晤士报》上发文明确反对政治教育，直言“除了学习政治之外，生活还有更为丰富的内容”。虽然支持政治教育的声音在这一轮讨论里赢得了不少认可和同情，但是随着以撒切尔为首的保守党的掌权，围绕政治教育的讨论再次陷入沉寂。据科瑞克回忆，当新上任的新工党首任教育处秘书布朗克特于1997年任命他为课改咨询委员会主席的时候，他以为“围绕政治教育的事务已经完结”，而且“已经开始忙于其他事务了”③。即使在2002年获得法定地位之后，英国议会依然每年有两次左右的围绕公民课的辩论，保守主义者依然会从政治议题敏感性和争议性角度对课程提出质疑，足见这一思想对英国公民课改革的影响。

最后，不同于诉诸暴力和欺骗等权力斗争，政治调解活动主要借助于公共讨论展开，且冲突永远在场，这意味着不能期待通过对话得出一劳永逸的解决方案，因此，政治教育不仅要培养学生参与公共讨论的热情和能力，而且其本身就是公共讨论展开的重要场景、是政治生活的重要组成部分。在围绕英国公民课改革的理论争论中，不少学者都对此进行了阐释。哈罗德·恩特威斯尔（Harold Entwistle）指出，以“追求真理”为目标的政治教育是危险的，可能把政治行为降为肮脏的权力游戏。④ 彼得·奥本（Peter Euben）认为，政治教育要引导学生同时认识到情感和理性对于公共讨论的作用，并在政治教育的过程中通过言语和对话来培育学生的政治美德⑤。罗伯特·布朗希尔（Robert

---

① Education in England. History Documents Articles. The Spens Report［EB/OL］.（2018-12-31）［2022-9-17］. http：//www. educationengland. org. uk/documents/spens/spens1938. html.

② Education in England. History Documents Articles. The Norwood Report［EB/OL］.（2018-12-31）［2022-9-17］. http：//www. educationengland. org. uk/documents/norwood/norwood1943. html.

③ CRICK B. Citizenship：The Political and the Democratic［J］. British Journal of Educational Studies，2007（3）：235-248.

④ ENTWISTLE H. Political Education in a Democracy［M］. London：Routledge，1971：1-10.

⑤ Euben P. Corrupting the Youth：Political Education，Democratic Culture，and Political Theory［M］. Princeton：Princeton University Press，1997：231-265.

Bronnhill）和帕特里夏·斯马特（Patricia Smart）指出，政治教育应帮助学生识别自己和他人参与公共讨论时具有的隐性知识背景和解释框架，知道政治讨论不同于单纯诉诸理性逻辑的学术讨论、具有鲜明的价值性和行为导向性，但是同时尽量排除盲目偏见、情感和狭隘利益的影响，最大限度地在语言互动中实现理解和妥协、避免暴力。① 迈克尔·沃尔兹（Michael Walzer）认为，政治教育不是让孩子具备在未来做出恰当政治决策的能力，而是要让他们进入持续一生的政治参与过程，政治决策的关键不是单纯的成本—收益计算或绝对的道德判断，而是“意识到政治决策的困难所在、并不断为决策的正当性感到忧虑”，进而在这个开放的过程中不断修正决策原则、培养政治共同体意识②。奥卡肖特也指出，由于政治活动以一定的知识和教育为前提，政治教育必然内在于政治活动之中——政治教育和政治活动的关系就像孩子学习语言和参与言说的关系。③ 这就进一步回应了保守主义者对政治教育的质疑。除了政治议题的争议性之外，保守主义反对政治教育的另一个核心原因是担心“政治教育”蜕变为“政治化的教育”，亦即纯粹的灌输和宣教，进而侵犯个人自由。而在上述理论中，学会识别和应对潜在的分析框架、偏见利益和冲突所在恰恰是政治教育的核心目标；而且，给定政治生活的争议性，相较于把价值内涵于课程体系内的隐性价值引导，对价值的公开、直接讨论更有利于培养学生参与政治生活、真正实现自由的能力；或者说，明确而开放的政治教育恰恰是尊重学生个体性和自主性，进而克服被动灌输的最佳方式。

（二）政治教育的正当性来源之二：政治平等与政治参与

如果说政治冲突及其调解是科瑞克政治学理论的显性特征的话，那么政治平等和政治参与则是其政治学理论的隐性内涵。体现在：其一，利益和价值冲突中的所有参与方没有先于政治生活前定等级之分；其二，体现共同善的政治调解要求所有相关者的充分有效参与。这是英国政治学界支持和设计政治教育的另一个理论支柱。

强调自然等级、担忧过度平等导致低质量政治参与的保守主义在英国影响深远。早在 1807 年围绕贫困儿童教育法案的讨论中，托利派就明确反对为穷人家庭的孩子提供教育，认为这会带来过度的平等情绪，进而危害英国的政治传

---

① BRONNHILL R，SMART P. Political Education［M］. London：Routledge，1989：1-15.

② WALZER M. ‘olitical Decision-Making and Political Education［M］. RICHTER M. Political Theory and Political Education. Princeton：Princeton University Press，1980：159-176.

③ OAKESHOTT M. Political Education：An Inaugural Lecture Delivered at The London School of Economics and Political Science［M］. Cambridge：Bowes，1951：7-28.

统；1870 年，基于提高国家工业实力的考虑，普及基础教育的提案获得了通过，但是提案颇为强调的另一个核心理由——政治教育并没有引起任何重视。[①] 确实，在保守主义者看来，对大众进行政治教育既是不可行的，也是不可取的，因为政治活动不仅要求参与者具有相应的狭义知识，更需要复杂的理性、美德和行动力，而这些品性和能力对个体的先天禀赋具有很高要求，也很难通过学校里一般的教育学习方式获得。

然而，在政治教育的支持者看来，政治权利的平等具有内在价值，自然个体的先天禀赋不存在根本差异，和其他人类活动一样，政治活动也可以必须通过适当的教育和学习过程习得。正是在这一背景下，近代英国对政治教育的提倡是和选举权的扩大齐头并进的。例如，1879 年，亨利·索利（Henry Solly）在《政党政治和政治教育》（*Party Politics and Political Education*）一书中指出，正在兴起的政党政治需要配之以对工人劳动者的政治教育，也为其提供了可能[②]；1882 年，乔治·怀尔（George Whale）在伦敦郊区和剑桥大学发表以“政治教育随想”为题的演讲，明确指出我们应该做的不是基于人们的自然禀赋和等级出身来限制其权利的平等，而是基于权利平等来提高人们的能力，而他撰文和演讲的目的，就是希望通过明确政治教育的形式和内容（他定为历史和政治经济学），来回应爱德蒙·伯克（Edmund Burke）等保守主义者对于政治教育不可行的质疑。[③] 更近期的来说，埃蒙·卡伦（Eamonn Callan）也指出，政治教育是一种价值选择，在实践中无法保证其成功，但依然值得一试。[④]

随着选举权不断普及，政治教育的支持者进一步指出，即使不认可平等的内在价值，即使深知政治教育的困难和失败的可能，近现代民主政治也迫使我们不得不去努力寻求有效的政治教育方式——如果说传统政治体制只要求对少数人（君主、贵族、政府官员等）进行政治教育的话，那么在当代社会，我们则不得不对所有人进行政治教育；而且，和传统统治者接受的政治教育相比，当代政治生活的参与者能得到的政治教育的质量可能太低了。早在 1848 年，约翰·斯图尔特·密尔（John Stuart Mill）就指出，人类的未来取决于普通民众能

---

① BRENNAN T. Political Education and Democracy ［M］. Cambridge：Cambridge University Press，1981：3-42.

② SOLLY H. Party Politics and Political Education ［M］. London：E. Stanford，55，Charing Cross，S. W，1879：4-23.

③ WHALE G. A Fragment on Political Education ［M］. London：William Ridgway 169 Piccadilly W，1882：1-57.

④ CALLAN E. Creating Citizens：Political Education and Liberal Democracy ［M］. Oxford：Clarendon Press，1997：1-11，221-223.

在多大程度上习得“理性”，他认为这一演进已在自然发生，政治教育则可以加速该进程。21 世纪初，在回顾了自古希腊开始的英文语境下的“民主”传统后，科瑞克得出了“政治权利的平等必须伴之以平等和有效的政治教育”这一结论。在他看来，政治教育既是克服民主困境的唯一出路，也是通向政治平等的唯一可行途径。①

二、从“政治教育”到“公民课”：英国公民课改革的意识形态背景

科瑞克对“何为政治”的上述理解直接塑造了其对“政治教育”的倡导和设想。这也清晰体现在公民课的方案中。2002 年课程指导意见直接承袭《科瑞克报告》的内容设计，包括三个部分：政治素养、社会与道德责任和社区参与。其中，政治素养指“关于政治概念和政治过程的知识以及政治参与的技能和意愿”。显而易见，该设计直接承载了政治教育的精神。但是，在 2002 年进入中学法定课程目录的科目并不以“政治教育”命名，在公民课的内容中，除政治素养外还有两项内容：社会与道德责任以及社区参与。课程名称的变化和课程内容的扩充以围绕课改的意识形态争论为背景。

（一）英国公民课改革的意识形态背景之一：民主社会主义

科瑞克的意识形态认同首先是英式的民主社会主义。这种政治思想倾向在其撰写的《社会主义》（*Socialism*）等宣传小册子②中得到充分显露，旨在通过澄清社会主义的基本理念，重塑人们对社会主义意识形态的认同。

其一，科瑞克认为，基于社会主义的历史教训，需要对“平等”的含义进行清理，而他的结论是：在人类社会的现阶段，从任何确切角度（财富、地位或者机会）来要求人与人之间的绝对平等都是不可行的也是不可取的，平等只能体现为一种“文化”。所以，他也把英式社会主义称为文化（伦理）社会主义。这种“平等文化”的核心要义在于最大限度地从社会制度角度来解释和弥补人与人之间能力的差异，而教育则是与此有关的最关键制度。基于此，认可政治平等的价值，进而对所有人提供平等而有效的政治价值观教育也就是题中之义了。

其二，科瑞克认为，从现有社会向社会主义社会的过渡是一个长期过程：如果说平等的真正实现是中长期目标的话，在短期则还是要在现有制度框架内

---

① CRICK B. Democracy: A Very Short Introduction [M]. Oxford: Oxford University Press, 2003: 93.

② CRICK B. Socialism [M]. Minnesota: University of Minnesota Press, 1988: 1-42.

争取利益的平等、寻求温和的制度演变。这就要求参与者掌握有关英国现行政治制度和政治过程的知识，并具有政治参与的技能和主观意愿，而这正是“政治素养”的核心内容。而且，政治教育的作用不仅是向民众提供获得政治素养的平等机会，更重要的，它还是推动资本主义社会向社会主义社会过渡的核心动力机制——通过影响学生的价值观，政治教育将推动从等级文化向平等文化的转变。在这个意义上，政治教育已经被看作一种“非暴力的社会变革方式”。

（二）英国公民课改革的意识形态背景之二：共和主义

在科瑞克晚年，其意识形态认同还具有了浓厚的共和主义色彩。这一转变对其在 1997 年担任英国公民课改咨询小组主席后的观点和行为有很大影响。具体体现在以下几方面。

其一，据科瑞克回忆，随着世界政治局势的变化，他开始反思《为政治辩护》（*In Defense for Politics*）一书仅从“冲突调解和公共讨论”角度对“政治”的界定，认为自己年轻时受到了冷战中两大阵营简单对立思维的影响，高估了在“自由辩论”中达成妥协和培育美德的可能，开始认同通过其他方式进行品格教育的必要性和可能性①，而当时正在复兴的共和主义显然对他的思考产生了影响。这集中体现在科瑞克去世后才被整理出版的《积极公民：它能给我们带来什么和如何达成这一目标》（*Active Citizenship*：*What Could It Achieve and How*?）一书里，我们可以明确看到，晚年的科瑞克转向了“公民共和主义”——该书第一章即科瑞克撰写的“公民共和主义和公民：今日的挑战”（“Civic Republicanism and Citizenship：the Challenge for Today”），他在该文中提供了不同于欧美主流自由主义传统的对公民理论的历史阐释，并倡导在英国构建“公民文化”。② 进一步看，虽然当代政治学理论对于古典共和作家及其文本具有不同的解读，但对“公民美德”和“积极参与”的重视是各种阐释的共同特征③。所以，对共和主义的转向导致科瑞克愿意与更为强调道德教育的保守主义者以及更为强调社区参与的社群主义者合作，能够接受“公民课”的名称，并同意在其方案中放入“社会和道德责任”和“社区参与”这两项内容。

---

① CRICK B. Citizenship：The Political and the Democratic［J］. British Journal of Educational Studies，2007（3）：235-248.

② CRICK B. Civic Republicanism and Citizenship：the Challenge for Today［M］//CRICK B，LOCKYER A. Active Citizenship：What Could it Achieve and How? Edinburgh：Edinburgh University Press，2010：15-35.

③ Stanford Encyclopedia of Philosophy. Republicanism［EB/OL］.（2022-06-29）［2022-11-15］. https：//plato. stanford. edu/entries/republicanism.

其二，对于古典共和文本的现代解读主要有两个分支：公民人文主义（Civic Humanism）和公民共和主义（Civic Republicanism），其中，前者把公民美德和参与作为具有应然性的价值本身，并且一定程度上不反对由于个体先天禀赋差异导致的后天不平等；而后者则把公民美德和参与看作实现良善制度的工具，并且强调后天教育在帮助个体实现美德和有效参与中应该具有的作用。[①]正因如此，构建公民教育和培育公共精神就成了公民共和主义的重要组成部分。[②] 科瑞克晚年的思想与此高度一致。虽然他开始认同个人品格作为良好政治生活前提的重要性，但是在个人美德和政治参与之间，他不仅强调政治参与，而且特别强调政治参与的核心目标在于构建更为完善的社会制度。这集中体现在 2007 年（科瑞克去世前一年）发表的《政治民主和公民教育》（*Political Democracy and Citizenship Education*）一文中。在该文中，他明确表示自己所说的"政治教育"的实质是"民主教育"（之前只是因为"民主"一词的含义"过于混乱"而未采用该说法），虽然他同意在公民课中放入品格教育和社区参与，但他的核心意图依然是培育具有参与政治变革的意愿和能力的"积极公民"，而非仅仅具有良好个人品性的"好公民"，应当从中培养学生对社会制度进行反思、批判和推动其渐进改良的能力和意愿。他甚至在文章中开玩笑说，虽然咨询报告开宗明义——"我们的目标是在全国和地方两个层面改变这个国家的政治文化……是要向年轻人传递现有公共生活中最有价值的传统，并让他们具备构建新的社会参与和行为方式的自信、能力和意愿"——但是，"咨询小组中有多少人真正意识到自己所签下的是一份颇为激进的共和主义方案呢"?[③] 此外，在回忆课程名称从"政治教育"到"公民教育"的转变时，他还曾幽默地把这一转变描述为落实政治教育做出的"马基雅维利主义的"妥协和技巧[④]，也可见其侧重点所在。

（三）英国公民课改革的意识形态背景之三：社群主义与社会资本

科瑞克在晚年对于个体品格和社区参与的重视也使其能够与社群主义者进行合作，而后者推进课改的主要理论依据与科瑞克不同，核心是布坎南的社会

① Stanford Encyclopedia of Philosophy. Republicanism [EB/OL]. (2022-06-29) [2022-11-15]. https://plato. stanford. edu/entries/republicanism.

② PETERSON A. Civic Republicanism and Civic Education: The Education of Citizens [M]. New York: Palgrave Macmillan, 2011: 1-5.

③ CRICK B. Citizenship: The Political and the Democratic [J]. British Journal of Educational Studies, 2007 (3): 235-248.

④ CRICK B. Education for Citizenship: The Citizenship Order [J]. Parliamentary Affairs, 2002 (55): 488-504.

资本理论——他们是由于担忧英国社会资本（社会网络培育的社会信任）下降而推动课改的。虽然科瑞克强调公民课与“政治教育”的连续性，但是就课程方案设计和具体落实而言，二者存在明显断裂。①

科瑞克晚年也意识到其强调“参与”的政治教育的挑战和风险。在其生前发表的最后一篇文章（2007）中，他直接指出，回顾自2002年开始的公民课实践，道德责任和社区参与这两项内容通过志愿者活动得到了较好落实，政治素养的第一项内容（有关政治概念和政治过程的知识）也以传统教学方式继续进行着，但是政治素养的第二项内容（积极政治参与的意愿和能力）在实践中几乎被淡忘了②，对公民课改革进行的长达10年的评估也在课程效果方面得出了类似结论③。而2014年9月开始实施的新课程方案则把内容修改为四个部分，原方案的社会与道德责任和社区参与这两项被综合为“志愿精神”，新增“法律知识”和“财务技能”两项内容，“政治素养”得到了保留，但是其含义被修订为“关于英国政治治理、政治制度和政治参与的知识和理解力”④，取消了“政治参与的意愿”这一用词，可以说在一定程度上淡化了对积极政治参与的强调。

确实，回头看，公民课改仿佛是科瑞克用行动对其政治学理论（“妥协和调解”）的最佳阐释。在英国浓厚的保守主义氛围下，这一妥协对于课程的法定化功不可没，但是该调解可能使英国公民课成为多元主义、社会主义、共和主义、社群主义等多个意识形态的混合体，从而在内容上呈现出混杂多元的特征，给政治价值观教育的教学实践和操作带来困难。

---

① KISBY B. The Labour Party and Citizenship Education：Policy Networks and the Introduction of Citizenship Lessons in Schools［M］. Manchester，New York：Manchester University Press，2012：1-15.

② CRICK B. Citizenship：The Political and the Democratic［J］. British Journal of Educational Studies，2007（3）：235-248.

③ GOV of UK. Research and Analysis. Citizenship education in England 2001-2010［EB/OL］.（2010-11-25）［2018-12-31］. https：//www. gov. uk/government/publications/citizenship-education-in-england-2001-2010-young-peoples-practices-and-prospects-for-the-future-the-eighth-and-final-report-from-the-citizenship-e.

④ GOV of UK. Department for Education.（Statutory guidance）National Curriculum in England：Citizenship Programmes of Study for Key Stages 3-4［EB/OL］.（2013-09-11）［2018-12-31］. https：//www. gov. uk/government/publications/national-curriculum-in-england-citizenship-programmes-of-study/national-curriculum-in-england-citizenship-programmes-of-study-for-key-stages-3-and-4.

三、结论与启示

保罗·卡恩（Paul W. Kahn）在《摆正自由主义的位置》一书中指出，民主政治的良好运转不仅需要政府官员对他们承担的责任负责，也更需要所有政治参与者的能力和美德，需要协商的精神，需要共同的知识、共同的理解、相互的信任，需要彼此承担责任；民主社会的持续，归根结底依赖于有利于民主的心灵和思维方式在后代能持续下去，正是因为民主的社会条件如此重要，民主制度有可能遭遇到的危险，很大程度上在于这种有利于民主的社会条件的丧失，这也是民主的脆弱性所在。① 曾经把竞争性代议制民主作为“历史终结”的弗朗西斯·福山（Francis Fukuyama），在对现代民主最新演化的观察反思后得出，在缺乏信任的现代国家里推行民主，腐败就会随之而来，无孔不入的依附主义会侵蚀掉民主的所有益处。只是为了“利益妥协”而没有“对话与共识”的民主，与良治可能存在天然的紧张关系。②

确实，自柏拉图嘲讽的“无知的统治”，到托克维尔（Focqueville）惊呼的“多数暴政”，再到正在影响当代世界政治的“民粹主义”，人类是否处在柏拉图批判的世界里？然而，即使人类处在柏拉图描述的“陷阱”里，现代人类社会也不再沿着他给出的方向走出去——我们已无法接受“哲学王”的潜在前提：政治权利与参与机会的不平等。如果认同平等的内在价值，我们就必须直接面对政治权利和政治参与的困境，即如何在尊重每个个体表达、影响公共生活权利的同时，让审慎的知识和善意的美德作为决策依据，或者说，如何平衡“平等”和“能力”？而政治教育给出的出路是：提高每个人的能力。也是在这一背景下，当代世界各国都开始关注政治价值观教育——虽然在不同政治文化和意识形态下，但政治价值观教育被内涵于公民教育、品格教育、政治社会化等多样化的形式中。

然而，从英国政治学界围绕“政治教育”的讨论中、从其课程法定化过程里名称和内容的转变，我们也看到政治价值观教育在当代社会面临的难题。其一，由于多种意识形态和政治学理论就人类政治生活以及教育在其中的地位等很多基本问题的看法存有冲突，所以，对政治价值观教育的意义、过程乃至其

① 卡恩．摆正自由主义的位置［M］．田力，译．北京：中国政法大学出版社，2015：156.

② 福山．政治秩序的起源：从前人类时代到法国大革命［M］．毛俊杰，译．南宁：广西师范大学出版社，2012：339.

名称都存有多元认识，这就为政治教育的现实设计和实施带来了难题。其二，就像英国公民课改中呈现的那样，我们依然没有找到切实有效的培育“积极参与能力及其意愿”的方式，难处可能在于：在参与者不具备做出良好政治判断能力的时候，让其做出重大的政治决策是有风险的；但是，同时，即使面临甚至真正参与重大的政治决策，民众也缺乏培育自身做出良好政治判断的能力的激励。将这两点结合起来看，可以说，在通过细致的学术研究来清理有关基本理论问题的同时，平衡好操作实施的跷跷板，可能是英国公民课改革给我们最大的启发。当代中国政治发展和全过程人民民主的实践，离不开高质量的思想政治教育（尤其是政治价值观教育）。在借鉴和反思其他国家教育理论和实践的基础上，结合全球化视野下中国传统和当代国情的特殊性，思考和摸索适合中国的政治教育理论和实践，是需要进一步深入探讨的话题。

第四专题 价值共识生成的社会逻辑——当代美国价值观教育的社会学透视

2021年，美国哈佛大学法学院教授凯斯·R. 桑斯坦（Cass R. Sunstein）在出版的《此非常态——日常期望的政治学》（*This Is Not Normal: The Politics of Everyday Expectations*）一书中反思了新型冠状病毒疫情对日常生活的政治形态引发的改变，认为它影响了人们对“日常”（normal）概念的理解。当人们受到惊吓并需要采取强有力的措施来保护公共健康时，他们的自由可能会被转移或受到限制。这似乎是在挑战民主社会奉行的基本价值，质疑民主价值的稳定性。[①]当今的美国社会，价值领域的分歧正逐渐撕裂整个社会，动摇民主社会得以维系的精神基础。近些年，特别是特朗普政府奉行的“美国优先”外交政策，以及世界范围的民族主义、宗教保守势力、逆全球化思潮都在挑战其民主政治的基本框架，美国社会的思想状况似乎一直在印证自由主义价值观的“溃败”。早在2016年福山就曾断言：“我们似乎正进入一个民粹主义的民族主义新时代，在这个时代里，自20世纪50年代起构建的主导性的自由秩序开始遭到来自愤怒而强健的民主多数派的攻击。我们可能会滑入一个充满竞争而愤怒的民族主义世界，这种风险是巨大的，而如果真的发生，这将标志着一个与1989年柏林墙倒塌同样重大的时刻。”[②]

自20世纪80年代之后，价值观教育进入美国社会公众的视野且成为显性的教育论题。社会问题的迸发、教育领域盛行的价值澄清方法让以往曾一度生活在民主社会中引以为豪的美国民众，质疑历来奉行的价值信念，这不仅改变了美国公民的“心灵习性”（habits of the heart），也使美国教育日渐难以承担起应有的社会使命。古今中外，价值观教育具有普遍性，本身就是代表统治阶级意志的政府传播自身政治理想、价值观念、思想体系的实践活动。当今世界，价值观教育已然成为世界各国致力于实现政治稳定、社会发展的通行方式。自美利坚合众国成立起，教育就成为美国公民实现个人价值的“美国梦”的重要方式，也是美国政府宣传美国信念、传递美国价值的必备手段。在当代语境中，

① SUNSTEIN C R. This Is Not Normal: The Politics of Everyday Expectations [M]. New Havens: Yale University Press, 2021: 2.

② FUKUYAMA F, US against the World? Trump's America and the new global order [N]. Financial Times (2016-11-11). [2023-07-27]. https://www.ft.com/content/6a43cf54-a75d-11e6-8b69-02899e8bd9d1.

价值观教育更多地侧重于对自由主义秉持政治中立性原则的“拯救”，西方民主社会建立在自由主义的价值基础上，长期的民主化实践让制度的“钝性”渐显，公民活力大大降低，由此呼吁塑造公民的品德、价值观、情感等精神形式。如果说宣传自由主义的价值观是西方社会中传统教育的题中之义的话，那么其当代社会中现行的价值观教育在某种程度上则可以认为是对自由主义价值理念的“纠偏”或“补救”。

一、关注美国价值观教育的社会机制：理论视角的社会学转向

从未来教育走向看，价值观教育已然成为当代教育最重要的实践议题。2018年，经济合作与发展组织（Organization for Economic Co-operation and Development）教育与技能司司长，被誉为“PISA之父”的安德烈亚斯·施莱希尔（Andreas Schleicher）撰文指出：“如何将价值观纳入教育，是现代教育面临的最艰巨的挑战。价值观一直是教育的核心，但现在是时候让价值观从个体的内在志向转变为明确的教育目标和实践了，以此帮助社区从情景型价值观（‘在情景允许的情况下做我该做之事’）转变为产生信任、社会纽带和希望的可持续价值观。”① 从政治稳定与社会发展的角度看，教育不可避免地承载着国家的意识形态与民众的价值期待。任何一个国家要想维系自身的统治，就必然需要对民众进行价值观的引导。只有当民众真正接受并认同社会的核心价值观，将其内化为自身的品格、习性的时候，才可能从根本上为国家的合法性塑造社会根基。

一般而言，教育本身就有向社会成员进行价值传递的使命。作为政治共同体的成员，公民通过接受并内化来自共同体的核心价值观，成为合格的社会成员。在此过程中，教育成为政治共同体与公民之间实现价值传递的纽带。“教育本身就是一种社会事实和社会实践，在教育下一代社会成员的过程中，传递着人类社会维持自身运作和完成社会继替所需要的价值观。”② 在西方的民主社会语境中，国家的成立依赖于契约，出于公民之间的“同意”（consent）。公民与国家之间最为深层的联系源于相互之间价值层面的连接，只有当社会成员之间出于价值、情感等内在心性层面的连接，由此塑造出稳健的依赖关系，才可能

① 施莱希尔．教育面向学生的未来，而不是我们的过去［J］．全球教育展望，2018（2）：3-18.

② 涂尔干．道德教育［M］．陈光金，沈杰，朱谐汉，译．上海：上海人民出版社，2001：316．

为民主政体提供真正意义上的社会基础。对此，杜威明确地提到，“在教育方面，我们首先注意到，由于民主社会实现了一种社会生活方式，在这种社会中，各种利益相互渗透，并特别注意进步或重新调整，这就使民主社会比其他各种社会更加关心审慎的和有系统的教育，民主政治热心教育，这是众所周知的事实”。① 可以说，价值观教育成为民主社会夯实基础的重要手段。

从美国价值观教育的具体实践来看，从殖民地时期开始，美国教育就开始有选择性地传递价值观，以保证那些来自欧洲的移民可以在“新大陆”和谐相处、有序生活。在长期的社会变迁以及教育思想发展的作用下，美国价值观教育形成了独有的演化规律和实践特色。按照亚历山大·里帕（Alexander Rippa）的梳理，美国教育大抵可以分为形成时期（1607—1865 年）、变迁时代（1865—1919 年）和现代社会中的教育（1919 年至现在）。形成时期的美国教育总体上受到清教徒主义、早期工业主义和商业资本主义以及发生于其间的人文主义的影响；变迁时代的美国主义主要对来自欧洲思想家的理论资源进行转换、创造，并形成自己的特色；现代社会中美国教育的诸多重要议题来自现代社会政治、经济、思想观念和科学技术的发展。里帕对美国教育做了社会史的回溯，“一直把教育史作为社会史的一个重要方面进行研究，因为发生在任何时间或地点的教育都是特定社会的一种反映，而教育是该社会不可缺少的组成部分”。②

与我国价值观教育相对显性化、集中化的表现形态不同，美国价值观教育往往采取更社会化的方式，面对更广泛的社会成员。在我国，价值观教育具有鲜明的意识形态属性，以学校教育为主阵地，其直接性、集中性特征较为明显。相比之下，美国的价值观教育本身就是政治社会化的重要手段，虽然显性教育在那里很受重视，但隐性教育则更具广泛性，它弥散至社会空间，渗透于社会生活的各个领域，并呈现为公民教育、道德教育、宗教教育等多样形式。按照一般的论述，美国价值观教育带有浓郁的隐形化、社会化特征。“美国缺乏进行统一道德和价值观教育的宗教或社会权威的组织传统，因而学校价值观教育往往通过社会科和公民科教育而开展。”③ 除了学校教育通过社会科（social studies）等具体的课程设置，大量的价值观教育往往落实于社区活动、公民日常生活、政治参与中。“作为‘学科’（subject）的公民教育应该包括‘教育价值观’

① 杜威．民主主义与教育［M］．王承绪，译．上海：人民教育出版社，2001：97.

② 里帕．自由社会中的教育：美国历程［M］．於荣，译．合肥：安徽教育出版社，2010：7.

③ 卡明斯．从课程看道德及宗教教育：价值教育的国际比较：1［J］．钟启泉，编译．外国教育资料，1997（2）：5-12.

‘政治素养’和‘社区体验式学习’的方法。”[①] 从这个意义上说，“美国价值观教育”可以认为是一个具有统摄性的称谓，用来指称那些具有价值承载和传递功能的实践活动。

从背景上看，价值观教育总是指向特定的、具体的社会问题。美国价值观教育与美国社会民主、多元文化中的价值共识和自由民主宣扬的自由、平等、人权等价值理念密不可分。美国价值观教育需要直面当代美国社会面临的复杂、多样、日趋变动，充满不确定性的社会背景，旨在以价值观教育的方式，来消弭社会分裂，塑造社会共识。美国社会是典型的移民社会，素有“人种大熔炉”之称，多民族的文化融合，种族问题的迸发，让多元社会的价值共识显得尤为必要。如何传递多元社会的价值共识，成为他们开展价值观教育的重要内容。可以说，美国价值观教育直面不断剧烈发展、日趋多元的社会背景。而在此过程中，又相应地塑造出独具美国特色的社会化的价值观教育模式。

当社会现实问题倒逼教育发生改变时，价值观教育往往成为最为后置性却最为重要的“拯救之途”。美国拥有世界上最为发达的高等教育，曾经一度成为现代思想文化启蒙的圣地，引领美国民众追求民主价值的“象牙塔”。然而，一个多世纪以来，美国的高等教育正遗落曾经引以为傲的价值优势，逐渐失去教育应有的人文关怀和价值诉求。以美国大学的通识教育为例，由于太过注重知识的专业化，教育的定位慢慢地变得失去价值、理想、情怀，让位于意义感缺失的学业竞争活动。哈里·刘易斯（Harry R. Lewis）尖锐地指出，“大学已经忘记了它们对大学生更大的教育作用。作为知识的创造者和知识库，它们比以往任何时候都更成功。但它们忘记了，本科教育的根本工作是把十八九岁的孩子变成二十一二岁的孩子，帮助他们成长，了解他们是谁，去寻找为了他们生活的更大目标，并以更好的人离开大学。学术卓越的目标完全盖过了大学的教育作用，以至于它们忘记了两者不必冲突”。[②] 刘易斯用“失去灵魂的卓越”形象地表达了美国高等教育受现代专业化、技术化的教育理念影响，而出现的人文理想遗落的现象。究其原因，正是当代美国高等教育出现的严重的实用主义、技术主义的办学倾向。一些美国人由此意识到，价值观教育正成为高等教育的紧要之举。《哈佛通识教育红皮书》明确提出：“我们想要达到的就是，通识教

---

① ANNETTE J. Education for Citizenship, Civic Participation and Experiential and Service Learning in the Community [M]. New York: Continuum, 2000: 77-92.

② LEWIS H R. Excellence Without a Soul: Does Liberal Education Have a Future? [M]. New York: Public Affairs, 2007: 16.

育既能采取许多不同的形式，又能在这所有的形式中反映出自由社会赖以存在的共同的知识和价值。”①

反思美国的教育史，关乎社会价值共识塑造与个体价值引导的价值观教育正迫切地需要获得重视。尽管自18世纪建国开始，美国社会在不同的社会发展阶段以多样化的方式向民众传递民主社会的价值信念，但毋庸置疑的是，这样的一套价值观教育正遭遇前所未有的挑战，社会情势的变化、社会议题的演变相应地倒逼了教育论域与论题的嬗变。

当代美国社会，自由民主社会的维系不能一味地只是建立在公民慎思（civic deliberation）基础上，同样不可或缺的是公民之间的相互信赖生发的公民激情（civic passion）。从美国立国之初就强调公民的自主性，政治制度建立在公民相互之间的同意之上，保障公民权利，塑造公民身份成为价值观教育的重要使命。20世纪50年代之前，价值观教育大抵延续了“权利的公民”这个根本性的教育目标。这一定位与自由民主制度追寻的所谓“政治中立性”根本一致。不过，在莎伦·R. 克劳斯（Sharon R. Krause）看来，在自由民主社会中，正当性与无偏倚性是携手同行的，但是没有情感性的依恋和欲望，我们就无法做出有关任何行动的决定。要实现无偏倚性，就要努力培养一种日益具有包容性且更为敏感的道德情感能力。② 实际上，占据主导性的个人主义始终伴随着人们对个人主义的批评。当代美国价值观教育某种意义上就是要补救个人主义极端化所致的灾难性后果。在这方面，罗伯特·贝拉（Robert N. Bellah）不无批评地指出，“美国个人主义精神似乎比以往任何时候都愈加坚定不移地奋力向前，把除了激进的个人本位价值而外的一切其他标准统统抛在身后”，个人主义倡导的自我观念为每个人建构了“自我栖居的世界”，然而，“自我内在膨胀的观念，并未揭示出道德人格应该具备的形态，自我应该遵守的界线以及自我应该为之服务的社会群体”。③

对价值观教育奉行的公民权利路径的反思，与20世纪中后期美国社会遭遇的现实问题根本联系在一起。20世纪中后期的美国社会经历了剧烈的社会变迁，20世纪60年代世界范围的民族解放运动，美国社会的性解放运动，1968年的

① 哈佛委员会. 哈佛通识教育红皮书［M］. 李曼丽，译. 北京：北京大学出版社，2010：45.

② 克劳斯. 公民的激情：道德情感与民主商议［M］. 谭安奎，译. 南京：译林出版社，2015：29.

③ 贝拉. 心灵的习性：美国人生活中的个人主义和公共责任［M］. 周穗明，翁寒松，翟宏彪，译. 北京：中国社会科学出版社，2011：104.

“学生运动”等社会运动引发出了大量的社会议题，如“族群认同”“性解放”“种族问题”“社会融入”等。从社会学的视角来看，这些新出现的社会问题直接挑战了以往理论的解释力，造成了20世纪70年代美国社会学的理论危机。根据斯蒂芬·特纳（Stephen Turner）的说法，20世纪70年代的危机是对1968年事件的反应和后来的学生抗议的结果。“婴儿潮”驱动下的大学扩张的结束与1968年的事件相吻合：学生运动，西欧福利国家的扩大，以及美国的经济增长。这些都助长了社会学的恢复，并在20世纪60年代达到了顶点。到20世纪70年代初，60年代的繁荣已经过去，社会学的基本资源开始崩溃。① 社会分裂、价值冲突，族群融合、种族主义、性别平等、犯罪、性暴力等社会问题，既展示了美国社会的丰富性、多元化，又让价值共识成为当代美国社会迫切需要面对的现实课题，为美国的价值观教育提供了现实的社会土壤。这其中，尤为突出的是，身份认同成为美国社会治理的难点。“‘身份—认同’将逐步取代‘经济—阶层’成为美国政治的核心因素，并加深美国的社会裂痕、党派斗争与政治极化，使其国内治理效率进一步下降，甚至引发政治民主的退化。”② 其中，在价值观教育领域便涉及主流价值观/价值共识的认同与接受问题，当代美国价值观教育的核心问题在于：如何在承认社会成员身份复杂性的基础上，塑造美国社会的价值共识，传递“美国梦”的价值信念，为“自由民主”制度锻造合格的公民主体。

从学理的角度来看，美国价值观教育存在多重的理论支撑，有着深刻的个人主义、实用主义哲学基础。相对而言，美国价值观教育背后的社会学理论基础往往难以引起人们关注。从价值观教育的发生来看，它总是与一定的社会结构及现实人们的社会互动方式紧密相关。相应地，不同价值观的世界模式背后，依赖的社会学背景和架构往往不同。美国价值观教育的具体实践形态背后往往折射出社会成员的互动方式，公民个人生活与公共生活的关系，反映了公民对社会结构的认识、理解与评判。人们对于社会结构、社会互动的不同认识，又会左右人们对价值观以及价值观教育的根本性理解。

美国价值观教育是美国政治、社会、历史文化传统的产物，它作为价值观教育的一种国别、地域的表现形态，总是植根于美国现实的社会土壤，与美国的政治文化传统、公民的日常互动和交往方式、社会结构性的特征等都是密不

---

① TURNER S. American Sociology From Pre-Disciplinary to Post-Normal [M] . London : Palgrave Macmillan, 2013: 45.

② 王浩．选情与疫情叠加下的美国政治：认同分裂、政党重组与治理困境 [J] ．统一战线学研究，2020 (5): 78-85.

可分的。可以说，美国价值观教育背后有其独特的社会架构。与之相应，作为实践形态，美国价值观教育的背后又有其社会学的理论支撑。社会学的理论支撑表现出美国价值观教育在开展过程中体现出的社会思维方式、互动方式，以及对价值观教育与社会之间关系的认识。对美国价值观教育进行的社会学透视，就是为揭示价值观教育直面的社会结构、社会群体的互动方式以及社会成员的需求，提供一种机制性的解释。从社会学透视美国价值观教育，就是要从观念、理论层面来揭示价值观教育与美国社会之间的互动、互塑关系，阐释美国价值观教育的社会机理。

二、指向社会共识的公民教育思想：美国价值观教育的社会生活基础的理论阐释

美国价值观教育塑造社会成员的公民身份（citizenship），获得民主国家的主体资格。尽管市民社会的概念与公民身份密切相关，并且早在18—19世纪的社会理论中就获得了充分讨论，但直到20世纪80年代，美国社会讨论公民身份的时候才引入该视角，其直接动力源于对20世纪60年代和20世纪70年代“权利革命”以及20世纪80年代自由放任市场意识形态胜利造成的社会分裂的日益关注。托马斯·雅诺斯基（Thomas Janoski）为公民权和公民教育注入了一种社会学的视角，社会中公民相互之间互惠关系，塑造了公民的诚实、信心。①雅诺斯基区分了不同领域的公民行动，强调了国家领域（投票）、国家和公共领域（政党）之间的交叉点、公共领域（抗议）以及公共和私人领域之间的交叉点（志愿服务）。②

从思想史的传统来看，价值观教育的每次观念变革和理论翻新都与公共社会领域呈现出的诸多议题密切相关。随着社会的多元性、异质性逐渐增强，原先的价值观教育模式需要适时地做出调整。“我确信，在此之前的那些公民权模式没有满足当代的需求，依照那些公民权模式进行的政治对话和政治实践基本忽略了少数族裔的权利，也不容忍、接纳，更不会去尊重人与人之间的差距。”③ 为美国社会的民主政治塑造稳健的社会基础，价值观教育需要向民众传

① JANOSKI T. Citizenship and Civil Society：A Frame work of Rights and Obligations in Liberal Traditional and Social Democratic Regimes［M］. Cambridge：Cambridge University Press, 1998：94.

② DEMAINE J. Citizenship and Political Education Today［M］. London：Palgrave Macmillan, 2004：101.

③ 好公民：美国公共生活史［M］. 郑一卉，译. 北京：北京大学出版社，2014：265.

递权利观念，并承认社会的多样性，营造公平、宽容的社会氛围，从而塑造富有生机的公共社会。然而，近年来，与民主政治需要的积极社会（active society）相比，美国公共社会的活力降低，政治参与率低迷，总体趋势渐显“钝化”。威廉·加尔斯顿（William Galston）就在《政治科学年度评论》(2001) 一篇重要的概览中指出：“对年轻人公民参与的担忧是一直存在的，随着时间的推移也一直有令人不安的趋势。如果我们将一代代人而不是一类人的不同时期进行对比，即我们将今天的年轻人与以前的年轻人而不是今天的老人进行对比，我们会发现公民参与减少的迹象。”① 从价值观教育的角度来看，大卫·费斯（David Feith）曾明确地警醒道：“美国的公民教育问题现在特别严重!”他指出，今天的美国学校往往是平庸和停滞不前的，然而，近几十年来，随着军队、工会和宗教场所等机构的文化影响力减弱，学校在培养公民身份方面的责任越来越大。互联网使信息丰富且容易获取，但它可能在我们的文化中促进了更多的两极分化而不是和谐。此外，数字技术将要求美国人考虑公民自由面临着前所未有的威胁，但它们可能削弱美国人以负责任的、深思熟虑的方式行动的能力。②

如果说多样性展现出美国社会的事实样态，那么寻求社会成员一致性的共同信念/价值共识则指向其理想追求。换句话说，支撑民主制度运转的社会既包容社会的多样性，又能够塑造出稳定的统一化品格，而这恰恰是价值观教育的根本任务。杜威认为，社会的真正本质在于“目的的共享和兴趣的沟通”，“社会生活不仅和沟通完全相同，而且一切沟通（因而也就是一切真正的社会生活）都具有教育性”。“任何社会安排只要它保持重要的社会性，或充满活力为大家所分享，对那些参加这个社会安排的人来说，是有教育意义的。”“共同生活过程本身也具有教育作用。”③ 在罗尔斯（John Rawls）那里，社会是由其成员构成的合作体系，良善社会需要受到正义原则的调节与支配，且生活于其中的社会成员接受正义观念，“一个社会，当它不仅旨在推进它的成员的利益，而且也有效地受着一种公共的正义观调节，它就是一个良序（well-ordered）的社

① GALSTON W A. Political knowledge, political engagement and civic education [J]. Annual Review of Political Science, 2001 (4): 217-234.

② FEITH D. Teaching America: The Case for Civic Education [M]. Maryland: Rowman & Little field Education, 2011: 9.

③ 杜威. 民主主义与教育 [M]. 王承绪，译. 北京：人民教育出版社，2001：10-11.

会”。①

以杜威为代表的价值教育理论具有鲜明的社会学视角。他从社会参与的角度定义教育，教育被视为一项社会过程。“教育是生活的过程”，“一切教育都是通过个人参与人类的社会意识而进行的”。② 教育的过程是要激发儿童感受到社会情境对自己的要求，并使其以集体成员的身份加以行动。这样，对教育的完满诠释无疑离不开社会学的视角。“必须用和它们相当的社会的事物的用语来加以解释——用它们在社会事务中能做些什么的用语来加以解释。”③ “教育过程有两个方面：一个是心理学的，一个是社会学的。”前者指向儿童的本能和能力，成为一切教育的起点；后者则关切教育发生的社会状况和文明状况。在杜威看来，教育承载了特定的社会理想，是社会进步及社会改革的基本方法。“通过教育，社会却能够明确地表达它自己的目的，能够组织自己的方法和手段，因而能明确地和有效地朝着它所希望的前进目标塑造自身。”④ 既然不同社会对教育提出不同的要求和期待，评判教育的标准总是渗入教育理想，那么社会某种意义上规约了教育的评价尺度。

受美国实用主义思想文化的影响，价值观教育领域没有过多空泛、抽象的说教，仅仅依托学校教育，借助课程载体是远远不够的。“公民教育是一个积极的主题。它通过参与政治行动以达成目的。但公民教育课程往往不能使学生了解共和政体的历史和实践。”⑤在杜威看来，“社会不仅通过传递、通过沟通继续生存，而且简直可以说，社会在传递中、在沟通中生存”，“为了形成一个共同体或社会，他们必须共同具备的是目的、信仰、期望、知识——共同的了解——和社会学家所谓志趣相投”。为此需要专门教育与社会学习的有效融合。前者是在学校通过专门化的学习而获得，后者是社会学习的产物，通过与他人的交往加以实现。杜威曾警醒必须在非正规的和正规的、偶然的和有意识的教育形式之间保持恰当的平衡，要警惕过于专业化的知识挤压教育的社会维度，“忽视教

---

① 罗尔斯．正义论［M］．何怀宏，何包钢，廖申白，译．北京：中国社会科学出版社，2009：4.

② 杜威．经验的重构：杜威论教育学与心理学［M］．李业富．上海：华东师范大学出版社，2017：50.

③ 杜威．经验的重构：杜威论教育学与心理学［M］．李业富．上海：华东师范大学出版社，2017：52.

④ 杜威．经验的重构：杜威论教育学与心理学［M］．李业富．上海：华东师范大学出版社，2017：57.

⑤ FEITH D. Teaching America：The Case for Civic Education［M］. Rowman & Little field Education，2011：9.

育的社会必要性，不顾教育与影响有意识的生活的一切人类群体的一致性，把教育和传授有关遥远的事物的知识，和通过语言符号即文字传递学问等同起来”。①

相应地，塑造公民价值观的教育活动自然也就不囿于学校课程，价值观教育不仅在学校里完成，更是离不开社会空间。教育成为塑造公民不可或缺的手段，但这里的教育绝不能等同于学校教育，尽管世界各国开展价值观教育的主阵地，但是，教育毕竟不同于学校教育，更不能将价值观教育的重任全部落在学校。如布鲁斯·海恩斯（Bruce Haynes）就明确提出，“爱国主义公民教育通常不会通过使用教师和班级明确理解的术语的正式论证方式进行，也不会有效”②，而是更多地借助于现实社会生活中的榜样、典范。当然，这不否认学校在价值观教育中的地位与作用，它固然可以减轻社会其他人参与青年教育的责任，但也忽略了价值观教育的核心问题，因为学校里发生的事情反映了课堂外发生的事情。教育的成败大多是社区和家庭的产物：成绩不佳的学校只是传递了家庭和社区资源的不平等，而成绩优异的学校则传递了家庭和社区的特权。一旦将教育限制在学校教育，就会忽略改善我们的教育系统和让年轻人为我们的民主做出贡献的重要资源——共同体和共同体机构。③

实际上，价值观教育落实于现实的社会关系与社会活动之中，依托各种形式的社会载体（象征、符号、记忆、仪式等）。迈克尔·舒德森（Michael Schudson）曾梳理了美国的公共生活史，美国人创设各种形式的公共生活，用以塑造社会成员的公民资格，生成美国人心目中“好公民”的形象。这其中，公共生活既成为公民价值观教育的现实场域，又成为公民价值观教育的中介。“对于大部分人而言，政治教育不仅来自学校里的历史教科书或对美国的效忠宣誓，还来自政治制度自身以及制度中的种种行为。选举可以教育我们，投票可以教育我们，党派也可以教育我们，联邦、州和地方管辖权的区分教育我们，《宪法第一修正案》教育我们。这些教育的成果就是我们的公民权，即人们继承下来并内化的政治期望和志向。”④ 此外，价值观教育的社会化过程往往需要借助组

① 杜威．民主主义与教育［M］．王承绪，译．上海：人民教育出版社，2001：14.

② HAYNES B. Patriotism and Citizenship Education［M］. Maiden，MA：Wiley-Blackwell，2009：9.

③ LONGO N V. Why Community Matters：Connecting Education with Civic Life［M］. New York：State University of New York Press，2007：2.

④ 舒德森．好公民：美国公共生活史［M］．郑一卉，译．北京：北京大学出版社，2014：6.

织（organizations）加以实现。无论学校内外，组织的角色和作用都不可忽视；无论是一般组织还是政治或志愿活动具体相关的组织，这些组织都在社会的同龄人和社区文化中运作，起着中介作用。埃蒂纳·温格（Etienne Wenger）的实践共同体理论，强调共同体对于公民学习的重要性，他提出的“合法的外围参与”（legitimate peripheral participation）的概念表明，参加类似于成人组织的学生可能会发展出新的技能，以加入公民和政治实践的成人社区。①

在当今人们的日常生活中，宗教仍旧扮演着重要角色。在长期的教育实践探索中，美国社会已经形成了一套将宗教文化融入社会交往、公共生活的成熟做法。在美国人看来，道德教育和宗教信念相互之间不应必然产生冲突，却有助于多元文化主义的发展，学生不再只追求一种宗教信念，而是在新的世界秩序中与他人一起很好地工作与娱乐。② 公民将对宗教的热忱及其表达方式投射到政治生活中，形成了美国人的公民宗教（civil religion）。那种体现于自主性的社会领域以及日常生活中的美国式公民精神获得了宗教式的情感膜拜和实践外化。威尔·赫伯格（Will Herberg）明确指出：“当我将美国生活方式称作美国的公民宗教时，我并不是把它当作一个通常所谓的公分母式的宗教；它不是一个由可见于全体宗教或者一个宗教集团中发现的各种信仰所组成的综合系统。它是一个有机结构，由各种观念、价值和信仰构成，后者组成了美国人之为美国人所共有的信仰，并真正地在他们的生活中运转着。它是一个既显著地影响着宣信性宗教，也被宣信性宗教影响着的信仰。在社会学和人类学的意义上，它就是所谓的美国特有的宗教（the American religion），尽管美国社会有种族、宗教、群体、文化和阶级上的差异。它巩固美国民族生活的地基，并统摄美国社会，并且，它是在最严格意义上的公民宗教，因为在它之中，国民生活被神化了，国民价值被宗教化了，国民英雄被神圣化了，国民历史被体验为救赎史。”③ 因此，公民宗教某种意义上成为美国社会开展价值观教育的实践机制。当代人在分析美国价值观教育时，几乎无一意外地指出了其深受宗教影响的特征，并将这点区别于我国价值观教育的伦理型特征。

① WENGER E. Communities of Practice: Learning, Meaning, and Identity ［M］. London: Cambridge University Press, 1998: 44.

② BALCH M. Values education in American public schools ［M］. Educational History, 1993: 31.

③ HERBERG W. American's Civil Religion: What It Is, Whence It Comes ［M］//Russell E. Richey, Donald G. Jones Ed. American Civil Religion. New York: Harper & Row, 1974: 76-88.

三、公民共和主义的复兴：美国价值观教育的社会共同体基础的理论阐释

2021年1月20日，民主党人乔·拜登（Joe Biden）正式宣誓就职成为美国第46任总统，他在就职演讲中反复强调的观念就是“团结”（unity），“让美国团结起来，团结起我们的人民，团结起我们的国家。我要求所有美国人在这项事业上加入我。团结起来对抗我们面临的敌人，对抗愤怒、怨恨和仇恨，以及极端主义、违法、暴力、疾病、失业和绝望。……有了团结，我们可以做伟大的事情，重要的事情”。① 个人主义（individualism）是美国文化的核心，它不仅是个人生活安身立命的价值基点，也是西方自由民主制度存在的根基。个人主义深刻影响了美国社会的组织形式和公民的内在心性，也毋庸置疑地成为其价值观教育的基础。尽管从历史上看，美国人的政治体验不断发生改变，“好公民”的形象和公民权（citizenship）的标准不断发生改变，但个人主义的价值基准始终坚如磐石。

虽然美国价值观教育带有鲜明的个人主义底色，以成就公民应具备的权利、资格、激情、责任等为内容，塑造独立、自主的现代公民。然而，它同时引起人们的质疑。“在我们的社会中发生的很多事，一直在我们层次上逐渐瓦解我们的共同体感。我们正面对着威胁我们与他人的基本团结感的种种趋势：与接近我们的那些人的团结（对邻居、工作中的同事、其他公民同乡），而且也与那些住得离我们很远的人、那些在经济上处于与我们自己非常不同的状况中的人、那些其他国家的人的团结。然而，这种团结——这种连接感、分享的命运、相互的责任、共同体——现在是比以往更至关重要的。它让人类共同体去处理各种威胁和利用各种机会的团结、信任和相互的责任。”② 早在托克维尔撰写《论美国的民主》的时候，就曾揭示美国民主制度的个人主义特征，并对个人主义抱有警觉。因为过分注重个体，个人主义走向极端恰恰会倒向反面，容易走向相对主义、主观主义甚至虚无主义。

事实上，除了持极端个人主义的自由至上主义者外，自由主义内部始终尝试寻求个体与共同体的平衡。当代公民共和主义借助古典共和主义的价值理路，立足公民对自身存在的社会身份的指认，寻求对社会生活的共同理解，对共同善（common good）的呵护。其中的代表人物菲利普·佩蒂特（Philip Pettit）明确指出，“公民的自由不仅取决于一个同情自治、多元化和平等自由原则的国

① https：//baijiahao. baidu. com/s? id=1689465509086826560&wfr=spider&for=pc.

② 贝拉. 心灵的习性：美国人生活中的个人主义和公共责任［M］. 周穗明，翁寒松，翟宏彪，译. 北京：中国社会科学出版社，2011：44.

家，它还要求他们积极参与‘城市的公共生活’”。① 贝拉以“心灵的习性”形象地表达了各种美德，用以表明公民内在的品质，这种品质植根于公民作为共同体成员的社会身份。多元文化主义（multiculturalism）是自由民主社会的特征，人与人之间常常处于“合理分歧”中，但这并不影响人们相互之间的对话和论辩，只要秉持尊重、宽容的心态，培养起公民应有的气质或习性，运用公共理性说服而非压制他人。说服往往成为自由民主社会中价值观教育的重要手段。从这个意义上说，在共和主义的视角下，美国价值观教育不应是压制别人的教育，而是着力于培养公民美德的“异中求同”的教育。

公民共和主义的复兴与20世纪90年代美国学界对公民问题的讨论密不可分。长期以来，公民问题一直被社会科学忽视，只是在最近30年伴随全球化的深度开展而出现，社会政治领域出现了“公民的回归”（Return of the citizen），以至于在金里卡（Kymlicka）看来，“公民”是20世纪90年代政治哲学的核心话语。从外部环境来看，“公民的回归”与长此以往自由民主制度运行出现的活力低下、效率不足、社会资本的降低等问题有关，是民主社会寻求主体力量，实现自我完善的重要方式。从公民/公民权的根本特质看，“公民的回归”植根于“公民”的构成性特质。“首先，它构成了一个政体的成员，因此，公民身份不可避免地涉及包容和排斥之间的辩证过程，即在那些被认为有资格成为公民的人和那些被拒绝成为公民的人之间。……第二，成员资格带来了一系列对等的义务和权利，这两者因地点和时间而异，尽管有些是普遍的。”② 这一认定植根于公民与国家之间的关系，即公民/公民权问题的实质反映个体在共同体中的存在境遇与身份资格。

在公民共和主义那里，每个社会成员都需要对生活于其中的政治共同体抱有认同和热爱，只有这样，才能配享公民身份。共和主义的公民身份概念具有实质性的意味，它不是纯粹形式层面的政治与法律资格确认，权利不可能成为公民的全部话语。公民是具有历史厚度的概念，它植根于特定的社会政治文化传统，与人们历史性的生存实践紧密相关。与此同时，公民对政治共同体又抱有情感的依归，公民与政治共同体形成的情感联系往往作为公民权不可或缺的构成性要件。由此，也规定和塑造了公民身份的另一重向度——爱国的公民

① PETTIT P. Republicanism: A Theory of Freedom and Government [M]. Oxford: Oxford University Press, 2000: 14.

② KIVISTO P, FAIST T. Citizenship: Discourse, Theory, and Transnational Prospects [M]. Maiden, MA: Blackwell Publishing, 2007: 1.

(Patriotic citizenship)。在此语境之下，共和主义理念支配下的价值观教育尤为强调培养公民的爱国情感，公民爱国成为共和主义公民概念的特色话语，以培养公民对国家“深沉的心理依恋感和自豪感”(Deep psychological attachment and pride)①。在这里，“公民美德”（civic virtue）往往成为公民共和主义的显性话语，它体现公民与政治共同体的依系（attachment）关系，将公民对国家的忠诚、热爱和责任视为公民权的实质性构成要件。

价值观教育的目的在于塑造公民身份，而这里的“公民身份”在公民共和主义者里，更多的是社会成员在政治共同体中获取的社会角色。相应地，公民共和主义宣扬的公民美德就成为“使得个体成为公民的角色性美德”（role-related virtue)②。拥有这种社会角色，相应地会带来公共善、社会资本等一系列关乎如何更好地在共同体生存的福祉。价值观教育的重要功能在于塑造公民的社会资本（social capital)，它是一种个人参与社交网络的价值和权利。社会资本不同于经济资本、人力资本等，后者更多地关系到个体特质，而前者具有社会性、公共性，面向每个社会成员，是一种公共善（public good)。普特南的研究表明，社会资本水平高的社会群体和社会在教育、健康、就业、经济发展、社区参与等社会指标上有更好的结果。

在此，价值观教育植根的社会基础已经不再是狭隘、封闭的个体主义，公民共和主义提供了这样的思路：个体深嵌于社会历史传统，追求社会的公共善，个体对共同体的热爱等。该思路有助于民主社会中的个体自由与公共善之间达成合理的平衡。安德鲁·彼得森（Andrew Peterson）指出，公民共和主义的复兴旨在消解自由主义与共同体主义之间的对抗，公民共和主义涉及的一些核心论题，如公民义务的性质、对共同利益的认识、公民美德的作用以及对协商民主参与的承诺，都是对自由主义理论的重要补充。公民共和主义者不一定提出全面或详细的教育理论。然而，从广义上理解，在非正式和正式意义上，他们关注的是教育，更具体地说是公民教育。这是因为所有共和主义者从根本上都对公民如何学习成为其政治社区的积极参与成员感兴趣。③ 这里，原先“公民权利”框架之下价值观教育持有的诸多概念或观念都相应地获得更改或重释。

① HAYNES B. Patriotism and Citizenship Education [M]. Maiden, MA: Wiley-Blackwell, 2009: 2.

② DAGGER R. Civic Virtues: rights, citizenship, and republican liberalism [M]. Oxford: Oxford University Press, 1997: 10.

③ PETERSON A. Civic Republicanism and Civic Education [M]. London: Palgrave Macmillan, 2011: 24.

比如，共和主义的价值观教育会突出善、共同体、传统、责任、爱等基本概念。埃齐奥尼（Amitai Etzioni）定义了社群主义者对“品格”（character）和“核心价值”（core values）的理解。品格指的是允许一个人控制冲动和推迟满足的心理力量，这对成就、表现和道德行为至关重要。而“核心价值观”，需要代代相传，包含那些具有适当的基本人格的人可以学会欣赏、适应和融入他们生活的道德品质：即使在一个不公平的世界，努力工作也会有回报；以你希望被对待的基本尊严对待他人等。①

在公民共和主义复兴之前的很长一段时间，权利一直是价值观教育的重要话语，甚至成为唯一话语。20 世纪 50 年代，公民教育开始获得关注时，也最先以权利资格诠释公民内涵，“关注权利的公民权”是价值观教育的目标。随着公民共和主义的复兴，这种聚焦公民权的价值观教育/公民教育逐渐招致人们的批评，过度关注个体权利的价值观教育最终的后果恰恰可能降低社会活力，消解社会的共识，进而撕裂整个社会。

不过，反思“关注权利的公民权”并不意味着放弃自由主义，“权利不是公民政治意识结束之处而是开始之处”②。公民共和主义引入了“公民责任”概念，将价值观教育致力于塑造的公民身份视为权利与责任相统一的主体。公民作为现代政治与法律主体，不再是消极意义上的权利主体，而是积极承担社会责任，致力于增进公共善的能动主体。近些年来，积极公民（active citizens）作为公民教育的理念正引起关注。公民共和主义提出了审议民主（deliberative democracy）的政治形式，要求公民积极参与公共生活，开展公民对话，培养自己的公共关怀和责任感，相应地，共和主义对公民教育提出了较高的要求。

在这个意义上，公民共和主义指认了社会成员之间、公民与国家之间的共存、共生关系，并将其作为社会学前提。诚如希特所言，“公民身份的目的在于以一种共生的关系将个体与国家联系在一起，以创立和维持一个公正而稳定的共和国政体，使个体能够享受真正的自由。因此，个体只有在共和国中才能享受真正的自由，共和国也只有通过公民的支持才能够存在”。③在共和主义看来，每个人都不是抽象的、孤立的自我，而是处在一种历史文化传统中的自我，人与人之间有一种休戚与共的共同感，正因如此，公共性的事务需要不同的阶层

---

① ETZIONI A. The Spirit of Community：Rights，Responsibilities and the Communitarian Agenda ［M］. Tai Pei：Crown Publishers，1995：91.

② 舒德森. 好公民：美国公共生活史［M］. 郑一卉，译. 北京：北京大学出版社，2014：265.

③ 希特. 何谓公民身份［M］. 郭忠华，译. 长春：吉林出版社，2007：52.

之间相互合作、相互支撑，共同完成。“我们把公民身份视为一种激励人心的道德传统的一部分。在其中，每一代的人都承认，为了维系共同体和传统而与其他所有人都存在一种联系，对彼此都有一种责任。”① 美国高等教育领域最为成功的项目之一“美国民主教育项目”（American Democracy Project）由来自美国各个州和大学的240个机构承担。其中一项便是“公民参与的教育”（Education as Civic Engagement），该项目认为，教育的民主目标面临如此大的风险，任何教授批判性探究、协作工作、沟通等民主技能的人，当然还有那些为公共教育培养教师的人，都应该参与其中。该项目的代表人物杰弗里·雷格（Jeffrey Ringer），将“自由的国度”（it's free country）视为美国公民感受到的“善”，在这里，“我们把自由理解为为集体利益而采取行动的自由，而不是把自由理解为不受约束的自由”。② 相应地，价值观教育的任务不只是定位于习得公民参与公共生活的知识、技能，更是要训练公民在共同体生活中需要的品格、素养和美德。在共和主义的框架下，公民的社会参与本身就是一种传递价值观的德育形式，公民在自主参与、公共协作的过程中实现公共善。

公民共和主义框架下的公民往往都是积极公民，他们通过公共参与，投入热情和行动，增进共同体的团结和凝聚力，维护共同体的稳定与繁荣。在公民共和主义那里，公共善具有重要位置，它表征了人们以公民的身份，以公共性得到方式求索善的生活。而在自由主义那里，公民更多呈现出一种权利资格，以公民身份能够更好地实现个体的自由和权利；公民作为一套身份制度，其背后关涉的是一套权利配置和利益安排；个体以公民的身份在共同体生活，最终的目的是尊重和保护个人的基本权利，公民权/公民身份是个体成就自我的工具。

在价值观的养成方面，公民共和主义认为，教育不宜脱离公民植根的社会语境与历史传统。价值观教育的重要任务是要在公民与政治共同体之间建立起情感性的连接。它已经溢出了学校教育的场域，往往在特定的共同体中完成。在公民共和主义看来，“共同体中的教育”（Education in the community）是自由民主社会重要的理念和形式，有别于学校教育，公民的价值观教育需要在共同体中展开。公民可以向家庭、朋友、邻居、教师学习，也可以在图书馆、社区中心、俱乐部等社群学习。在共同体的框架下，不同共同体中的学习形式并不

---

① RIESENBERG. Citizenship in the Western Tradition［M］. North Carolina：The University of North Carolina Press，1992：44.

② OLSON G A，WORSHAM L. Education as Civic Engagement：Toward a More Democratic Society［M］. London：Palgrave Macmillan，2012：307.

是相互离散，而是互相协作、统一的。共同体中的教育承认学习资源的丰富性，共同努力创造性地利用公民学习的许多资源，并成为学习教育的重要补充。①

四、新品格教育运动：美国价值观教育的社会情感基础的理论阐释

20 世纪 80 年代以来，为了应对美国社会出现的社会问题和道德问题，克服美国社会出现的各种道德危机，一场品格教育运动如火如荼地开展起来了。“今天美国公立学校里最具前瞻性且最流行的道德教育方法是品格教育。”②新品格教育注重对学生进行品格的引导、塑造，通过课程、项目、社会实践的设计，培育真正成熟的、有德行的现代公民。品格教育运动不仅仅是一场针对道德问题的教育运动，也是一场针对美国社会的公共问题展开的“伦理救赎”。品德教育运动要拯救的不仅是社会的道德状况，而且是公民在政治生活与公共生活缺乏的伦理品格，它包括了尊重、合作、关怀、责任感等。以往人们对美国新品格教育运动的关注，更多集中于具体的教育策略、项目设计、方式方法等，容易将新品格教育运动窄化为一场教育运动，忽视这场塑造现代公民的社会运动内蕴的公共性旨趣和情感特质。

如前文交代的那样，20 世纪中后期，美国的社会状况与道德状况出现了各种不尽如人意的现实问题。经济发展在经历了战后“黄金 20 年”之后持续低迷，“全美国都处于一种品德危机中，这种危机正威胁着托克维尔所称的美利坚民族伟大的、根基性的善。这是坏消息。但好消息是我们知道该如何去做：回到我们的传统中，回到我们的家庭、学校、工作、政府以及每一项日常生活的核心价值中”③。一度令美国人引以为傲的自由主义价值根基与理性主义的教育模式正在遭受挑战：在实践中，将教育的价值根基奠基于自由主义之上的做法，导向了极端了个人主义；注重公民个人权利的做法虽说捍卫了自由民主制度的社会基础，但威胁了人与人之间应有的依系（attachment）关系。教育的视野中有的只是“理性人”，在关切人的脆弱性方面显得力不从心。在内容的选择方面，深受理性主义文化传统影响的美国教育，也始终把公民在民主社会中需要的各种规范作为核心内容。这些推崇理性规则的做法忽视了公民在政治共同体

① LONGO N V. Why Community Matters: Connecting Education with Civic Life [M]. New York: State University of New York Press, 2007: 11.

② 里克纳．美式课堂：品质教育学校方略［M］．刘冰，董晓航，邓海平，译．海口：海南出版社，2001：362.

③ 瑞安．在学校中培养品德：将德育引入生活的实践策略［M］．苏静，译．北京：教育科学出版社，2018：2.

中应有的情感联系。关注道德主体，聚焦其内在的品格也预示了价值观教育的发展方向。为了区别于20世纪30年代的品德教育运动，20世纪80年代以来的这场品格教育的回归被称为“新品格教育运动”（New Character Education Movement）。这场运动固然可以归因于社会的道德危机，但其根源在于美国社会的社会成员日渐个体化所致的疏离、冷漠倾向。高度成熟、发达的现代美国社会不仅因为制度运转的“惰性”变得机械，而且因为个体性的极度彰显而使社会团结变得愈加艰难。个体化是自由主义的基本特征，个人主义倡导的尊重个体利益、保障个体权利是美国社会盛行的自由主义推崇的基本价值。然而，战后新自由主义的复兴让个人主义得到极速扩张，无论政治、经济还是文化领域，都盛行着保护个体权利、崇尚个人自由的声音。个体化、私人化的倾向日渐严重使整个社会弥散着道德相对主义的声音，社会成员相互之间变得封闭、孤立，腐蚀社会赖以生存发展的道德基础。社会成员相互之间的照料（caring）往往是民主制度致力于实现“好社会”的重要条件，这是人的社会性的重要特征。在此，人的社会性指向友善对待他人的基本需求（our basic need to live amicably with other people）①。托克维尔在《论美国的民主》中就已警醒人们注意，个人主义可能会影响美国社会的社会团结，动摇社会安定的根基。“个人主义是一种只顾自己而又心安理得的情感，它使每个公民同其同胞大众隔离，同亲属隔离和朋友疏远。因此，当每个公民各自建立自己的小社会后，他们就不管大社会而任其自行发展了。”②

个人主义的扩张不仅危及社会的道德状况，而且日益影响着社会的政治生活、公共生活，甚至成为一切社会问题和道德问题的根源。在此，价值观教育不仅发挥着政治社会化的功能，而且承担着培育公民合宜的情感态度，构建合理的情感联系的价值使命。20世纪80年代之前的很长一段时间，科尔伯格的道德发展理论盛行于道德教育或价值观教育领域，该理论以原则性的道德判断为核心，关注人的道德理性的发育水平，注重道德推理能力的阶段性发展。然而，“这种颇为盛行的对‘道德理性’的强调，侵蚀了人们对于道德功能的其他方面的关注，并且掩饰了道德生活的复杂性。过分强调道德理性的危险在于将人们与自己的人格分离开来，且可能会损害人们称为道德人的动机，造成一种被称为‘道德分裂’的状态”。③因此，价值观教育仅仅传递维系社会运转的制度规

① BROWNLEE K. Being Sure of Each Other［M］. Oxford：Oxford University Press，2020：9.

② 托克维尔. 论美国的民主［M］. 董果良，译. 北京：商务印书馆，2017：625.

③ 戴蒙. 品格教育新纪元［M］. 刘晨，康秀云，译. 北京：人民出版社，2015：74.

范是不够的，还应该体现出应有的情感性维度，增进社会成员的公共关怀，呵护社会成员之间的情感联系，为自由民主制度的持存与发展提供主体依托和情感基础。

身处现代的美国社会，公民的情感冷漠往往成为显性的社会事实，这也被查尔斯·泰勒视为“现代性的隐忧”（the malaise of modernity）。情感冷漠不仅反映在每个个体坚持各自的利益与价值边界，相互之间保持“冷淡”（indifference），还体现在公共生活领域，即公民对公共生活抱有消极、中立的态度，缺乏积极参与的热情。20世纪中后期之后，西方社会经历了一个争取权利的集中时期，女性、黑人、少数族群等纷纷主张自己的政治权利，表达政治需求。公民过于注重个体权利，就会对他人、社会的事务保持冷漠，缺乏应有的关注。“对于大多数美国人来说，政治被处于关注的边缘，人们的关注点不是公共事务，而是与食物、性、爱、家庭、工作、娱乐、慰藉、舒适、友谊、社会地位等相关的基本活动。”① 大量美国公民只是将目光盯向私人性的事务，对于参与选举、投票等公共事务漠不关心。公民的私化现象日渐严重，公民应有的公共性就日渐萎缩。公民也就随之成为罗伯特·贝拉说的“私化公民”（privatized citizen），在公共生活中未能表现出积极的姿态。其后果是投票率降低，政治活力减弱，甚至是“公共生活正在消失”。为了提升政治民主制的活力，鼓励人们参与社会的公共生活，需要培育与自由民主制相适应的公民品德（civic virtues）。“新品格教育运动”的出现与美国公民因个体化、私人化造成的公共性萎缩密切相关。“在保护个体权利的观念上，强化责任、共同体及其相近的观念。为了克服过度强调权利所带来的后果，我们必须要在公共生活中重建共同感。”② 由此唤醒公民对公共生活的热情，增进公民相互之间的依赖感。从这里可以看到，价值观教育的当务之急不完全是“理”的传授，更是“情”的孕育。此时，风行全美的教育理论是价值澄清学派。该学派从学生个体的基本权利、自由出发，认为教育不是灌输，而是学生的自主选择。教育的过程是学生自主选择、建构价值观的过程，而不应该向学生传授某种特定的价值观，反对由教师在课堂中教授某种价值观。每种价值观都不具有先在的优越性，都是对等的，不存在主导性、权威性的、一元化的更优方案。教育应把人们的价值选择权交给学生自己，反对教师主导的局面。尊重学生主体性、个性、自由，但

① 舒德森．好公民：美国公共生活史［M］．郑一卉，译．北京：北京大学出版社，2014：240.

② DAGGER R. Civic Virtue［M］. Oxford：Oxford University Press，1997：23.

问题依旧存在。品格教育运动支持者托马斯·里克纳（Thomas Lickona）认为，价值澄清学派的问题在于，“将一些琐碎的生活问题与重要价值观混为一谈，将肤浅的道德相对主义四处扩散；将‘你想做什么’和‘你应该做什么’混为一谈，忽略了价值标准存在的必要性；同时，将儿童当作大人看待，忘记儿童有一个需要成人帮助建立价值观的过程，而不是仅仅澄清已有的价值观”①。这样，公民生活出现的个体化、私人化危及政治制度的运行，影响社会公共生活的活力以及社会道德状况的良性发展。在此背景下，新品格教育的支持者对当时社会道德状况忧心忡忡，主张必须通过铸造公民品格的方式，为民主社会运行提供观念、德行和情感等方面支撑。“勤奋、礼貌、责任心、自制、审慎、诚实、自尊、尊敬和同情是他们经常提及的、值得引起教育者持续关注和推行的德行。”②锻造公民品格，提升公民活力成为制度稳定、尊奉个体权利的美国社会必须面对的时代任务。“新品格教育运动”就是要克服现代社会的个体化、私人化所带来的自我放纵，道德相对主义，公共生活的私人化征象。“如果我们的政治制度不再能够有效地运转——也许是由于过度的政治冷漠或者权力的滥用，公民就有义务去保护这些制度并使之不至于被毁灭。”③ 在新品格教育运动看来，教育不是价值中立，而是有意识的价值引导活动，品格中蕴含了教育要传递的价值。美国品格教育之父里克纳（Lickona）在其《为品格而教》一书中就指出了，教育不是为了灌输知识，而是为了养成品格，教育是要培养具有良好品格的现代公民。④ 如果按照价值澄清学派主张的道德相对主义，一切价值都是相对的，教育不能给人以价值选择上的暗示与引领，那么人类社会传承下来的基本品格就会受到漠视，社会交往的基本道德标准就难以达成，教育应有的引领人性向善、社会进步的本性也就无法实现。新品格教育有其社会情感层面的目的定位，体现出彰显核心价值与关怀社群的特性。

品格教育传递的价值内容不仅涉及个体的身心成长和道德发展，而且包含了美国民主社会的核心价值，人们在政治与公共生活中必需的基本准则。与价值澄清学派倡导的价值相对主义不同，公民在生活中确实存在一些共识性的核心价值。新品格教育的目光不仅指向公民个体，而且关注社群、公共生活，指

---

① DAGGER R，Civic Virtue ［M］. Oxford：Oxford University Press，1997：11-12.

② 纳什. 德行的探寻：关于品德教育的道德对话 ［M］. 李菲，译. 北京：教育科学出版社，2007：5.

③ 金里卡. 当代政治哲学 ［M］. 刘莘，译. 上海：上海三联书店，2003：542.

④ LICKONA T. Educating for character：how our schools can teach respect and responsibility ［M］. New York：Random House Publishing Group，2009：1.

向社会成员的合作，关怀公共精神和公共情感。美国社会的个人主义塑造了追求竞争、关心个人权利的文化习性，同时向社会提出构建社会合作精神的要求。“新品格教育运动”吸纳了社群主义的很多思想，重视公民对共同体的忠诚以及内在集体精神与公共善的培养。社群主义要求公民具备合作性、社会性、公共性的品格，它们包含了责任、忠诚、参与、公共精神等内容，成为维系、守护民主制度和公共生活的关键。这沿袭了古希腊品格教育的思路，古希腊的道德教育是维护城邦公共利益的政治实践活动。“为了维护城邦的利益，培养献身于城邦的公民被视为头等大事，各城邦都十分重视对未来一代进行公民教育。”①新品格教育的目的就是要培养能够在公共领域承担公共职能的公民，而当今的美国“新品格教育运动”在坚持自由主义的基本制度基础上极大地彰显了其公共关怀。

需要提及的是，“新品格教育运动”体现的公共性的伦理与情感关怀，同当时道德哲学领域的思想状态密不可分，特别是它汲取了当时美德伦理学的诸多思想资源。与“新品格教育运动”相伴的是，发端于20世纪中后期的美德伦理学复兴运动。从1958年安斯库姆讨伐规范伦理学的两大代表性理论——义务论与后果论开始，经由麦金太尔（AIasdair MacIntyre）、默多克（Iris Murdoch）、麦克道维尔（John McDowell）、玛莎·努斯鲍姆（Martha Nussbaum）等推动，后由安娜斯（Julia Annas）、赫斯特豪斯（Rosalind Hursthouse）等发扬，形成了美德伦理学的复兴运动。这场运动呼应了当前世界范围内人文社会科学界形成的“德行转向”②。它试图在现代性语境下批评长期以来占据主导地位的规范伦理学，从而把道德哲学中一些被遮蔽的命题“解放”出来。按照赫斯特豪斯的说法，“当前流行的文献忽视或边缘化了许多本来是任何充分的道德哲学都应该论述的话题”，这其中就包括了“情感在我们道德生活中的功能”③。2016年，年近九旬的当代德行伦理学家麦金泰尔出版了《现代性冲突中的伦理学》，该书把“情感”与“欲望”作为关切的理论重点，它是我们理解现代性道德的关键。“现代世界的‘现代性道德’是特定的，第一个字母要大写。我们如果要理解其如何存在和发生作用，就不但要考虑与之相关的现代性的政治结构、经济

① 朱晓宏．公民教育［M］．北京：教育科学出版社，2003：4.

② Mi Chienkuo，Michael Slote，Ernest Sosa. Moral and Intellectual Virtues in Western and Chinese Philosophy：The Turn Toward Virtue［M］．Oxford：Routledge，2015：1.

③ HURSTHOUSE R. On Virtue Ethics［M］．Oxford：Oxford University Press，2010：2-3.

结构和社会结构，而且要考虑与之相关的现代模式的情感和欲望。”① 美德伦理学聚焦道德行动者（agent），关注人的内在品质，情感自不待言是其重要构成部分。当代美德伦理学的代表人物斯洛特（Michael Slote）更是明确地借鉴了休谟（Hume）关注情感的伦理学思路，发展了“道德情感主义”（moral sentimentalism）路向。

如同德行伦理学的复兴要回归亚里士多德一样，“新品格教育运动”也正在经历一场向亚里士多德的回归。“正在如火如荼进行中的是一种意想不到的回归——亚里士多德的道德理念在美国青少年道德教育上的回归。”② 这种回归的本质是价值观教育必须关注公民的内在品格，自然包括公民的情感。这从新品格教育的内容范畴就可以看出。如塞林格曼等提供的品格清单囊括了“智慧与知识（包括创造力、好奇心、开放的心灵、热爱学习、视野）、勇气（包括勇气、毅力、正直、生命力）、博爱（包括爱、仁慈、情商）、公正（包括公民责任、公平、领导力）、节制（包括宽容、卑谦、审慎、自控）、超越（包括审美、感恩、希望、幽默感、虔诚）”。③ 品格教育的内容不仅包括积极向上、健康的生活态度，乐观的情绪，为人处世的道德要求，同时包括私人的自律性品德，以及政治、社会发展需要的公共品德范畴。相应地，情感培育往往成为品格教育的重点。

---

① MACLNTYRE A. Ethics in the conflicts of modernity：an essay on desire，practical reasoning，and narrative［M］. Cambridge：Cambridge University Press，2016：2.

② 戴蒙. 品格教育新纪元［M］. 刘晨，康秀云，译. 北京：人民出版社，2015：51.

③ PETERSON C，SELIGMAN M E P. Character strengths and virtues：a handbook and classification［M］. Oxford：Oxford University Press，2004：109.

第五专题　国外价值观教育方法理论的路向

运用有效的方法进行价值观教育，形成全社会共同认可的价值观，关系民族和国家统一的精神追求和价值标准。因此，对价值观教育方法的研究意义重大。目前，学界对于价值观教育方法的专门研究尚少，尤其缺少对国外价值观教育方法理论的深入探索。本书试图将价值观教育方法自身的内在逻辑结构作为审视依据，对国外价值观教育理论进行简明扼要的路向勾勒，就具有较大影响力的国外价值观教育方法理论的发展和演变，尤其是各种理论路向之间的对话以及整合趋势进行探究，并在此基础上对我国价值观教育方法的完善和发展做出思考。

一、价值观教育方法的内在逻辑向度

价值观教育方法有自身特定的内在逻辑结构。在此通过借鉴德行伦理学中有关德行培养的理论，剖析和架构价值观教育方法的内在逻辑进路，并将价值观教育方法的内在逻辑确认为认知、情感、行为这三个逻辑向度。首先可以确认的是，价值观教育方法的内在逻辑结构包含认知和情感两个向度。德行伦理学家 Julia Annas 认为："德行涉及两个方面：认知和情感。"① 英国道德教育研究学者 David Carr 把人的德行性情解释为："重原则的德行性情不仅仅是关于认知上的同意或智能上的同意的问题，因为德行中还包括对人性当中情感方面的教育。"② 认知和情感都在德行形成过程中占有重要的地位，而且人的伦理德行通过习惯而养成，通过人的选择得以建立和实施。这体现了其第三个逻辑向度，即行为逻辑，良好的品性最后必须体现到人的行为当中，才表明德行性情的最终养成。亚里士多德在《尼各马可伦理学》中的论述有效地支撑了认知、情感（意愿）和行为三重逻辑的结构区分："只有当行为者在行动时满足了相应的条件才是德行。第一，他知道他所做的事；其次，他是基于一种明确的意愿抉择并且这种抉择是全然为了这件事情本身而故意行动的；再次，他是坚定地和毫

---

① ANNAS J. Virtue Ethics ［M］ //The Oxford Handbook of Ethical Theory. Oxford：Oxford University Press，2006：516.

② CARR D. Values，Virtues and Professional Development in Education and Teaching ［J］. International Journal of Educational Research，2011，51 （3）：171-176.

不动摇地行动的。”① 在这里，亚里士多德明确地规定了有德行行为的条件：第一，行为者是有知识的，他明确知道自己在做什么事；第二，行为者没有情感上的不愿意，是基于自己意愿的选择；第三，行为者在自己意愿选择的基础上坚定不移地行动。可见，德行培养的逻辑中必不可少地应该包含认知、情感和行为这三重逻辑。价值观教育方法的内在逻辑结构类似于此。

（一）价值观教育方法的认知逻辑

价值观教育方法的第一个逻辑向度是认知逻辑。具有德行的人能够理解什么事是该做的、是正确的事，然后才能专一地为正确的原因做正确的事。对于价值观教育来说，关于是非、善恶、美丑等价值原则的知识是重要的，因为对这些知识的认知是个体做出价值选择和判断的前提。好的价值观教育的目的是要使学生思考自己行为的原因，以及反思别人教授给他的内容。这里的认知和理解要的是学习他人，并且以此开始对自己正在做的事进行思考，达成对自己行为的理解。经典的德行伦理学用“技能”作为类比来进行说明，引导行为者形成德行性情的思考过程就像是获得一种实践技能或特长的过程一样。人是通过先做有德行的行为而具有德行的，就如同学习技艺。学习实践性技能的时候，要学习一些可以通过传授的方式来传达的东西，然后学习者通过反思来理解学到的东西，并且自己进行思考。在价值观教育中，受教育者需要首先从社会环境中获得一定的是非准则、价值观，其方式要么是通过直接的传授和学习，要么是通过对榜样的模仿。受教育者还需要在理解之后学会对这些价值观进行反思，并在遇到特定的问题或者情境的时候学会独立思考并做出选择，而且能够证明自己的选择和行为是正确的。在价值观教育的认知逻辑中，学习与反思这两个方面是并重的。

（二）价值观教育方法的情感逻辑

价值观教育方法的第二个逻辑向度是情感逻辑。在德行伦理学理论中，德行最显著的特点是：有德行的人做出的选择和行为是这个人自觉、自愿做出的。亚里士多德认为：“由于德行与性情和行为相关，只有自愿做的才适合于赞扬或谴责，如果是不自愿做的，有时得到原谅，有时甚至得到同情。”② 所谓实践智慧，其实是人的一种有理性的选择。“具有实践智慧的人的特点就是善于思虑，好的思虑就是引导实践智慧真正把握这种目的的那种正确性。”③ “实践智慧的

① 亚里士多德．尼各马可伦理学［M］．邓安庆，译．北京：人民出版社，2010：83.
② 亚里士多德．尼各马可伦理学［M］．邓安庆，译．北京：人民出版社，2010：100.
③ 黄颂杰，章雪富．古希腊哲学［M］．北京：人民出版社，2009：423.

明显特征是思虑和选择……思虑和选择不是单纯的理智活动，而是受理智支配的意志活动。”① 而人的意志活动不仅受理智支配，也受人的情感因素的支配。“作为品质的一种表征，我们必须考察与行为连在一起的快乐和痛苦……伦理德行与苦乐感相关，因为首先，我们甚至因享乐而行可耻之事，因痛苦而搁下善事不做。所以，如同柏拉图所言，我们必须从小就培养起对该享乐的感到快乐，对不该享乐的感到痛苦。这才是正确的教育。”② 可见德行与人的情感密切相关。价值观教育并不冷落认知能力的培养和道德知识的学习，但是更加关注的是蕴含于知识背后的情感启发和意义体悟。有时候一个人明明已经获得了对一定价值或审美原则的正确认知，但还是无法付诸正确的行动，这往往就是出于情感上的不情愿。恰恰就是这种“不情愿”阻碍了人用已经获得的正确知识来指导自己的行为，可见情感因素在价值观教育中是多么重要。所以，情感的培养和形成是促成价值观形成的第二个逻辑方面。

（三）价值观教育方法的行为逻辑

价值观教育的第三个逻辑向度是行为逻辑。德行不止于人的心灵体验，它是人生命当中的一种现实活动。亚里士多德反对将德行局限在与行动不相关的狭小范围内进行空谈。“亚氏说幸福就是德行，指的是德行的现实活动而不是心灵的状态。”③ 德行只有在行动中才能够实现，只有行动正当的人才能够获得德行。德行的实践性品质表明要通过实践活动获取真实的德行。“德行既非出乎自然也非违反自然，而是我们具有自然的天赋，把它接收到我们之内，然后通过习惯让这种天赋完善起来。”④ 通过习惯的不断巩固，良好的品质才能得到强化，人才逐渐获得德行。行为是人类特有的活动方式，也是人类思维的外化。价值观教育需要开启受教育者的行为逻辑，因为只有在实践中将正确的价值观付诸实施，变成切切实实的行动，并通过这些行动进一步强化良好的价值观时，才算达成了教育目的。德行伦理学重视人的行为、强调实践理性。“实践精神之为实践的，它不满足于认知、把握世界，它更是一种精神实践，使主观见之于客观，将一整套的价值观念付诸实践，把这套观念、准则运用于人类的各种活动领域中，作为这些人类活动的内在因素和灵魂而存在着。”⑤ 在发挥认知和情

① 赵敦华．西方哲学简史［M］．北京：北京大学出版社，2012：92.
② 亚里士多德．尼各马可伦理学［M］．邓安庆，译．北京：人民出版社，2010：81.
③ 黄颂杰．从幸福论与德行论走向神论：亚里士多德伦理学说评析［J］．陕西师范大学学报（哲学社会科学版），2008（3）：30-37.
④ 亚里士多德．尼各马可伦理学［M］．邓安庆，译．北京：人民出版社，2010：76.
⑤ 高国希．道德哲学［M］．上海：复旦大学出版社，2005：112.

感因素作用的基础上，行为的实施是价值观教育目标达成的最终显现。价值观教育的目的是培养认知逻辑、情感逻辑、行为逻辑能够完整统一的人。一种有效的价值观教育方法必须让认知逻辑、情感逻辑和行为逻辑协力发挥作用，才能在受教育者的身上形成稳定的、优秀的价值观。

二、国外价值观教育方法理论的路向分析

依据以上对价值观教育方法内在逻辑向度的解读，可以将国外不同的价值观教育方法理论划分为不同的理论路向。在这里，“路向”指的是某种方法理论自身最鲜明、最显著的逻辑特征。这并非说某种方法理论只能启动和运用单独一个逻辑向度，相反，很多方法理论都是使不同的逻辑层次共同发挥作用的。不过，以某个逻辑向度为显著特色是大多数方法理论的特征，这个事实正是本文进行路向分析的依据。20 世纪以来，国外先后出现了多个具有深远影响力的、有关价值观教育方法的学说和理论，包括但不限于品格教育理论指导下的品格教育法、道德认知发展理论指导下的道德推理法、价值澄清理论指导下的价值澄清法、关怀理论指导下的关怀方法等具有广泛影响力和讨论热度的方法理论。我们对这些价值观教育方法理论进行细致审视发现，每种理论都有其侧重的逻辑向度，并以此形成了鲜明的方法特色。根据对价值观教育方法内在逻辑向度的解读，以内在逻辑向度为统摄，可将这些不同的方法理论归入四个路向：认知路向、情感路向、行为路向、品格路向。

（一）认知路向的价值观教育方法

在西方理性主义哲学传统的影响下，西方国家的价值观教育方法有强调认知的传统特色。认知路向的价值观教育方法的主要特色十分鲜明，即特别重视受教育者的理性自主，强调价值观教育中的认知因素，注重培养认知能力而反对直接的价值观灌输。美国心理学家劳伦斯·科尔伯格（Lawrence Kohlberg）提出的道德认知发展理论和美国学者路易斯·拉斯思（Louise Raths）等开创的价值澄清理论可以归为强调认知因素的价值观教育方法理论。“认知”涵盖了理解能力、推理能力以及判断能力和选择能力。这些方法理论主张的是使受教育者掌握有关价值准则的知识和发展其价值判断能力，认为受教育者自身的理性能力和主体性发挥最为重要。通过使受教育者认知能力的逐步增进，使其在面对具体情境或问题的时候可以独立自主地进行思考，做出判断、推理、选择和反思。在认知主义的价值观教育方法理论中，个体的理性自主能力在价值观发展中的作用得到深入确证。内尔·诺丁斯（Nel Noddings）认为：“认知方式明显

更符合自由主义的传统。它不会去灌输特定的价值观，而是注重培养道德推理。”① 认知路向的方法理论最为重要的意义就在于把受教育者的智力因素作为重要的载体和考量引入价值观教育活动的实践。价值观教育应该采取的做法是让受教育者遵从理性指导和自我思考，教育者应该做的是帮助学生完善自己的思维、判断和选择。在对传统的价值观教育理念的推陈出新上，认知路向的理论具有无可比拟的重要意义。

（二）情感路向的价值观教育方法

情感路向的价值观教育方法理论并不主要强调理解能力、推理能力、判断能力等认知因素的发展和培养，而是将发挥情感因素的作用放在价值观教育的中心位置。情感路向强调共情能力，以培养对他人的体谅或关心作为实施价值观教育的重点。英国德育学家彼得·麦克菲尔（Peter Mcphail）创立的“体谅模式”理论和美国教育哲学家内尔·诺丁斯倡导的“关怀模式”理论都可以归为这种路向。其中，体谅模式反对高度理性主义的方法路向，不主张让受教育者与那些艰深的道德和价值观问题做斗争。麦克菲尔主张引导受教育者通过关心和体谅人的“利他”方式来感受人生真正的快乐和幸福，从而把人们从充满恐惧和不信任的人际关系桎梏中解放出来。体谅模式的目的在于引导学生学会理解、关心和体谅他人。诺丁斯主张的关怀模式继承并发展了吉利根的关怀伦理学，其非常强调使用理性基础上的关心，也重视动机的重要作用。关怀模式以认真倾听和积极反应作为关心的基本标志，并将这种关心视为一种关系性，认为关心是关心者和被关心者之间建立的一种平等关系。关怀模式的主要教育目标是使学生成为能够关怀别人、有能力和爱心同时值得被爱的人。不难看出，情感路向的价值观教育方法将情感因素的作用提升到价值观教育的首位，与认知路向理论培养理性自主至上的取向形成了鲜明对比。

（三）行为路向的价值观教育方法

行为路向的方法理论的典型代表是美国道德教育学家弗雷德·纽曼（Fred M. Newmann）提出的有关社会行动法的理论。“社会行动法”，从其名称就可以看出是从行动因素着手来审视价值观教育的方法。纽曼认为，已有的价值观教育方法理论，如道德认知发展理论和价值澄清理论，都只注重认知因素的发挥，让学生掌握一定的认知能力及理论，却不重视行为因素在价值观教育中发挥的作用。该方法的基本目的是培养“环境能力”，尤其是“影响公共事务的能

① 诺丁斯. 培养有道德的人：从品格教育到关怀伦理［M］. 汪菊，译. 北京：教育科学出版社，2017：74.

力”。社会行动法一方面让学生成为“道德动因”，在冲突环境之中深思熟虑自己应该做什么；另一方面面对公共事务中的不公平现象，使学生做出正确的行为来参与公共事务，改变社会。学生应该发展和养成批判性地审视不正义社会环境的能力，通过参与社会性活动来影响和改变社会，并以此形成正确的价值观。社会行动法鼓励学生走进社区、搜集资料、进行访谈、观察社会，鼓励学生积极参与到促进社会发展的活动中去。它着重研究使个体的行为因素在价值观形成过程中发挥作用，这是该路向相对于其他路向的价值观教育方法的不同之处。

（四）品格路向的价值观教育方法

品格路向的价值观教育方法理论主要是指品格教育理论。以德行伦理学作为思想基础的品格教育理论体现了对实践的强调：德行是做出选择的品质，如果没有行动、不做践行，就无法体现出来。如同获得技艺一样，人通过做有德行的行为而具有德行，“通过公正的行为变成公正的人，通过节制的行为变成节制的人”①。因为德行是在践行中形成的，因此品格教育理论重视行为训练以及习惯培养的重要性。品格教育方法主张直接传递并教授价值观，也强调用好的习惯，在实践行动中培养人的价值观。不过，虽然品格教育理论十分重视行为的重要性，但是在这里没有将其作为行为路向的理论进行归纳。没有将品格教育理论划分到行为路向的主要原因是，它最本质的理论特质是将重点放在“过什么样的生活”和“成为什么样的人”，而非仅仅强调“做什么事”。品格教育是基于主体的，而非基于行动的。而且品格教育并非只强调行为逻辑的重要性，而是在启动人的认知和情感意愿因素的基础上，用行为训练和习惯培养来形成人的品格或价值观。

三、对话与整合：不同路向的发展趋势

国外有关价值观教育方法的理论虽然路向迥异、流派纷呈，各自都有独具一格的主张，但这些理论路向之间并非没有交流和对话。相反，这些不同路向的方法理论在发展中相互评鉴和吸收，一种方法理论经常是在对其他路向理论的批判中来完善自身的理论建构的。厘清不同路向的理论之间的对话是很有必要的，这种整体审视的最大益处就是：在对比中消化各种理论的优势与核心，进而取其精华地对国外价值观教育方法理论有所借鉴。

---

① 亚里士多德．尼各马可伦理学［M］．邓安庆，译．北京：人民出版社，2010：84.

（一）关于不同理论路向之间的对话

许多价值观教育方法理论在提出的时候，往往是建立在对其他理论的批判基础之上的。如果一种价值观教育方法理论已经不能适应在新的环境下有效开展价值观教育的需要，就会产生新的方法理论对其进行批判和取代。这其实是价值观教育方法对社会政治经济结构和文化环境的反映，也是教育对社会意识形态的积极调整适应。在这一新旧交替的过程中，不同路向的价值观教育方法理论之间总是存在着对话和交流。具体来说，认知路向的理论影响深远，对其他路向的理论的建构和形成均产生了一定影响。除此之外，品格路向与情感路向之间也有交流。

认知路向与品格路向之间对话的核心在于是否应该确认价值观教育的内容。认知路向的理论建立在相对主义的哲学基础上，并不重视对价值观教育内容的规定，而是鼓励并帮助学生认清他们的价值观，培养高水平的道德推理和价值判断的技巧。相对于品格路向对核心价值观的重视和对教育内容的强调，忽略价值观教育内容的认知路向难免落入价值相对主义的窠臼。霍华德·柯申鲍姆（Howard Kirschenbaum）在提到自己是如何从一个价值澄清理论的忠实拥趸转变成为积极的品格教育倡导者的时候，认为价值澄清理论本身存在重大的理论缺陷。该理论认为受教育者的道德基础是理所应当就存在的，受教育者本身就具有善良的品性，具备分辨是非曲直的直觉和理解能力，能够通过感觉得出正确的、负责任的决定。① 但是，要使价值澄清法有效地发挥作用，必要前提是受教育者已经具备适当的社会化程度、自我控制能力和同情心，这些东西全都无法从价值澄清过程中获得。针对这样的价值相对主义的弊端，品格教育理论一扫认知路向理论中的相对主义立场，重新树立社会中的核心价值观，对教育内容的确定赋予了重要性。

认知路向与情感路向之间的对话主要是围绕认知和情感究竟哪个逻辑向度能够使价值观教育的方法更有效。认知路向将理性和推理提到很高的位置，但是没有充分认识到情感和意志等非理性因素的影响。情感路向对认知路向的挑战主要表现在：卡罗尔·吉利根（Carol Gilligan）公开向道德认知发展理论的理论范围和其中强调的等级体系发起了冲击与挑战，诺丁斯等对整个道德认知发展模式发起了挑战。面对道德认知发展理论的不足，吉利根建立了以关怀为取向的伦理学理论，之后诺丁斯在吉利根观点的基础上，发展形成了关怀模式的

① KIRSCHENBAUM H. From Values Clarification to Character Education：A Personal Journey ［J］. Journal of Humanistic Counseling，Education & Development，2000，39（1）：4-20.

教育思想。关怀理论强调动机，批判了道德认知发展理论这样的以推理为中心的方法理论。

行为路向与认知路向之间的对话主要体现在行为路向理论是建立在对认知路向批评的基础上而提出的。价值澄清理论强调的是价值分析能力，在进行澄清反应之后确立适合自己的价值观并以此指导行动。道德认知发展理论强调的是道德认知与判断能力，促进学生使自己的道德行为与道德判断相一致。针对认知路向理论不注重行为，尤其是参与社会行为能力的缺点，行为路向理论在对认知路向理论做出批评的基础上提出了注重行动能力的社会行动法。

品格路向与情感路向之间的对话主要在于对两种路向哲学基础的反思。相比于其他路向之间充满冲突的对话，品格教育与关怀理论之间共性很多。品格教育和关怀理论都不把道德准则视为价值观教育的重点，都关注人要怎样活着的问题。另外，品格教育和关怀理论都很重视行为背后的情感动机的重要性。但不同的是，品格教育认为好的动机源自行为者自身；而关怀理论认为，好的动机源自人的关系互动。品格教育的中心是行为者，他们认为拥有高尚品格的人通常不会做错事。但关怀理论的中心是关系，不是行为者本身。关怀理论把关怀的关系放在首位，认为美德会在这些关系中自然而然地养成。关怀理论不主张直接对学生进行美德灌输。相比于品格教育倡导的直接教授美德，关怀理论更注重为道德生活建立前提条件以鼓励德行的产生。

（二）关于不同理论路向在实践中的整合

在国外对价值观教育方法理论的实践中，越来越明显的一个趋势是综合使用各路向方法理论的整合趋势。不同路向渐渐地从理论中的对话走向实践中的交融和整合。价值观教育方法的研究者逐渐认识到，由于人的价值观的形成和发展过程是一个复杂的综合过程，涉及认知、情感、行为等方方面面的逻辑因素，没有哪种单独的价值观教育方法或模式足以解决价值观教育过程中所有的问题。每种理论和方法都有可能因为自身理论不能顾及的方面而影响价值观教育的有效性。正如克里夫·贝克（Clive Beck）指出的那样，诸如文科教育、说服和规劝、心理治疗法、道德认知发展方法、教授推理技能、价值澄清法等，虽然“提供了一些有用的洞察力，但每种方法的范围之广尚不足以单独产生重大影响”①。只有对不同路向的价值观教育方法理论进行综合把握和运用，而不是单一仰仗于某种路向而排除其他，才能更好地开展价值观教育，更有效地迎

① 贝克．优化学校教育：一种价值的观点［M］．戚万学，等译．上海：华东师范大学出版社，2011：161.

接在当前的多元文化社会中教育对象的价值观复杂多样带来的挑战。英国学者霍尔斯特德和泰勒认为："学校教育中存在连贯的价值观教育策略是很重要的。比起单独使用一种教育方法，将许多不同的教学方法集合到一个整体的学校政策中，对于影响青年人的价值观要有效得多。"① 而且，他们通过观察认为，价值观教育没有普遍适用的方法和结构，很多影响因素都在其中发挥着作用。因此，在具体的价值观教育实践中，将多种不同的价值观教育理论流派主张的不同教育方法进行综合运用，用不同的方法应对问题的不同层面，也许会是更加有效的做法。

四、对于完善我国价值观教育方法的启示

通过一系列研究和分析可以看出，国外价值观教育方法理论已经形成了一定的理论体系，对这些国外的方法和策略的研究对完善我国价值观教育的方法体系很有启发。

（一）认知：发展对价值观的判断能力、选择能力和反思能力

作为价值观教育方法的第一个逻辑向度，认知是受教育者价值观开始生长的基础。认知中包含的不仅是道德知识和价值准则的学习，也有对价值观的判断、思维和选择。我国传统德育课堂中的价值观教育实践在价值观教育认知层面主要采取灌输的方法，而对于学生的判断、推理和选择能力的培养效果不太理想。认知并不只限于记忆性的学习，还有思考能力和判断能力等非常重要的方面。所以，提升我国学校价值观教育的方法亟待从认知的维度出发做出改进，吸取和借鉴认知路向理论中的有利因素。

我国价值观教育的主要路径是思想政治教育，采取的主要方法是教育者用主流的价值观内容直接传递给受教育者，影响他们的价值观形成。虽然这种传递—接受的教育方式并不一定是强硬灌输，但因为教育者在教育过程中是占据主导地位的，这样往往会导致学生的主体地位和积极性体现得不够充分，也就很难谈得上在判断能力、选择能力、问题解决能力方面有大的进步。我们需要借鉴认知路向理论的长处，看重思维能力、推理能力、选择能力等认知因素的发挥，更加重视受教育者通过判断选择经历和感受到的内容。相比于传递—接受模式中对一套道德规范和准则的传授，自由的探究、审慎的思考会更有利于受教育者从单纯"知道"转换到"体认"，克服传统价值观教育方式中体现出

---

① HALSTEAD，TAYLOR. Learning and Teaching about Values：A Review of Recent Research［J］. Cambridge Journal of Education，2000，30（2）：169-202.

来的“唯知性”弊端。

（二）情感：创建关爱的环境，培养积极的情感

价值观教育应该放弃“无情”的说教，而采纳“有情”的关爱。关爱环境的构建和道德情感的培养可以在价值观方法的有效性上创造很大的提升空间。体谅模式主张创立一个关心人的课堂环境、校园环境和社会教育环境。尤其是在学校价值观教育中，如果课堂中只有冷冰冰的说教、无视学生逆反情绪的“独白式”教学的教师以及充满厌烦情绪的学生，再好的价值观也不会得到有效的传递。缺乏关爱的教育环境本身就是对接受好的价值观的巨大阻碍。

价值观教育中的教师应该有关爱之心，用真诚的态度成为榜样，并且营造关爱的教育环境。和谐的、关爱的教育环境本身就是教育资源，可以用隐性的方式教会学生正向的价值观。诺丁斯主张在充满关爱的环境中用“日常对话”的方式进行道德教育：“第一，参与对话的成年人要品行端正——要努力向善，要考虑自己的行为对他人造成的影响，要对他人的苦难表示同情与关心。第二，成年人要关心孩子，乐于与孩子为伴。当孩子与喜欢并尊重他们的成年人进行真正的对话时，他们会模仿成年人的一言一行。即便对话的目的不是进行道德教育，但是它对对话参与者的道德发展仍是十分有益的。”① 以人与人之间建立关爱关系为基础的方式充满了关爱的感染力，启示我们充分运用情感的逻辑，将激烈的辩解转变为具有建设性的对话，对受教育者形成情感上的感染力，将他们带入自发的价值观探寻。

（三）行为：用好的习惯和行为来强化正向价值观

无论是认知的培养或是情感的塑造，最终都是为了达成行为的结果，将好的价值观体现于人的行为当中。应该注意在行为中培养良好的道德习惯，促进受教育者从生活小事中体会正确的价值观。习惯指的是“人在一定情境下自动化地去进行某种动作的需要或特殊倾向”②。自动化地进行某种行为，当习惯的行为已经变成了人的需要时，如果这种需要得不到满足，就会引起不愉快的情感体验。但好习惯并非不经过人的实践理性而随意做出的无意识动作，而是能够将行为转化为内在品性的途径和关键，是价值观外化的体现。品德心理学中也将此称为“品德发生作用的习惯观”③。传统价值观教育方法的重要缺点是行

① 诺丁斯．培养有道德的人：从品格教育到关怀伦理［M］．汪菊，译．北京：教育科学出版社，2017：146.

② 汪凤炎，郑红，陈浩彬．品德心理学［M］．北京：开明出版社，2012：141.

③ 汪凤炎，郑红，陈浩彬．品德心理学［M］．北京：开明出版社，2012：141.

动能力弱，不能将认知和情感充分贯彻于行动。价值观的形成和稳固须臾离不开行为和实践活动。思考如何才能让学生不只在头脑中记住激情满怀的言论，而是能够将所学与所思都贯彻于自己的习惯与行动，是我国价值观教育方法提升的一个支点。

弘扬和培育社会主义核心价值观，用有效的方法进行价值观教育是目前思想政治教育和意识形态建设的重要任务。我们应对域外价值观教育方法理论展开研究，以国际化的眼光来审视这个哲学与经验相交缠的复杂问题，并积极地吸收国外价值观教育方法理论的有效因素，用国际化的理论视野来助力解决本土的价值观教育问题。

第二部分

国外价值观教育的社会支撑体系研究

第六专题　英国推进学校基本价值观教育的法治化路径

如前文所述，自21世纪初英国将公民课纳入中学必修课目，英国的价值观教育就有了法律的保障，但当时的教育主要凸显的是政治价值观方面的内容，还没有完整体现英国当代社会共识的基本价值观。而英国政府真正将英国的基本价值观教育纳入国民教育体系则始于2014年，由此才真正开启英国基本价值观教育的法治化道路。并且，英国政府当局不断地强调这一目标的实现，一方面需要来自教育共同体内部在尊重学生成长规律基础上对教育内容和教育方法的积极探索，另一方面需要国家、社会层面从实践教育环境的构建和规范角度提供法律政策支持和有效监督引导。前者更多的是由教育机构自主探索的领域；后者则要求国家层面除了尊重这种自主外，尤其要重视制度的外部引导、支持和监督。① 我们就此方面做深入阐析。

一、英国推行基本价值观教育法治化的背景：价值多元与价值相对

自2001年美国"9·11"事件以来，如何直面亨廷顿定义的文明的冲突给各国的国家秩序、价值认同带来的挑战，成为各个国家极为急迫的任务。2006年，英国工党政府制定了针对恐怖主义的"预防策略"（Prevent strategy），作为其更广泛的反恐策略"CONTEST"的组成部分，目的主要是防止英国国民演变

---

① 参见英国教育大臣尼基·摩根（Nicky Morgan）在2015年Politeia论坛发表的演讲，在该演讲中尼基·摩根一方面强调在国民教育中贯彻英国价值观的重要性，另一方面强调了教育内容设置和英国教育标准办公室对价值观教育进行监督的重要性。https：//www.gov. uk/government/speeches/nicky-morgan-why-knowledge-matters.

为恐怖主义者或者是支持恐怖主义的极端主义者。2011 年，英国内务部向议会提交修改“预防策略”的报告，在报告中指出，无论是英国本土还是海外，都有大量的鼓励使用暴力，反对团结、融合、多元信仰和议会民主意识形态的宣传者，在这些意识形态的影响下，加上个体的脆弱性和英国本土一些特殊的原因，导致激进组织在英国盛行，恐怖主义得以蔓延。因此，应对激进组织和恐怖主义的办法就在于直面恐怖主义带来的意识形态挑战，培育人民对国家的归属感和对基本价值观的认同和支持。2011 年修改后的“预防策略”主要有三个目标：应对恐怖主义意识形态的挑战，保护脆弱和易受影响人群，控制容易激进化的机构和组织。2011 年修改的“预防策略”将“恐怖主义”定义为：对英国基本价值观的公开和积极反对者以及在英国本土或者是海外导致英国军队伤亡的力量。在该定义的基础上指出，英国的基本价值观包括：民主、法治、个人自由和不同信仰的相互尊重和容忍。自此，英国基本价值观的官方内涵得以产生。

2011 年，尽管英国政府明确提出了“基本价值观”的概念，但是并没有将其内容纳入学校教育的必修课程，只要求各个学校倡导和尊重基本价值观。作为一个以自由主义立国的国家，试图从国家层面全面推行基本价值观教育，必然面临诸多的争议和挑战。无论是古典自由主义还是新自由主义，尽管认同人的社会存在性，但都强调社会关系的建立不是必须通过政治构建和作为政治关系呈现，这不属于国家权力的范畴，社会联系在非强制的情况下会获得繁荣发展。鉴于此，自由主义认为，国家不应该试图给予个体一个有关“何谓好的生活”的统一答案，这个问题是应完全交由个体去自主回答的，教育的价值在于赋予个体能够回答和实现这一问题答案的能力，而不是给定具体的答案。共和主义则认为，教育的主要价值就在于让个体认识到并努力践行共同体确立的“共同善”（common good），因此，以传播和培育特定价值观的公民教育是重要且必需的。与共和主义强调国家对价值观教育的主导和引领不同，以自由主义立国的国家在价值观教育，尤其是以国民教育的方式统一推行价值观教育时，始终是非常谨慎和警惕的。① 但是，在一个宗教极端主义盛行、大规模移民涌现以及身份政治高涨的时代，如何防止对不同社群、不同个体的生活方式和价值选择的“多元性”尊重转变为价值相对主义呢？价值相对主义，一方面认为这个世界上没有绝对的对和错，也不存在客观的是非标准，从而反对公共领域展

① 西诺波．美国公民身份的基础［M］，张晓燕 译，上海：复旦大学出版社，2019：导言部分．

开有关共同价值观的讨论和实践推进；另一方面以自我的生活方式和价值观否定他人的生活和价值实践，甚至受到极端主义的影响而演变为恐怖主义。对价值相对主义的诘问是：关于善恶、利害、尊严与屈辱，人们是否真的观点迥异，是否应该拥有借以相互理解的共享价值标准？

2014 年，为了应对这急迫的价值观挑战，国家教务大臣迈克尔·戈夫（Michael Gove）要求从该年的 9 月开始在英国的中小学教育中普遍推进英国基本价值观教育。尽管面临巨大的争议，教育部还是于 2014 年 11 月 27 日发布了《促进英国基本价值观教育纳入学校 SMSC 教育考评标准》（“Promoting fundamental British values as part of SMSC in Schools”）这一指南性文件，该文件适用于所有公立学校。根据文件规定，过去学校对基本价值观的“尊重”义务已经转变为所有学校需要制定清晰可行的方案和策略从而将价值观教育融入日常教学，并且要确保以上教育确实对学生产生了影响，与此同时，价值观教育的推进情况被纳入英国教育考评的标准——精神、道德、社会与文化发展标准（以下简称“SMSC 标准”）。① 由于 SMSC 标准是由议会法律设定的，因此基本价值观教育客观上具有了议会立法层面的规范依据，基本价值观教育因此成为法定的英国国民教育的重要组成部分。教育部在发布适用于公立学校的《促进英国基本价值观教育纳入学校 SMSC 教育考评标准》的同时，发布了《私立学校标准》（“ISS：Independent Schools Standards”），要求私立学校和地方的公立学校一样，推进英国基本价值观教育。

面对推行基本价值观教育而引发的激烈的公共争议，在与基本价值观教育推进有关的教育政策的制定过程中，英国政府一方面希望通过价值观教育防止多元主义向相对主义、极端主义的消极转化，以基本价值观引领社会思潮、凝聚共识，应对恐怖主义的挑战；另一方面始终强调价值观教育如何在有效促进共识和认同生成的同时，不被标签化为“价值灌输”并对教育自主、个体自由构成不当的影响和侵犯。为了有效地回应这一共同体规范与个体自主之间的张力，英国政府在推进价值观教育的规范体系构建过程中，从规范主体、规范内容和监督的角度进行了相关法治化探索。

二、基本价值观教育的多层次规范体系构建：教育的规范性与自主性

价值观教育不同于一般的专业知识教育，要取得良好的教育效果，在具体

---

① Improving the Spiritual，Moral，Social and Cultural（SMSC），Deparment for Education，Development of Pupils：Departmental Advice for Independent Schools Academies and Free Schools，November 2013.

的教育内容和教育方法的选择上，需要结合教育对象的个体特征、生存的社会现实环境等因材施教，这就使价值观教育相较专业知识教育具有更强的自主性要求，应该允许学校和教师在符合一般性教育规律和要求的基础上因材施教，根据受教育者的不同特征对教育内容有所选择，对教育方法有所创新和发挥。但是，在强调教育自主性的同时必须认识到，英国基本价值观教育不同于一般的价值观教育，基本价值观教育的提出有其特定的现实迫切性——应对多元社会恐怖主义带来的意识形态挑战，“基本价值观”官方定义的产生决定了价值观教育具有既定的教育目标和内容，这就对基本价值观教育提出了明确的规范性要求。除却现实语境提出明确的规范性要求，在英国这样的以文化多元和个人权利建基的社会开展以培育特定价值观为目标的教育，其包含的教育目标和内容实际超出了传统教育经验能够涵盖的范围。因此，国家层面必须为基本价值观教育的推进提供制度层面的指引，围绕“什么是需要推进的基本价值观教育（背后回应的事实上是为什么需要基本价值观教育的问题）”和“如何开展和推进基本价值观教育”给出明确且具有一般规范性的回应和指引，这就需要国家在制定和构建调整基本价值观教育的规范体系时，兼顾教育的规范性和自主性目标。为实现这一双重目标，英国围绕基本价值观教育的规范体系主要呈现以下两个方面的特征。

（一）以教育行政主管部门手册和指南为主构建的规范体系

法治国家要求“自上而下”的国家行动必须有法律的授权，基本价值观教育的推行无疑属于这样的国家行动。但事实上，法律无法穷尽对一切社会生活的规划和调整，尤其是针对专业性极强的公共产品的供给领域，由于精力和专业上的局限，立法部门拥有的立法智慧具有一定的局限性，这一问题在强调“因材施教”的教育立法领域尤其突出。与立法机构不同，行政主管部门的技术官僚不仅具有公共管理领域的专业知识，同时借助其庞大的行政官僚网络（尤其是英国的行政官僚保持了与社会的良好互动），借助自身及社会力量，其对于监管领域境况的整体熟悉度远远超越立法机构。因此，行政官僚建立在专业和对现实把握能力基础上的公共政策制定能够与立法机关制定的法律规范形成有效的互动和补充。①

英国在推进基本价值观教育的规范体系构建过程中，尤其强调公共政策与法律规范相辅相成、相得益彰的治理优势。公共政策与法律的区别不仅体现在

---

① 上海市政府法制办．公共政策与法律规范关系研究［J］．政府法制研究，2018（4）：151-153.

制定主体上的差异，还体现在效力和价值归属上。一般情况下，相较于法律而言，公共政策效力层级和具有的强制执行力更弱。此外，法律是以“权利保护”作为基本的价值取向，公共政策则更多地关注秩序、效率等公共价值维度，这种差异决定了二者在公共领域具有互相补充、互相协调的公共价值。统观英国推进基本价值观教育的规范体系，国家立法（SMSC 标准、《教育法》和《教育与监督法》）为价值观教育提供合法性依据和设定其要遵循的基本法治原则；教育行政部门发布的《促进英国基本价值观教育纳入学校 SMSC 教育考评标准》，在英国教育部原有的两本重要指南《有关落实 SMSC 标准的建议》① 和《学校治理手册》② 的基础上，主要聚焦于明晰英国基本价值观教育的基本要求，并为如何将价值观教育与 SMSC 标准结合起来提供切实可行的操作建议。此外，教育部发布的《Key stage 3 和 Key stage 4 公民身份课程指南》则专注于从课程设计要求的角度，为有关基本价值观教育的课程设置提供指导。③ 教育部下属的教育及儿童服务与技能培训标准办公室（The Office for Standard in Education，Children's Service and Skills，Ofsted）制定的《〈教育法〉第五条学校检查手册》④ 和《〈教育法〉第八条学校检查手册》⑤ 对《教育法》中规定的两种学校检查形式——第五条的定期检查（inspect certain schools at prescribed intervals）和第八条依据裁量权提起的特殊检查（Inspection at Discretion of Chief Inspector）的检查标准和检查程序进行了详细解读和规定，从而为构建有效的监督体系提供了切实可行的制度指引。

---

① Improving the Spiritual，Moral，Social and Cultural（SMSC），Deparment for Education，Development of Pupils：Departmental Advice for Independent Schools Academies and Free Schools，November 2013.

② Deparment for Education，Governance Handbook for Academies，Multi-Academy Trusts and Maintained Schools，Juanary 2017.

③ KS（Key Stage）是英国为 3~18 岁的受教育人群设立的教育体系的简称，一些英联邦成员国，如澳大利亚以及英国过去的英属殖民地也会采用该教育体系，但是在具体的学制年龄划分上会不同于英国。具体划分为六个教育阶段（KS0~KS5）。KS3 和 KS4 是分别针对 11~14 岁和 14~16 岁的青少年的教育阶段，也是英国公民教育的核心阶段。课程指南首先明确，高质量的公民身份课程目的在于为培养完全且积极的公民提供必需的知识、技能和理解。公民身份教育应该培养学生对于民主，政府如何运作以及法律是如何被制定并发挥作用的热情和正确理解，要求学生具备批判地探索政治和社会问题的能力和需要的知识，要能够衡量有关证据的真实性、有效参与辩论，并能够合理主张自己的观点。通过公民身份教育要使学生成为负责任的公民，而且在民事领域能够意思自治，责任自负。

④ Ofsted，School inspection handbook.

⑤ Ofsted，School inspection handbook.

由此可见，英国推进基本价值观教育规范体系的基本形式特征在于：国家立法设定基本框架，教育部门发布手册和指南细化相关操作规定和内容，从而实现了原则性与操作性、自主性与规范性之间的有效平衡和统一。相较于立法，手册和指南是由非常熟悉价值观教育实践情况的行政机构制定的，具有更强的针对性和实践指导性，从而能够为学校、教师提供明确的指引。与此同时，由于手册和指南本身并不具备立法的强制性国家保障特征，对于其适用主体——教育机构而言，手册和指南的效力更多是“非强制性”的，从而给教育机构和教育者预留了一定的“自主空间”。如《〈教育法〉第五条学校检查手册》中指出的：“手册鼓励监督检查者在检查所要求标准的一致性和根据具体情况做出灵活调整之间做出平衡，因此手册不应该被视为是一系列不可改变的规则，而是指导评估检查的一系列程序规定。”①

（二）兼顾教育自主性和规范性的规范内容设定

如前文所述，推进基本价值观教育的相关规范体系需要明确教育目标并提供可行性教学建议，但是不能因此对教育的自主性造成损害。鉴于此，相关规范文件首先为英国基本价值观教育提出了明确的教学目标。《促进英国基本价值观教育纳入学校 SMSC 教育考评标准》围绕英国基本价值观内涵为基本价值观教育设定了明确的目标，强调通过价值观教育，确保学生做到以下六点：理解公民是如何能够通过民主程序影响公共决策的；尊重法律权威，认识到法治能够保护个体，对于个体安全和健康发展而言是必不可少的条件；理解行政和司法之间的分权，当警察或者是军队都需要向议会负责时，法庭是保持其司法独立的；理解选择信仰的自由是受到法律保护的；对于没有信仰或者与自己信仰相异的人应该学会接受和容忍，不能将信仰作为任何歧视或者偏见行为正当化的理由；理解建立共识和身份认同的重要性，与歧视做斗争。在明确教育目标的同时，还为学校从课程设计到课外活动提供了一系列有关推行价值观教育的可行方法和行动参考，从而满足了制度设置的规范性要求。

与此同时，《促进英国基本价值观教育纳入学校 SMSC 教育考评标准》也指出，对于以上教育目标，并不必然要求学校和个体去积极推动与自身信仰相冲突的教学、信仰和观点，相关教育目标为学校设定的义务更多的是消极性的，对学校的强制性义务聚焦于：不容许学校基于个体性的信仰、观点或者是其背景对学生个体或者是整体进行歧视。而在具体的课程和课外活动的设计上，该指南给出的建议更多地是建议学校提供机会，通过“多样的教学资源帮助学生

① Ofsted, School inspection handbook.

理解相关的价值观信仰的内涵”，从而给学校和学生都留下了自主的决策和认知空间。

对教育规范性和自主性的兼顾还同时体现在监督制度的构建过程中。由Ofsted制定的《〈教育法〉第五条学校检查手册》和《〈教育法〉第八条学校检查手册》对“学校是如何被监督检查的”和“依据什么对学校进行监督检查”进行了详细规定，通过对监督标准的明确为学校的教学提供隐性的教学指导。两本手册不仅围绕“任何人不得做自己案件的法官”“任何人在受到不当处分之前都应该享有陈述、申辩的权利”等自然正义的原则设定相关的检查监督程序，确保学校享有正当程序的权利保障，而且两本手册在手册说明中开篇就指出手册不应该被视为一系列不可改变的规则，鼓励监督检查者在检查要求的标准一致性和根据具体情况做出灵活调整之间做出平衡，这也在一定程度上带来对被检查者——学校教育自主权的尊重。按照手册的规定，对于检查使用的证据，包括学校的年度运作信息、学生作业等，都应该是学校日常运行过程中产生的，不得因为检查要求学校以特定的形式专门准备相关材料，不得因为检查而要求教师或者是学生承担额外的工作从而对正常的教学秩序构成影响。此外，手册还规定，检查监督者不得要求学校采取特定的规划、教育和评估方法，这些应该交由学校根据自身实际情况，由其管理组织自行决定。在课程规划上，尤其注意在监管与确保学校自主权之间保持平衡，强调监督者应该更多地关注学校规划的有效性而不是学校规划的具体形式。Ofsted不能为学校规划提出详细要求，不能在课程时间、教育内容上对学校提出具体要求和限制。

教育在国民经济和社会发展中起着基础性、先导性和全局性的战略作用，这就需要国家立法为教育的推进和实施提供具有方向性和原则性的指引，除此之外，教育的专业性以及对于“因材施教”的强调决定了国家立法能回应问题的有限性，其作用能否充分发挥，则从根本上取决于是否有好的教育政策。英国在推进基本价值观教育的规范体系构建中，不仅从国家立法的层面为基本价值观教育提供了合法性依据，而且为其设定了要遵循的基本法治原则和教育目标，在此基础上还通过相关教育政策来细化和落实国家立法，并在教育政策的制定中同时兼顾了教育规范性和自主性的目标，为推进学校基本价值观教育构建了科学、合理的法治规范体系。

三、基本价值观教育中的具体问题应对：从消极防御走向积极的价值对话

除了在一般规范体系设定上的思考外，英国在推进学校基本价值观教育制度建设的同时针对如何具体应对价值观领域的严峻挑战进行了探索。2011年，

英国修改后的针对恐怖主义的“预防策略”将“应对恐怖主义意识形态的挑战”作为其首要目标，可见意识形态冲突对于当下英国社会影响之深远，这也是其推行基本价值观教育的直接动因。传统政治国家主要通过军队、警察、监狱等国家机器来发挥统治职能，国家主流价值观的传递、意识形态建设常常呈现消极防守、单向灌输的特征。但是，正如葛兰西在借鉴了卢卡奇的总体观基础上强调的，意识形态具有公共性①，意识形态的生成机制不可能仅源自“自上而下”的推广，更应该注重意识形态的内部生成。一个时代的主流价值观、意识形态不是单靠外部的灌输形成的，而是在通过个人主动的智识甄别、行动和对话，使其形成科学的世界观基础上生成的。个体价值只有经过价值分享和对话，才能具有社会性，在此基础上才有可能形成共识——社会整体意义上的价值选择、判断和认同。

伴随着意识形态冲突越来越突出，英国认识到意识形态的公共性特征及其形成过程中的个体能动性。英国在将基本价值观教育纳入教育的过程中时，相关的指南和手册建议的教育策略发生了根本性的改变。在为学校提供可行性建议时，将价值分享和价值对话纳入其考量，基本的改革方向是教育内容从消极被动防御转向主动直面敏感问题，教育方法从单向灌输向对话式教育模式转变。

（一）价值观教育内容从消极防御转向主动回应

围绕英国突出的与宗教有关的意识形态问题，教育行政部门通过手册和指南给出了直面敏感问题的具体教学建议。SMSC 标准将第五项标准修改为：（学校）应该确保学生能够分辨善恶，同时遵守英格兰的民事和刑事法律。该部分之所以用民事法律和刑事法律替代了“法律”，主要是考虑到在英国当下的教育体系下，有特殊信仰偏好的学校在指代“法律”时，会有不同的指代。《有关落实 SMSC 标准的建议》开宗明义，态度鲜明地要求履行对“法治”的认同义务，该建议指出：学生的善恶观也许会有差异，对于“每一个人在法律保护之下都合法地享有的不同的信仰和观点”的理解也有不同，但是所有生活在英格兰的人民都应该服从英格兰的世俗法律。尤其强调，学校的主旨应该是支持法治的，同时学校也应该让学生家长充分地注意到这一点。

此外，英国政府通过相关的制度设置鼓励媒体及其有关的社会组织，在基本价值观教育如何开展，如何将基本价值观教育融入学校的日常管理和课程，为学校和教师提供有所助益的公共支持。例如，英国极具公共影响力的报纸《卫报》（*The Guardian*）在政府政策的支持下就专门针对一些重要的社会和政治

① 葛兰西．火与玫瑰［M］．田时纲，译．北京：人民出版社，2008：31.

议题设立了教学专题，通过专家解读、讨论以及公共讨论等方式帮助教师完成将敏感、突出的价值观议题与英国基本价值观教育相融合的教学任务。目前为止，该报纸围绕以下议题提供过有关教育资源和教学方法的讨论与支持：社会公平、英国的议会、移民问题，非裔美国人问题，LGBT 问题，政治选举问题。一些教育和基金会组织也结合不同领域的教学，为学校如何将价值观教育融入课程中提供了指南。在国家政策的鼓励下，这些社会力量的介入对于价值观教育的推动起到了举足轻重的作用。

（二）价值观教育方法向凸显教育过程的对话式转型

价值观教育实效的推进不仅需要从教育内容上直面敏感、突出的公共议题，教育方法上也必须有所变革。尽管基本价值观教育有其明确的教育目标，希望受教育者形成对于基本价值观的共识和信仰，但是教育目标的确定性和迫切性并不代表教育只能依靠单向的、灌输式的方法。信息与民主时代的到来意味着信息充分（well-informed）和审议（deliberation）是秉持正确价值观的好公民得以出现的条件。稳定的价值认知建立在社会能够为其提供可供选择的价值资源，并且确保多种价值在同一个社会中能够自由分享与充分交流的前提之下。价值分享、价值碰撞和价值辨析是健康的价值观得以产生的条件，也只有经过这样的过程产生的价值认同才是稳定的价值认同。① 从这个意义上来说，价值分享和价值对话是在多元语境下构建社会价值感、形成价值观认同的必要且重要的环节。

教育行政部门在相关的手册和指南中围绕宗教问题为学校提出教学建议和行动参考时，突出的特征就在于其凸显教育过程的对话性，通过为学生提供不同视角的信息和观点，借助价值、观点碰撞和对话的方式，让学生自主形成健康的价值观，认同基本价值观。学生的反思和批判性思维能力是政策设计的前提预设，贯穿教学设计的核心思路就在于肯定这种能力的存在和积极效应，围绕争议激烈的议题设计对话场景，注意在满足教育知识性需求的基础上，为学生提供围绕相关问题进行正反对话的常识性知识和场景，让学生通过对比反思、观点对话等方式，自主形成正确且稳固的价值观。如教育部在《促进英国基本价值观教育纳入学校 SMSC 教育考评标准》中为学校提供的围绕“民主”展开的教育方法的建议，就是采用对比式、对话式的教育方法，建议学校“通过有关资料展现民主制度所拥有的影响与优劣势所在，展示英国的法律运行状态，将英国的政府形式与其他国家的政府形式进行对比”，希望通过对比的方式，借

① 舒德森．好公民：美国公共生活史［M］．郑一卉，译．北京：北京大学出版社，2013.

助于公共对话的方式，让学生在自我甄别的基础上形成对于“民主”的价值观认知。

四、基本价值观教育的评估监督：监督的日常化与社会化

如前文所述，英国在推进基本价值观教育的规范体系设计和应对敏感问题上都有明确的制度探索，这些目标设定和措施设计体现了对于基本价值观教育应然图景的憧憬。但是，基本价值观教育能否真正在学校教育中得以推进和落实，还需要依赖有效的评估和监督，尤其是在价值观教育的推进过程中，国家对于教育自主权的尊重决定了其对推进工作的着力点更多地聚焦于外部、事后的监督。英国在推进价值观教育的时候，显然意识到了这一点。我们在梳理其推进基本价值观教育的法治规范体系时发现，国家的制度建设着力最多的是对学校的监督检查。英国对于学校推进基本价值观教育的评估和监督，整体呈现出日常化监督和依靠社会力量推进有效监督的特征。

（一）监督的日常化：多层次监督网络的构建

英国教育部下属的 Ofsted 负责对英国的教育机构是否达到 SMSC 标准进行监督检查，由于基本价值观教育属于 SMSC 标准的组成部分，因此，基本价值观教育国家层面的监管也主要是由 Ofsted 负责。[①] Ofsted 前身是皇家学校监督办公室（The office of Her Majesty's Chief Inspector of Schools in England），主要负责管理和监督儿童和青少年服务以及全年龄层次的教育和技能培训。按照英国政务官与事务官的区分标准，Ofsted 不是政务性机构（a non-ministerial department of the UK government），而是一个强调其专业性的独立和中立的事务性机构，直接向议会报告和负责，这能够在一定程度上确保其监督权力行使的独立性。Ofsted 在全英 8 个地区设有办事机构，其主要的监管方式是按照有关的法律和监督手册的规定，在法定的周期内或者是自主确定时间对全英境内上百家学校以及相关机构进行督查，同时在网上发布督查结果，从而确保英格兰境内的教育和技能培训服务达到优秀的水准。

---

① Ofsted 主要负责公立学校的监管。除了 Ofsted，还有其他的社会机构也承担起对于学校教育的监督职责。例如，英格兰就有三个独立的社会机构通过与教育部的合同授权，可以对私立学校进行监督检查，这三个独立的机构分别是 ISI（The Independent Schools Inspectorate）、SIS（Schools Inspection Service）、BSI（Bridge Schools Inspectorate），它们的工作受到 Ofsted 的监督。除却这些具有法定职权或者是获得法定授权的机构对学校的价值观教育进行监督检查，还有大量的社会企业通过特定的方式对学校的价值观教育情况进行调查，通过发布其独立调查报告的方式对学校形成社会监督。

根据《教育法》（2005）的规定，目前英国价值观教育的监督主要是通过对学校实施该法第五条规定的定期检查和第八条规定的依照裁量权提起的检查来实现的。《教育法》第五条规定的定期检查是一种常规性检查，一般是五年一次，将对学校的整体教育状况进行全面综合的评估。而第八条则授权 Ofsted 的首席监察官依据其裁量权基于特定目的实施定期检查以外的检查，第八条同时赋予了教育大臣申请要求首席监察官对任何学校或者是学校里的任何班级进行监督检查的权力。① 因此，第八条规定的依据裁量权启动的检查，相较第五条规定的定期常规检查而言，具有针对性更强、灵活性更强等特征。无论是定期检查还是依据裁量权启动的检查，都有着严格的法定程序规定，这些程序规定在带来权利保障的同时也导致了日常监督启动的复杂性。因此，为了确保对学校教育监督的日常化，按照《〈教育法〉第五条学校检查手册》和《〈教育法〉第八条学校检查手册》的相关规定，在定期检查和依据裁量权启动的检查之外，以 Ofsted 为代表的监督机构还可以通过风险评估、短期检查、非正式检查（no formal designation inspection）、突击检查等方式对学校进行日常化的监督。例如，公立的小学和中学以及学术机构在依据《教育法》第五条实施的整体有效性的评估检查中如果被判定为“优秀”，当风险评估显示相关学校的学生在学术表现上或者整体表现上下滑，这些被评级“优秀”的学校将被进行依据《教育法》第八条实施非正式检查。如果在检查的过程中，检查组长认为学校的整体表现已经不再符合“优秀”的标准，那么检查组长可以决定对该校进行依据《教育法》第五条实施的正式检查。

多种检查方式在启动条件、运行程序和影响上的差异，使其构建的监督网

① 《教育法》第一章第八条规定：其他的检查（1）如果教育大臣提出要求，首席监察官必须检查特定学校或者是班级，并提交相应的报告。（2）即使没有第五条法律规定的授权，首席监察官可以对英格兰境内的任何学校实施其认为必要的检查。（3）如果首席监察官是受到有关学校监管机构的委托实施检查，首席监察官可以向有关机构收取必要的费用。（4）“有关监管机构”的定义参见本章第六节的规定。第八条的检查一般适用于以下情况：对于在上一轮的依据第五条实施的常规检查中被定位为合格以及被定级为优秀但是却未免除常规检查的学校所实施的短期检查。合格的学校适用的是每四年一次的仅仅为期一天的短期检查，但是有的被评级为合格的学校，依旧适用的是依据第五条实施的常规检查，学校经历了很重要的变化，比如学校的招生年龄层次变化，或者在风险评估中学校被认为教学质量显著下降。特殊学校（pupil referral units），公立的幼儿园即使被评级为优秀，依旧不得从常规检查中排除出去。对于被定级为“有待提高”的学校所实施的监控检查、对于被定级为“存在严重不足”的学校所实施的监控检查、对于被定级为“需要采取特别措施”的学校实施的监控检查、在其他情况下进行的“依据第八条所实施的非正式指派检查”（section 8 no formal designation inspection）。

络适应了监督灵活性的需求，能够适应不同情况下的监管要求，同时节省了行政资源。更重要的是，多层次的监督网络确保了监督的日常化。日常化的监管能够确保及时发现问题，通过报告建议及时帮助学校矫正有关问题。当然，这种日常化的监督必须建立在对学校的教育自主权充分尊重的基础上，必须在有效监督和充分发挥学校积极性和主动性之间寻求平衡。

（二）监督中的治理：社会力量对价值观教育的监督

教育行政机构通过多种监督方法构建的国家层面的多层次监督网络，能够适应不同情况对于价值观教育推进情况的监督要求，有效推进价值观教育目标的实现。但是，单纯依靠国家层面的监督，一方面，教育行政部门监管能力的有限性决定了其监督必然存在相关的盲点；另一方面，单纯依靠“自上而下”的单向监督会导致教育过度关注官僚层面的规范要求，脱离社会现实对于教育的需求。鉴于此，英国在构建基本价值观教育监督体系时，为社会参与到对学校的监督中预留了制度空间。实践也证明，社会力量在推进英国学校价值观教育的发展中发挥了积极的效用。

Ofsted 在结束定期检查和依据裁量权提起的检查之后，会依照法律的规定在网上公布每次对学校进行检查的报告。除此之外，Ofsted 还在网上开通在线调查，随时接收家长的反馈意见。这一网上调查是随时可以进行的，并不必然受是否对学校进行监督检查的时间限制。但是，在对学校进行监督检查期间，Ofsted 会给被检查学校的家长发送专门的通知信，希望他们配合检查并通过网站提交网上问卷反馈有关学校表现的信息。根据这些网上公开收集的信息和问卷结果，Ofsted 一年将出版三次报告，向有关学校、家长和社会公开最新的有关学校教育情况的信息。目前，网站上公布的最新报告，报告不仅围绕十二个核心问题①对公立学校的整体情况做了报告，还围绕这十二个问题对公立学校和私立学校的情况进行了对比，尤其重要的是，报告对不同阶段（托儿所、小学、中学、特殊学校、转读学校）和不同行政区域（英格兰东部、伦敦、东北部、约克湾和亨伯、西北、东南、西南、中土西部）的每所学校的最近一次检查评估

---

① 十二个问题分别是：Q1. My child is happy at this school；Q2. My child feels safe at this school；Q3. My child makes good progress at this school；Q4. My child is well looked after at this school；Q5. My child is taught well at this school；Q6. My child receives appropriate homework for their age；Q7. This school makes sure its pupils are well behaved；Q8. This school deals effectively with bullying；Q9. This school is well led and managed；Q10. This school responds well to any concerns I raise；Q11. I receive valuable information from the school about my child's progress；Q12. Would you recommend this school to another parent?

状况都予以公开，任何组织和个人都可以在网站上查找到对于每所学校的教育状况的评估结果。网上的调查结果不仅将作为 Ofsted 决定哪些学校应该受到重点监察、什么时候进行监督检查的重要依据，从而为科学的行政决策提供强有力的实证支持，而且可以成为家长、监护人在做有关教育决定时可以参考的重要信息。问卷分析成为政府信息公开的重要途径，进而形成对政府、学校工作的有效监督。尤其对于学校而言，公共评价形成的社会声誉和信誉会直接对学校的运营产生直接且强有力的影响，其约束力远远超出了国家层面的行政监管产生的影响。

如上所述，Ofsted 主要负责公立学校的监管。① 除了 Ofsted 外，对于学校教育的监督职责很多是通过法律授权，由活跃的社会组织承担的，例如，私立学校的监督检查就是由三个独立的社会机构，通过依法与教育部的合同授权进行的。除却这些具有法定职权或者是获得法定授权的机构对学校的价值观教育进行监督检查，还有大量的社会企业（NPO）也会通过特定的方式对学校的价值观教育情况进行调查，通过发布独立调查报告的方式对学校形成社会监督。比如，The Key for School Governors 就是对基本价值观教育产生积极影响的社会企业之一。这是一家成立于 2011 年的国内信息服务企业，负责提供与学校管理有关的运行状况，包括即时报告、评估模板、专家洞见和案例分析，并且通过定期的信息发布及其他方式为学校管理者、家长和政府提供与学校教育相关的指导、观点和处理方案。这一企业自 2015 年就开始通过自行设计的评估问卷，对有关学校推行英国基本价值观教育情况进行调查并最终形成调查报告供社会参阅。②

现代治理理念的特别之处在于，承认国家监管优势的同时，也看到了具有自我意识的社会在公共服务供给中蕴含的巨大可能与力量所在。英国在围绕教育的评估和监督进行的制度设计和实践中，除却依靠以 Ofsted 为代表的正式国家机构的力量，还借力于公众和社会组织的力量对基本价值观教育进行监督，尤其是借助互联网的信息收集和信息公开形成的社会监督力量，监督效果显著，从而形成了一个国家与社会力量共同构建的多层次的有效监督网络。

---

① 公立学校包括：社区、基金会支持的志愿性学校，社区和基金会支持的特殊学校，公立的幼儿园，学术机构，城市技术学院，城市艺术学院，依据 1996 年《教育法》第 342 条批准设立的特殊学校。

② 有关 The Key for School Governors 的设计问卷及其报告参见其网站，https：//schoolgovernors. thekeysupport. com/school - improvement - and - strategy/strategic - planning/values - ethos/promoting-british-values-in-schools/。

五、给予我们的启示

英国基本价值观教育推行至今，尽管各界对其评价不一，甚至批评声不断，但是其推进学校基本价值观教育的制度构建和实践不乏可圈可点之处，除却对正当程序、权利保障等传统的法治原则的遵循，其在制度建构过程中，对“国家在推进价值观教育的过程中如何应对共同体规范与个人自主之间的张力，如何确保国家教育目标的实现与个人自主、教育自主之间的平衡”这一基本法治问题的关注和回应，对于我国探索推进社会主义核心价值观教育的法治化路径具有积极的借鉴和反思意义。

伴随着现代社会对于“每一个人都是值得尊重的个体”这一理念的倡导，解构了先在的正义观，从而出现了一个自然法的陨落的过程，现代公共理性自此经历了从大写单数的理性（Reason）到小写多数的理由（reasons）的演化过程。从 Reason 到 reasons 的意涵表明价值认同的背景从单一走向多元，价值认同的过程从独白走向对话乃至冲突，基本/核心价值观教育的时代价值进一步凸显。如何有效推进价值观教育，面对诸多的价值冲突促成更多的相互理解和共识，成为各国国民教育需要共同面对的问题，这也构成了我国提出和倡导社会主义核心价值观教育的现实背景。2013 年 12 月 23 日，中共中央办公厅印发的《关于培育和践行社会主义核心价值观的意见》要求把社会主义核心价值观纳入国民教育总体规划，贯穿基础教育、高等教育、职业技术教育、成人教育各领域，自此，社会主义核心价值观被正式纳入国民教育体系。2018 年 3 月 11 日，十三届全国人大一次会议通过了对现行宪法的第五次修正，本次修改的重要内容之一就是在《宪法》第二十四条内容中增加“国家倡导社会主义核心价值观”，使其上升为国家意志，同时意味着社会主义核心价值观教育的推进被纳入法治化的路径。

在一个剧烈变革的时代，有关一切领域的蓝图设想和制度设计都会更多地聚焦于宏观的体系，但是教育区别于一切的其他领域，教育是有关人本身的事业，就教育的本质而言，是把对世界的感受和理解注入受教育者身上的过程，这个过程无法强制地植入或者灌输，而是依赖每个受教育者的自由感受、思考和行动，关切个体意义世界的价值观教育尤其如此。苏格拉底认为，教育者自己构想的学说并不是教育，教育是借助于教育方法让街上的人自己产生思考和思想，教育天然是人与人之间的工作。如何在多元文化占据主导的民主化和全球化背景下有效推进价值观教育，不仅需要整体性目标的设定和统一教育计划的展开，更需要关注教育过程中每个具体的人，关切个体的差异和分歧，教育的目标才有可能实现，价值观的共识才有可能形成。

事实上，无论建国的首要原则和国家性质有什么样的差异，面对个体自主和共同体生活之间的张力，通过价值观教育防止多元主义向相对主义、极端主义的消极转化，以基本/核心价值观引领社会思潮、凝聚共识构成了现代国家国民教育共同的责任和目标。与此同时，价值观教育如何在有效促进共识和认同生成的同时，不被标签化为“价值说教”，对教育自主、个体自觉构成不利的影响，这也成为现代国家价值观教育要共同面对的问题和努力实现的目标。

第七专题 西方主要国家执政党对价值观教育的影响路径

世界各国政党本质上是国内特定阶级利益的集中代表，是特定阶级政治力量中的领导力量，是由各阶级的政治中坚分子为了夺取或巩固国家政权而组成的政治组织。① 各国政党尤其是执政党与国家兴衰关系密切，政党政治的兴衰同样决定着教育的发展与进步。事实证明，教育不可能摆脱政党的政治活动而单独运行，政党活动对教育产生直接或间接的影响，使教育活动具有政治属性。作为教育重要组成部分的价值观教育，更是与政党的政治活动、意识形态和教育主张密切相关。西方主要国家的价值观教育实际融合在各国的公民教育或品格教育中，公民教育或品格教育的最终目标同样是传授价值观，从根本上都是促使公民的政治社会化和提高公民政治意识的必由之路。② 在任何国家，价值观教育对其政党、政府和国民来说都很重要，价值观教育可以使民众做好履行国民义务和实现国家目标的准备；价值观教育也是政党传播其意识形态的重要依靠，是政党价值观念和意识形态的重要体现和象征。目前，学界对二者的关系已有关注，但关于政党，尤其是执政党对于价值观教育的影响路径研究则比较缺乏，厘清执政党影响价值观教育的路径对于认识和把握价值观教育有着重要意义。本书的着眼点即在于探讨西方主要国家执政党对价值观教育的影响路径。

一、西方国家执政党的价值观教育目标趋同而影响路径多样化

(一) 西方国家执政党对价值观教育普遍重视且目标趋同

在当前主要西方国家，近几十年来价值观教育的重要性被执政党重视，不论是哪个政党执政都格外看重价值观教育的地位和作用。例如，美国自从 20 世纪 90 年代以来，不论是共和党还是民主党执政，都不断强化价值观教育在培养有道德感和社会责任感的公民中的重要作用，越来越多的美国高校参加到围绕公民价值观、学校教育、公共问题的教育活动中，并形成一股重振价值观教育

① 王浦劬．政治学基础［M］．北京：北京大学出版社，2005：213.

② BERKOWITZ M W. What Works in Values Education? ［J］. International Journal of Educational Research，2011，50（3）：153-158.

的强劲势头。[①]美国公立中小学对价值观教育的重视有增无减，20 世纪初的品格教育运动作为培养青少年道德观念和行为的手段，吸引了 48 个州的学校参与其中。[②] 近年来，美国对爱国主义教育更加重视，2020 年 9 月，特朗普总统指责学校向学生灌输"关于这个国家的仇恨谎言"，并表示他将采取措施"恢复爱国主义教育"，将签署行政命令创建"支持爱国主义教育的国家委员会"，专门拨款为学校创建爱国主义课程，"我们的年轻人将被教导要全心全意地热爱美国"[③]。

在以色列，不论是工党、前进党还是利库德集团执政，价值观教育都是大中小学生的必修课程，教育部门要求学生学习、了解和理解以色列的基本价值观，其价值观教育目标是塑造人们良好的公民意识和对公共生活的适当参与。[④]

近年来，英国、德国、澳大利亚等国家对价值观教育的重视程度持续提高，纷纷制定和出台多样化的价值观教育法案或计划，推动价值观教育从非政治化取向往政治化取向转型，并根据国际、国内形势和学生状况不断调整。[⑤] 英国教育部、Ofsted、伯明翰市议会等官方机构共进行了四次调查。Ofsted 在审查伯明翰的 21 所学校后，对其中 6 所实施特别措施，另有 12 所学校被要求整改。在此基础上，英国提出"不列颠基本价值观"（British Values），要求英国所有中小学都要弘扬英国价值观。又因其原定的价值观教育中有与宗教教育相关的内容而得到特别重视，价值观教育内容也相应扩展至包含价值观相关法律法案、反对极端宗教主义、个人自由、反性别歧视等。事实上，英国执政党对其价值观的担心和忧虑在此事件之前就可见端倪，此前在工党政府执政的十三年间，推行英国价值观就已成为执政党的一项重要政策。1998 年英国发布的《科瑞克报告》、2000 年推行的《公民教育计划》等，都是英国执政党推行价值观教育的

---

① STEPHENS J M, COLBY A, EHRLICH T, et al. Higher Education and the Development of Moral and Civic Responsibility: Vision and Practice in Three Contexts [D]. Paper presented at the Annual Meeting of the American Educational Research Association, 2002: 1-24.

② HUDD S S. Character Education in Contemporary America: McMorals? [J]. Taboo: The Journal of Culture and Education, 2004, 8 (8): 478-487.

③ 环球时报．特朗普计划"恢复爱国主义教育"，将教导学生全心全意热爱美国［EB/OL］．（2020-09-18）［2022-10-08］. https://new.qq.com/omn/20200918/20200918A0FO4L00.html.

④ DAVIDOVITCH N, SOEN D. Teaching Civics and Instilling Democratic Values in Israeli High School Students: The Duality of National and Universal Aspects [J]. Journal of International Education Research (JIER), 2015, 11 (1), 7-19

⑤ STARKEY H. Fundamental British Values and Citizenship Education: Tensions between National and Global Perspectives [J]. Geografiska Annaler, 2018, 100 (2): 1-14.

努力和举措。

（二）西方国家执政党对价值观教育的影响路径呈现多样化特点

由于每个国家的政党类型和政党制度不同，其政党权力与功能等方面存在着程度和水平差异，同时每个执政党的意识形态、教育观念、历史背景以及面临国内外形势的不同，其对价值观教育的诉求和影响同样存在差异。因此，西方国家执政党在影响价值观教育的方式和路径方面呈现出多样化的特点，不同国家之间存在着较大区别。主要表现在以下方面。

1. 多样的政党类型塑造价值观教育影响路径的多样化

世界上的政党类型多种多样，按照是否具有执政地位，政党通常分为执政党和在野党（或反对党）；按照国家性质，政党可以划分为资本主义国家政党和社会主义国家政党等。①政党通常是现代国家中有着特定政治理念的社会团体，它们有着特定的政治目标和意识形态，针对国家和社会问题有各自的主张。不同政党有着各自的政治理念和意识形态，代表的阶层和利益不尽相同，其对价值观教育的影响路径也有不同。但在任何国家，执政党对价值观教育的影响都较在野党或反对党大得多。

2. 不同政党制度造成价值观教育决策过程和影响方式迥异

乔万尼·萨托利（Giovanni Sartori）认为，政党制度是国家中相关政党之间较为稳定的互动模式，这种模式实际上是一种互动类型。② 当前，西方主要国家的政党制度可以分为两党制和多党制，两党制以美国和英国为代表，多党制以法国为代表。各国政党制度非常复杂，有时即使两个国家表面上都是两党制，也仍有区别。比如，美国和英国的政党制度都是两党制，但美国的政党结构灵活，权力分散，缺乏纪律，每个政党都无法保证稳定的立法多数席位。为了使有关预算或立法通过，执政党不得不承担着不断结盟和妥协的任务。而英国两党制相对结构僵化，权力集中，党纪严明，在议会选举方面有明确的纪律要求，在每次重要的投票中，所有党员都必须集体投票，严格遵守集体同意或党的领导人的指示。因此，英国政党在通过具体法案或立法方面，更多需要应对党内批评和反对。英国执政党实际上发挥了立法机构和政府的功能，执政党提出的立法和法案很可能被采纳。而两党制与多党制的运作方式的差异则更大。这种政党制度的差异最终会在影响价值观教育的相关法律、政策和具体措施制定等

① 周淑真．政党和政党制度比较研究［M］．北京：人民出版社，2001：156.

② ZIM，NWOKORA，RICCARDO，et al. Measuring Party System Change：A Systems Perspective［J］．Political Studies，2017，66（1）：100-118.

方面造成相当大的差异。

3. 政党权力和功能不同对价值观教育产生不同程度的影响

政党尤其是执政党具有诸多政治功能，可以制定纲领和政策，影响国家和社会的发展，同时政党要能够进行政治整合，与其他政治力量共同维护社会稳定。政党行使权力都是通过组建政府进行的，在西方主要国家，执政党通过组建政府或联合政府，制定有利于自身利益或支持所在政党的政策，并组织和说服选民选举它们的候选人担任公职。① 另外，执政党参与各级政府的运作，执政党成员广泛分布且渗透在各级政府和各类组织中，对政府部门决策和具体政策的制定影响直接且深远，在教育领域同样如此。因此，政党在价值观教育领域功能的发挥，最重要的前提是获得执政权力。在政府各部门中，执政党的基本目的是提名政府公职候选人，并使尽可能多的党内成员当选。一旦当选，这些政府官员就可以通过制定政策和开展项目行动等多样化的具体措施实现本党的价值观教育目标。

需要看到的是，虽然各国间政党类型和政党制度并非一致，导致其对价值观教育影响的路径和形式有差别，但是有共性特点，如都具有政治和意识形态的属性。政党的意识形态、教育理念、方针政策等通过公开或隐秘的方式，透过价值观教育向青年学生施加影响，促使他们形成适合于本国国情的政党知识和政党认同，并最终达到培养符合其要求的公民目标。

二、西方国家执政党对价值观教育的具体影响路径分析

西方国家执政党对价值观教育的重视程度，并不会因其政党制度的差异而有所不同。在各个国家大力推行价值观教育的背后，执政党发挥了决定性的作用。执政党对价值观教育的影响路径和侧重点呈现多样化特点，但并非无迹可寻，这些路径在本质上仍具有相似性或共通性。当前，世界各国执政党影响价值观教育的路径主要有以下方面。

（一）执政党推动价值观教育立法和相关法案出台

西方国家执政党影响价值观教育的最为根本的途径，是通过制定和推动相关法律（Law）或法案（Act）的出台，从根本上确定政党对价值观教育影响的合法性，这也是世界上主要国家最普遍采取的保证价值观教育有效性的影响路

---

① CLIFFSNOTES. The Functions of Political Parties [EB/OL]. (2020-05-13) [2022-10-08]. https://www.cliffsnotes.com/study-guides/american-government/political-parties/the-functions-of-political-parties.

径。价值观教育法律或法案的重要性不言而喻，它是确保国家价值观教育活动正常开展的界限和基础。而任何价值观教育法律或法案的出台，其背后都渗透着执政党价值观的影响。具体来说，执政党对价值观教育立法和法案的影响表征为以下三个方面。

1. 政党价值观渗入价值观教育法律或法案

西方国家政党通过推动教育立法和法案制定价值观教育的发展蓝图，而这些法律和法案的本身即渗透着政党的价值观。政党价值观对价值观教育的影响最为直接，特别是执政党制定的关于其正规和非正规价值观教育活动的立法和法案，更是影响着学生价值观的形成。① 实际上，制定价值观教育法律和法案也是政党价值观输出的过程。各国政党在参与制定价值观教育立法、法规或法案时，会以不同的价值观立场介入其制定过程，各政党的价值观由此影响着价值观教育法案、法规和法律的价值取向。奥斯陆大学容布卢特教授通过评估政党政策立场差异和政策输出的差别，来研究政党在教育法律和政策变化中的作用，发现政党立场对教育立法或政策的影响是全方位的。② 相较于一般教育立法，执政党对价值观教育立法的影响更直接和更深远。以美国为例，美国共和党和民主党之间的政党价值观和政治主张明显呈现两极化特点。③ 人们经常把美国划分为红色州和蓝色州两种，红色州代表共和党，它们侧重于执行传统价值观，敬畏上帝、反对堕胎、反对大政府和同性婚姻；蓝色州代表民主党，它们提倡社会自由、平权行动、政治正确、支持堕胎和同性恋。这些显而易见的价值观主张会渗透到政党执政时期的价值观教育相关法律和法案制定中。2019 年，美国一些共和党州陆续通过了对堕胎进行严格限制的法律，并引发了有关女性堕胎权的激烈争议。与这些共和党州针锋相对的是，由民主党控制的伊利诺伊州和内华达州却通过了保护女性堕胎权利的法案。④ 在由民主党和共和党控制的不同

---

① BANGWAYO-SKEETE P F, RAHIM A H, ZIKHALI P. Does Education Engender Cultural Values that Matter for Economic Growth?［J］. Journal of Socio-Economics, 2011, 40 (2): 163-171.

② JUNGBLUT J. Bringing Political Parties into the Picture: a Two-Dimensional Analytical Framework for Higher Education Policy［J］. Higher Education, 2015, 69 (5): 867-882.

③ WESTFALL J, VAN BOVEN L, CHAMBERS J R, et al. Perceiving Political Polarization in the United States: Party Identity Strength and Attitude Extremity Exacerbate the Perceived Partisan Divide［J］. Perspectives on Psychological Science, 2015, 10 (2): 145-158.

④ 观察者网. 与禁堕胎州针锋相对，美国两民主党州通过支持堕胎法案［EB/OL］.(2019-06-02)［2022-10-09］https://www.guancha.cn/internation/2019_06_02_504079.shtml.

州内，对女性自我保护和堕胎观念的教育由此产生巨大差异。

2. 政党之间的斗争和妥协推动价值观教育法律或法案出台

西方国家执政党最终出台的价值观教育法律或法案，往往是执政党内部和在野党之间相互妥协之后的产物，即价值观教育的培养目标、方式和内容等，从总体上是执政党和在野党能够在各自立场上共同接受的产物，带有相对中立性的色彩。比如，价值观教育培养目标，各国无不以培养本国合格公民作为主要目标，这些目标能够为各政党所接受。对于执政党来说，要能够赢得在野党对本党所提法案的认同，必须在制定价值观教育法案时，充分考虑其他党派的诉求和选民的意见。

以美国为例，美国任何教育法律或法案出台的过程都要经历提出议案、委员会审议、众议院全院辩论和表决、参议院审议和通过、两院协商及总统签署法案等几个阶段。虽然包括价值观教育法案在内的任何提案只能由国会议员提出，但最终能否通过要经过众议院辩论和表决，以及两党协商。美国国会、参议院和众议院皆由共和党和民主党成员构成，并由不同政党把持，这样法案或法律出台的背后事实上充满了两党价值观之间的博弈，否则极难通过。比如，美国价值观教育和品格教育历史上具有广泛影响力的法案《不让一个孩子掉队》法案、《每一个学生成功法案》《更好的方式：我们的向上流动愿景》等，都是参议院、众议院代表的政党之间相互冲突和妥协之后的产物，渗透了两大政党各自的价值观。包括联邦教育法、《每一个学生成功法案》等法律、法案出台的背后，反映出美国两党和公民对于教育和其他社会政策的根本目的存在着深刻分歧，如共和党主张公平教育理念，试图培养学生传统价值观，而民主党主张自由竞争，更注重培养学生个性和能力。许多重要的政策和法案辩论实质是围绕价值观问题的辩论，有时两党之间价值观差异之大，已经到了无法通过呼吁对话来得到解决的地步，两党之间制定教育和其他社会政策和法案时，不得不开始注重以证据为基础，以此来平衡和消除政党价值观之间的差异，帮助减少政党意识形态之间的辩论，并对联邦行政部门、州和地方的选择提供有意义的限制。① 价值观教育法案和法律出台背后两党价值观之间的斗争和妥协由此可见一斑。

3. 执政党通过法律和法案规定价值观教育的目标和内容

西方国家执政党通过教育立法或法案的方式，对价值观教育的目标、形式

① PASACHOFF E. Two Cheers for Evidence：Law，Research，and Values in Education Policy-making and Beyond［J］. Columbia Law Review，2017，117（7）：1933-1972.

和内容予以法律规定，这些法律或法案既可以为价值观教育的开展提供法律依据，也保障了政党意识形态通过教育予以传递的可能性。比如，英国在《1988年教育改革法》制定的国家课程中规定，学校必须开设“个人、社会、健康与经济教育”课程（PSHE 课程），希望帮助学生在心理、生理、文化、价值观等诸多层面获得均衡发展。英国教育法案或立法会根据国家实际需要，对包括价值观教育在内的教育法案或法律进行修订，比如，近几年便修订了《高等教育和研究法》《技术和继续教育法》《英国教育法》等十几部法律。① 在 2014 年出台最新的《英国教育法》中再次提及 PSHE 是教育的重要组成部分，所有学校都要实践 PSHE 教育，并要求每所学校构建起对国家课程中关于毒品教育、经济教育、性与关系教育的具体指导方案。其他西方国家也是如此，20 世纪 60 年代，德国执政党通过立法和法案推动“政治养成”教育，从宪法和法律的高度对政治教育做出相关规定，培养学生的政治观念，并将政治教育纳入国家政治体系和政府的公共职能，要求联邦政府和各州政府都要设置政治养成教育中心，学校必须开设政治教育必修课，培养人们的政治意识和政治判断的能力，引导人们认定自由民主制度的基本价值。②

（二）执政党推动政党教育政见转化为价值观教育政策

教育立法或法案可以为价值观教育活动的开展提供根本的法律依据和宏观指引，但在具体层面上，政党对价值观教育的影响更多的是通过确定价值观教育政策的方式进行。教育政策是一个政党或国家为实现一定时期的教育任务而制定的行为准则，是国家制定和颁发的教育方针、法律、纲要、决定、通知、规划、规定、意见、办法、条例、规程、细则、纪要等各种文件的总称。③ 教育政策主导着国家整体教育的发展与走向，有关价值观教育的政策则会影响价值观教育的发展与走向。执政党在将教育政见转化为教育政策时，会受到政党内外因素的影响。内部因素主要是政党内部机制和政党特定的教育立场和意识形态等方面，外部因素主要是现时社会、文化、经济、科技与国际因素等方面。

1. 执政党的教育政见影响价值观教育政策的制定

教育政策往往通过一整套规章制度来规范一个国家的教育系统，如教学、

---

① 英国立法机构官方网站［EB/OL］．（2020-01-30）［2022-10-08］．http：//www. legislation. gov. uk/all？ title=Education%20Act.

② 吴广庆．德国政治教育的实践特色及其启示［J］．理论月刊，2012（4）：183-185.

③ UKESSAYS. The Dominant Ideologies Shaping Educational Policies Politics Essay［EB/OL］．（2018-11-01）［2022-10-08］. https：//www. ukessays. com/essays/politics/the-dominant-ideologies-shaping-educational-policies-politics-essay. php？ vref=1.

课程、评估等教育环节。教育政策的制定和实施，同其他国家政策一样，涉及不同的政策行动者，主要包括政治领导人、行政部门和教育专业人员。在这些政策相关人员中，尤以政党精英影响最大，他们在不同行政层级的政策制定和执行过程中，往往具有较大的影响力，在制定教育政策时会不可避免考虑其政治意识形态。需要注意的是，由于政党成员或议会议员在意识形态上比选民更极端、更自由，在制定教育政策时，其意识形态的影响更大。[①] 执政党会利用其执政优势，将政党政见转化为价值观教育政策。在政党轮换时，新的执政党又会在其教育政见的推动下制定新的价值观教育政策。有的政党特别重视价值观教育，会提出非常多的价值观教育议题；有的则只将教育议题列在其他议题之下。

政党政见对包括价值观教育在内的教育政策的影响在很多时候是被低估的。英国学者波恩对英国政党影响地方政策变化进行了研究。结果表明，虽然在大多数情况下，政党变量的影响不是很大，但是有充分证据表明，政党影响力被大大低估，人们对政党政治和政党影响的认识是肤浅的，政党的影响力事实上超乎想象得大。[②] 执政党会通过各种方式将政党转化为教育政策，进而巩固自身政党地位。事实上，政党教育政见转化为价值观教育政策的表现形式有很多，大到价值观教育战略或发展计划，小到开展具体价值观教育活动等，都可以纳入教育政策范围。比如，对高等教育的讨论和政策制定时，如何定性高等教育需要执政党进行确定，到底是将高等教育看成是公共利益还是私人利益，教育政策制定的初衷和目的究竟是什么，这些都和政党价值观息息相关，关于这一领域经常会出现执政党和反对党的争辩。[③] 不过，近年来，许多国家执政党采用国家高等教育战略、政策或发展计划等形式，制定了国家价值观教育目标，面向高校学生普及和推广其价值观。

2. 执政党发挥价值观教育政策对教育机构的治理作用

教育政策是执政党和政府对教育领域进行治理的主要手段。政党在价值观教育政策形成过程中，一般扮演的是发起者角色，其后由政府教育部门和教育

---

① BELCHIOR, ANA, MARIA. Policy Congruence in Europe: Testing Three Causal Models at the Individual, Party and Party System Levels [J]. Portuguese Journal of Social Science, 2013, 12 (3): 341-360.

② BOYNE G A. Assessing Party Effects on Local Policies: A Quarter Century of Progress or Eternal Recurrence? [J]. Political Studies, 1996, 44 (2): 232-252.

③ HENRIETA, ANIOARA, SERBAN. Reimagining Democratic Societies: A New Era of Personal and Social Responsibility [J]. European Journal of Higher Education, 2013, 8: 299-304.

机构执行。当前，西方国家执政党较以往愈加重视价值观教育政策对教育机构的治理作用，通过制定具体价值观教育政策实现执政党对教育机构在价值观教育领域的引导和治理。许多国家不断强化高校在价值观教育方面的作用，在支持高校自治的同时，利用各种教育政策和机制确保高等教育与国家目标之间更密切的结合，有力地引导和治理高等教育机构。

当前，欧盟国家、美国、英国等在高等教育机构治理方面采取的价值观教育政策和措施主要有两个。一是强化对高校的问责和治理。如欧盟现代化议程强调问责、透明度和对比性，强调政府对高校落实价值观教育的责任、经费管理和措施的透明度以及对比以往做法的有效性。美国高等教育未来委员会也采取了类似的政策，在高校推行教育记分卡和大学仪表盘（College Dashboard）等行动，审查高校价值观教育的有效性，即使是传统的同行评审认证也受到了严格审查。英国政府则在高等教育的管理架构里引入了研究评估工具（RAE/REF）、教学工具（TEF）和知识转移工具（KEF）。二是采用业绩协定或合同契约制的政策工具，确定适当的价值观教育业绩管理和指标，以便更好地使高等教育机构与国家目标相一致，主要国家有爱尔兰、荷兰、芬兰和新西兰等。这些国家都引入了基于绩效的高等教育资助模式，政府教育部或其机构和高校之间围绕一系列价值观教育目标和绩效目标进行讨论或“谈判”，采取开放式或限定式的协商机制达成。① 高等教育机构只有达到协定的目标才能获得政府财政支持。政府教育部门与高等教育机构确定价值观教育目标或业绩的过程，亦是执政党贯彻其政党价值观的过程。

（三）执政党推动价值观教育改革以适应发展需要

西方国家的价值观教育改革基本上由执政党推动，价值观教育改革是在国际形势、国内形势、学生状况、制度环境等因素相互作用影响下的产物。一般来说，执政党都会通过推动价值观教育改革适应发展需要，但新旧执政党考虑的要素各有差别。佐治亚大学德布雷（Debray）教授认为，新的执政党在进行价值观教育改革时，会受到制度环境中三个因素的影响，第一个因素是传统党派政治的作用；第二个因素是是否有新的参与者进入教育政策制定领域，如利

---

① EA HAZELKORN. Public Goods and Public Policy：What Is Public Good，and Who and What Decides？［J］. Higher Education：The International Journal of Higher Education Research，2019，78（2）：257-271.

益集团或智库；第三个因素是历史上是否有支持教育改革的传统联盟。① 如果执政党组建的政府面临的党派政治倾向于统一，有新的利益集团或智库参与价值观教育政策的制定，历史上有过支持价值观教育改革的联盟，那么新的执政党更容易推动价值观教育改革。但更多时候，价值观教育改革会遇到很多阻碍，需要经执政党和反对党之间的斗争和妥协达成。

1. 不同政党通过斗争和妥协实现价值观教育改革

在不同政党为了赢得选举而进行的各项努力中，推动教育改革的承诺成为政党赢得选举的重要举措。反对党为了在选举中获胜，都会提出对原有教育进行改革的口号，并将其纳入竞选纲领。而对于执政党来说，同样需要不断推动教育改革，确保原有的教育法案和教育政策根据国内外形势不断发展；否则，很可能被新执政党超越和取代。政党在取得执政地位后，需要在执政过程中落实关于教育的竞选纲领。而在价值观教育的法律、法案、纲领或政策制定和出台过程中，不可避免地会遭遇反对党的攻击和批评，可以说能否顺利推动教育改革是执政党与反对党相互斗争和妥协的产物。

例如，在美国两党轮换期间，价值观教育领域充满了改革的氛围。美国两党对对方价值观教育的攻击在竞选和执政期间始终不会消停。美国学者德布雷和霍克（Hawke）统计了 8 次美国政党轮替前后执政党教育政策主张的变革程度，发现从 20 世纪 80 年代开始，不管是哪个政党执政，都在政党纲领中明显增加了教育政策改革主张的比重，前后执政党的教育政策主张出现了 3 次差异性程度较高的变革，其中相当一部分都与价值观教育改革相关。② 但不是说价值观教育改革都是完全摒弃以往执政党的做法，在斗争和批判中同样也有妥协的存在。有学者注意到美国的政策制定者多年来达成了一项协议，即“华盛顿共识”，这项共识认为美国的学校正处于“危机”之中，只有一个标准、测试和问责制的惩罚性计划才能弥补这一危机。共和党和民主党都接受了这种说法，并都将其纳入自己的政党纲领，从而在相当长的时间里两党都积极推行和改进品格教育。③ 共和党小布什总统上台之后推行的《不让一个孩子掉队》法案，明

① DEBRAY E, HOUCK E A. A Narrow Path through the Broad Middle: Mapping Institutional Considerations for ESEA Reauthorization [J]. Peabody Journal of Education, 2011, 86 (3): 319-337.

② 何伟强. 美国政党轮替对教育政策变革的可能性影响：基于“二战”后历届执政党政党纲领中教育政策主张的历史比较分析 [J]. 比较教育研究，2010，32 (4)：52-56.

③ BRYANT J. Political Parties Present Clear Choices For Education In 2016 - So Far [EB/OL] (2015-06-18) [2022-10-09]. https://ourfuture.org/20150618/political-parties-present-clear-choices-for-education-in-2016-so-far.

确提出“加强品格教育，培养优良品格”的教育目标，要求建立“远离毒品、酒精、香烟的校园环境”和“要增加用于品德教育的拨款，培训教师，增加品德教育方面的课程与活动”的具体指导性方案，旨在提高学生学业成就，灌输坚定品格和公民精神，改进教育教学质量；另外，小布什总统为解决美国城市中以信仰为基础的学校越来越少的问题，推动了信仰教育在贫民学校的推广，通过增加经费、加强师资建设等方式，确保宗教信仰教育的大力推行。① 民主党奥巴马总统执政时期，颁布《每一个学生成功法案》针对小布什时期品格教育法案的弊端，专门设立“品格和公民教育办公室”，用以统筹管理社区、学校、家庭的品格教育，并在原有法案基础上推行了共同核心标准，注重从平等和覆盖面上做到更多。②可以看到，这些法案的制定和出台，既有对原有法案的批判和攻击，也有对原有法案的继承和发展。

2. 政党促进价值观教育改革的政治化取向

目前，西方价值观教育呈现政治化的趋势，在英国和澳大利亚两个国家尤其明显。英国的价值观教育中，不同时期政党不断进行价值观教育改革，从强调政治素养，鼓励从地方到全球范围内的英国公民行为（1998），发展到主张构建身份和多样性，热爱共同生活的英国，为探索多元、灵活的身份和世界主义视角提供可能（2007），但自 2014 年以来，英国学校开始推广英国价值观（FBVs），这一政策标志着英国从在公民中推广政治素养转向了对凸显政治价值的基本价值观的关注。③从 1999 到 2019 年的二十年里，澳大利亚联邦政府的两项重大教育投资项目都是建立在政治化的教育理念基础上，尤其是澳大利亚价值观教育计划，其政治化倾向更加明显，该计划规定学校应该秉持一种可称为“内在价值”的教育理念，注重培养学生的政治、生活和文化价值观。这些教育理念的变化实质是执政党关于教育价值观的改变，虽然仍然关注每个孩子的教育福祉，但开始重视并优先考虑学生以政治价值观为重点的价值观塑造。④

---

① THE WHITE HOUSE, D. P. C. Preserving a Critical National Asset: “America's Disadvantaged Students and the Crisis in Faith-Based Urban Schools.” [M]. US Department of Education, 2008: 1-176.

② US Department of Education. Every Student Succeeds Act (ESSA) [EB/OL]. (2015-12-10) [2022-10-13]. https://www.ed.gov/ESSA.

③ STARKEY H. Fundamental British Values and Citizenship Education: Tensions between National and Global Perspectives [J]. Geografiska Annaler, 2018, 100 (2): 1-14.

④ DUNCAN, CHRIS, SANKEY D. Two Conflicting Visions of Education and Their Consilience [J]. Educational Philosophy Theory, 2019, 51 (14): 1454-1464.

3. 政党重视引领价值观教育理念的改革

西方国家政党在价值观教育改革中虽然都会对上一任政党和组建的政府教育政策有诸多批评和改革，却有一个共同点，即都普遍重视教育对国家和政党的重要作用和意义。美国、澳大利亚、欧洲主要国家都普遍重视价值观教育，认为价值观教育若能得到适当的实施，可对教育目标、情感、社会、道德、学术等产生积极的影响，并对政治、经济和民族认同产生极大推力。① 因此，西方执政党对价值观教育的政治塑造作用愈加重视，并在公共教育支出中始终确保相应的支持。德国学者尤利安从理论、方法和经验的角度分析了西方 21 个国家的教育支出，发现从 1995 年至 2010 年间，政府的党派组成对教育支出没有任何显著影响，执政党对公共教育支出的影响始终是积极的。② 换句话说，这些国家中执政党的轮换不会影响教育支出，教育支出在财政支出中的占比较为稳定。

不过，虽然包括价值观教育在内的教育支出在国民经济中所占的比重较为稳定，但西方国家执政党在进行价值观教育改革时，并没有过多增加整体教育经费，价值观教育经费支出除了某些专项拨款外，整体经费甚至会在特殊时期有所缩减。尤其是 2008 年金融危机严重削弱了包括美国在内的诸多西方国家对教育的投入，并大量消减了公共教育支出，直到 2014 年之后才勉强恢复危机之前的水平。③由此带来的后果是，虽然推行价值观教育是两党共识，但真正增加的教育经费并不多。在此情况下，执政党推行的价值观教育改革更多通过专项经费进行，甚至由于多年来教育经费的缩减，原本的价值观教育必然受到负面影响，价值观教育也只能更多侧重于在理念和方式层面推动。

（四）执政党领导人直接对价值观教育产生影响

政党领袖或重要人物一般都在社会上有着巨大的影响力，他们的政治主张和言行皆可对社会产生广泛影响，其中也必然包含其对价值观教育的渗透作用。以美国为例，美国两党竞选过程中，在候选人宣传资产阶级的政治、经济、社会主张中必然涵盖其价值观取向，并且可以对学生价值观、政治观念的形成产生直接影响。总统的竞选辩论、就职演说、重要场合的发言及对重大事件的看

---

① LOVAT T. Values Education as Good Practice Pedagogy: Evidence from Australian Empirical Research［J］. Journal of Moral Education，2017，46（1）：88-96.

② GARRITZMANN J L，SENG K. Party Politics and Education Spending: Challenging Some Common Wisdom［J］. Journal of European Public Policy，2016，23（4）：510-530.

③ Resilient Educator. 10-Year Spending Trends in U. S. Education［EB/OL］.（2020-09-17）［2022-10-12］. https://resilienteducator. com/news/10-year-spending-trends-in-u-s-education/resilient educatior.

法，重要政党人物的教育活动，都是直接宣传政党意识形态，培养学生爱国观念和其他价值观的重要机会。另外，随着技术和网络的发展，执政党领导人对价值观教育影响的方式也在发生变化。

1. 执政党领导人通过在公开场合发表观点传递价值观

美国总统就职演说的主旋律总是围绕着爱国主义进行，借机宣扬美式平等、自由、民主等价值观，就职演说中的名言警句甚至可以直接塑造青少年的价值观。比如，肯尼迪总统在就职典礼时讲的“不要问你们的国家能为你做些什么，而要问你能为你的国家做些什么”，成为美国青年人崇尚的名言；克林顿总统在就职典礼上喊出了“振兴美国”的口号，号召年青一代为美国的发展做出贡献；奥巴马总统在他的就职演说中特别提出，为了迎接可能面临的前所未有的挑战，需要使美国人重归赖以成功的传统价值观念——诚实和勤劳、勇敢和公平、宽容心和探索精神、忠诚和爱国；等等。① 这些主张甚至推动了品格教育在美国的进一步发展。到了特朗普时期，虽然他未提出系统的教育思想，但是发表了诸多教育言论，如倡导“自由择校”、支持特许学校、反对“共同核心标准”。2017 年，特朗普总统号召民众发扬爱国主义传统，并将之视为弥合社会分歧、团结各方力量的基石，他提出：美国的政治基石将建立在对美利坚合众国的完全忠诚之上，通过这种忠诚将重建同胞之诚，守望相助，全心爱国，无暇偏见。②

2. 新技术进步带来政党领导人价值观的直接传递

随着新技术的发展，政党领导人对价值观教育的影响方式随着时代的发展也变得更直接。当前，正处于信息化和新技术革命进一步深化时期，由于社交媒体、自媒体等信息传播途径的不断发展，各国主要政党尤其是执政党领导人纷纷通过社交软件直接对群众进行意识形态的传播和塑造。在西方国家，各国领导人纷纷开通了社交媒体账号，通过在社交媒体上直接发表相关看法和意见，推动教育和价值观教育发展。比如，美国总统特朗普的国家治理方式被诸多人称为“推特治国”，他经常在推特上发表大量的意见和看法，直接影响许多学生和民众，并且这些看法经过传统媒体进一步传播，可以直接或间接影响全国甚至是全世界很多人的价值观。与传统传递价值观的渠道相比，新技术带来的传递方式更直接、更迅速且互动性更强。由于作为政党和国家领导人被大众广泛

① 美国历届总统就职演说［M］. 岳西宽，张卫星，译. 北京：中央编译出版社，2009：263，314，316，341.

② 李先军，陈琪. 特朗普的教育质量观述评［J］. 世界教育信息，2017，30（11）：52-59.

关注，他们发表在社交媒体上的观点可以直接对教育和价值观教育的发展产生影响。

（五）政党知识和意识形态成为价值观教育的内容

价值观教育作为人类阶级社会中的一项实践活动，普遍存在于阶级社会的所有国家和所有历史发展阶段。政党意识形态教育存在的本质是统治阶级为巩固自己的阶级统治、维护社会稳定和促进社会发展、培养其需要的合格社会成员而进行的社会教化活动。在任何阶级社会，价值观教育活动都是一种客观存在，尽管各个国家或不同历史时期对它的称谓不同，形式也是各种各样。马克思和恩格斯指出："统治阶级的思想在每一时代都是占统治地位的思想。这就是说，一个阶级是社会上占统治地位的物质力量，同时也是社会上占统治地位的精神力量。"①政党作为阶级的代表，必然反映阶级利益和阶级诉求，并通过价值观教育予以传递。政党的主张和知识可以直接转化成价值观教育内容。世界各国价值观教育活动依据的价值观教育法案、方针、课程、活动等诸多方面，往往直接就是政党活动的重要组成部分。与政党相关的知识、活动、观念等往往都会被纳入教育活动，甚至教育课程的确立和选择也是政党活动的体现，阿普尔就曾对教育课程背后隐藏的主流阶级的意识形态属性做过深刻的揭示②，而执政党的意识形态和教育政见就是决定学校课程作为"合法化知识"的那只"看不见的手"。

因此，西方国家在开展价值观教育过程中必然贯穿资本主义政党知识和主张，这些知识和主张可以通过直接和间接开设的各类课程得以呈现。基本上所有国家的教学内容中都会包含个人与环境和社会的相关知识，这些知识又可以具体化为发展社会技能、公民责任、国家制度、政党知识等相关内容，并竭力维护本国的政党制度和国家体系。比如，当前在英国大中小学校和继续教育学校推广的英国价值观，包括培养良好的公民意识、爱国主义、民主理念等，并将政党知识渗透在历史、价值观教育、社会科学等课程中，尤其是在教授政治分歧和有争议的问题时，更会融入政党相关知识和意识形态。③

三、对于我国当前价值观教育工作的启示

教育是执政党和政府最重要的工作事务之一，执政党和政府对教育的影响

---

① 马克思，恩格斯．马克思恩格斯选集：第1卷［M］．北京：人民出版社，2012：178.

② 阿普尔．意识形态与课程［M］．黄忠敬，译．上海：华东师范大学出版社，2001.

③ MOORE J. A Challenge for Social Studies Educators：Increasing Civility in Schools and Society by Modeling Civic Virtues［J］. Social Studies，2012，103（4）：140-148.

路径分布在宏观和微观两个层面。从宏观层面看，政党与价值观教育之间的关系远比上面列举的要复杂，影响路径更多样化，并且从深层到浅层在各个层面影响着价值观教育。政党对价值观教育的影响超乎想象，却被很多研究者忽视，这不能不说是一个遗憾。另外，西方国家，尤其是英国、美国和澳大利亚等，近年来不断强化价值观教育，纷纷将价值观教育推向更加政治化的方向，引入更多具有政治色彩的内容，推动价值观教育不断深化和发展，致使近年来西方的价值观教育出现新的发展趋势。通过分析西方国家政党尤其是执政党对价值观教育的影响路径，可以为我国当前思想政治教育工作提供借鉴和参考。

首先，应积极推行思想政治教育改革，尤其是从顶层设计的法律法规和政策层面予以规定。通过上述分析可以看到，影响价值观教育最根本的路径是制定相关法律法规和教育法案，并根据政党内外因素进行不断调整。对于我国来说，随着时代的发展和各项改革的不断推进，更应该推动思想政治教育的深化改革，以适应时代发展、国家发展和学生发展的需要。如前所述，各国政党无不通过各种路径尽可能地对价值观教育产生影响，而价值观教育也通过培养学生的政党观念、政治认同等方式，同时对政党带来反作用。政党对价值观教育进行影响是为了维护其阶级统治和意识形态领导权，并期待对政治、经济和民族认同产生巨大推力。我国与西方国家之间在这一点上是有共性的。然而，通过分析政党与价值观教育之间的影响路径，可以看到我国在教育改革上的动力主要来自执政党内部，从执政的中国共产党内部保持自我革命和改革的活力，不断推行思想政治教育的改革和创新至关重要，否则很容易造成思想政治教育相关法律法规和政策制度固化，无法紧跟时代和国际形势发展的需要。

其次，从英国、美国和澳大利亚等国推行价值观教育改革的举措来看，近年来它们对价值观教育改革投入的经费事实上没有更多增长，改革的重点在于价值观教育理念、具体举措和考评方法，这一点值得我们借鉴。我们可以根据政党内缘性和外缘性因素的变化，适时更新思想政治教育理念，并持续不断地推进考核、考评方法改革，促使学校教育真正达到价值观教育目标。同时，在具体举措方面应尽可能运用各种路径对价值观教育产生积极影响。在政党影响价值观教育的具体路径上，各国政党都尽可能地通过各种路径对价值观教育产生影响。其中，除了推动价值观教育方面的立法与法案这一最根本的影响途径外，通过转化为价值观教育政策对于价值观教育也会产生直接的引导和推动作用。政党首领或政党重要人物的主张和言行也会对价值观教育产生直接或间接的影响，但是相较于其他路径来说其影响力更柔性，当然，在不同国家影响力也不尽相同。在我国，党和国家领导人在重要场域发表的重要讲话和进行活动的影响力就很大，成为号召国民统一思想和行动的重要指针。此外，在各个国家中，政党知识和主张都会通过转化成价值观教育内容的方式，直接影响本国青年学生。在这些影响路径中，每条路径并不是单一起作用，而是多种路径发挥协同作用。可见，在思想政治教育中更应该利用多种路径协同影响，发挥合力作用。

最后，应不断依托科技发展重塑新的影响路径。新技术的不断进步不仅影响着价值观教育的方式，更会重塑整个价值观教育的理念和成效。新技术在执政党影响价值观教育方面的作用也日趋增强。近年来，执政党领导人与包括学生群体在内的民众直接沟通的路径变得非常普遍，很多国家执政党领导人通过社交媒体传递意识形态和观念，这一路径的作用尤为突出。对于当前我国思想政治教育系统来说，一方面应对价值观教育进行领导和组织，尽可能地利用各种路径进行宣传教育，虽然每种路径的作用方式与影响范围不尽相同，但都有可取之处；另一方面应倡导各级党政机关领导人尽可能通过各类社交媒体平台、网络平台与学生及民众建立联络沟通渠道，增强意识形态和价值观教育的传播力和影响力。值得称道的是，近年来，党和政府领导人已通过新媒体开设了多种影响渠道，受到学生及民众的欢迎。当然，还有很多路径可以进行尝试和发展，仍需要进一步探索和创新。

第三部分

国外价值观教育的文化因素影响研究

第八专题 当代俄罗斯社会思潮与价值观教育

核心价值观作为国家意识形态的基础，对国家的稳定与发展起着至关重要的作用，因此，价值观教育尤为重要。苏联后期多元化思潮促使了苏联核心价值观的裂变，以惨痛的事实验证了这一点。20 世纪末以来，俄罗斯剧烈的社会转型，引起了社会思想和价值观的急剧转变，当代俄罗斯社会思潮呈现多元化发展趋势。俄罗斯的学界、宗教界、政界都在为寻找社会团结前进的精神动力而不懈努力。然而，随着俄罗斯社会转型进入瓶颈期，社会思潮更加纷繁复杂，如何通过价值观教育引领社会思潮的变化，激发国民尤其是年青一代的爱国热情，是当前俄罗斯政府亟待解决的重要难题。因此，俄罗斯非常重视价值观教育，特别是普京执政以来，通过重新构建俄罗斯社会主流价值观不仅为国家价值观教育提供了思想基础，而且对多元化思潮的融合与发展起到了积极的促进作用。研究俄罗斯价值观教育的发展历程和现状，对于推动我国价值观教育的发展和研究具有启示意义。

一、当代俄罗斯的主要社会思潮

苏联后期的多元化思潮导致价值观的多元化，当前这些价值观仍被俄罗斯不同阶层的人们认可，并发展为持不同观点的各种文化和政治派别，它们之间相互冲突与交融，在俄罗斯的现代化进程中起着重要的作用，致使当前俄罗斯的社会价值观仍然处于矛盾多元的境地。因此，俄罗斯价值观教育面临着诸多挑战。

多元化思潮激荡是俄罗斯初期西方自由主义改革失败引起的应激性反应。

俄罗斯历来多采取“自上而下”的激进改革，这种变革方式无论取得成功与否都会引起思想领域的巨大震荡，多以社会思潮的方式表现出来。俄罗斯初期西方自由主义改革失败给国家和人民带来了惨痛的灾难，这再次证明俄罗斯选择全盘复制西方模式的道路是错误的，那么俄罗斯的路在何方？当前俄罗斯各社会思潮都对这一改革方式展开了批判和反思，从各自的思想理路上进行着不同的探索。

由于社会转型对于现时代精神的迫切需要，以及“自上而下”激进改革的“后遗症”“俄国斯芬克斯之谜”的历史再现、俄罗斯知识分子的先知传统、俄罗斯身份认同困惑等原因，俄罗斯各种社会思潮激荡交错。当前，俄罗斯主要有新马克思主义、新自由主义、新东正教意识、新保守主义、新欧亚主义等五种社会思潮。

（一）新马克思主义思潮：在曲折中逐步回暖

马克思主义对于苏联和当代的俄罗斯有着特殊的历史关联和现实意义。当代俄罗斯的新马克思主义思潮走过曲折的历程逐步回暖，它作为传统价值观的一部分对当代俄罗斯的价值观教育起到了积极的促进作用。

实践证明，只有将马克思主义与本国国情相结合，才能使其焕发强大的生命力，列宁在《唯物主义和经验批判主义》这一著作中开启了马克思主义俄国化的进程，“十月革命”的胜利、第一个社会主义国家的建立以及苏联初期取得的一系列成就，都是苏联共产党人将马克思主义基本原理同本国国情结合的产物。斯大林担任苏联共产党中央委员会总书记（苏共总书记）后，苏联马克思主义开始走向体系化与模式化，逐渐形成了辩证唯物主义和历史唯物主义的“二分结构”，这也造成了苏联马克思主义的机械化和教条化，为苏联马克思主义走向“去马克思主义化”埋下了伏笔。斯大林逝世后，苏联马克思主义走向了人道化与改良化。人道主义转向对于反对教条主义和个人崇拜、探究马克思主义的本质有着积极的意义。然而，由于勃列日涅夫执政时期，苏共的指导思想再次背离了人民性本质，苏联马克思主义走向了形式化与“空心化”，民众“去马克思主义化”的倾向也从“去”斯大林主义向对马克思主义的错误理解、从对马克思主义本质的偏离向不加区分地反对马克思主义转变，苏联社会主义核心价值观的裂变逐渐加快。戈尔巴乔夫改革后，苏联马克思主义彻底裂变，反马克思主义思潮迭起。苏联解体后，马克思主义在俄罗斯彻底丧失了意识形态的统治地位，成了被批判和抛弃的对象，影响力不断减弱。

20 世纪 90 年代后半期以来，在批判与反思新自由主义激进改革的失败中人们开始回归理性，逐渐停止对马克思主义的全面否定和抹黑，经历了曲折道路的俄罗斯马克思主义在学术界逐步回暖。俄罗斯马克思主义学者开始从学理层面恢复对马克思主义的研究，在历史和现实的双重维度下展开了对马克思主义的反思和再认识，从马克思主义的立场批判俄罗斯资本主义的弊端，探索未来俄罗斯马克思主义的发展建构。马克思主义的政治活动家成立了多个马克思主义政党，并展开积极的政治实践。在理论研究层面，体现在当代俄罗斯马克思主义研究的发展与创新中，大体上可分为传统派、批判派、反思派和实践派；在政治实践层面，体现在以俄罗斯联邦共产党为主要载体的各个马克思主义政党的政治实践中。新马克思主义思潮坚决捍卫马克思主义和社会主义道路的真理性，反思苏联马克思主义和国家价值观教育的经验教训，强调爱国主义、集体主义和社会团结的重要性，对探索当代俄罗斯的价值观及其教育起到了积极的促进作用。但该派的理论研究实际与政治实践脱节，其研究成果没有被俄罗斯联邦政府和俄罗斯联邦共产党汲取，未能完成最新理论向实践的转化，总体上呈现思想理论远远领先于实践的状态。

（二）新自由主义思潮：在挫折中实现重塑

从表面上看，当代俄罗斯的新自由主义思潮似乎对当代俄罗斯价值观教育起到了阻碍作用，对社会主流价值观的构建提出了挑战，而实质上它是重塑当代俄罗斯价值观的重要思想资源，为促进当代俄罗斯价值观教育提供了符合其时代要求的要素。

此处要特别强调的是，当代俄罗斯的新自由主义思潮有着特定的形成时段和背景，它不是单纯的“西化派”新自由主义思潮。当代俄罗斯的新自由主义思潮是休克疗法失败后，俄罗斯在综合自身历史传统自由主义与现代西方自由主义的基础上，逐渐生发出来的一种新的社会思潮。17 世纪，俄国开始出现早期的自由主义萌芽，19 世纪 50—70 年代形成了俄国自由主义的系统学说，19 世纪和 20 世纪之交俄国自由主义思想达到兴盛阶段。虽然自由主义思潮曾是俄国社会最活跃的思潮之一，但由于得不到政治上层的认可，传统自由主义一直处于边缘化位置。彼得一世改革开启后，欧洲自由主义的启蒙思想传入俄国；叶卡捷琳娜二世也追随欧洲自由主义思想，并将之付诸政治实践中，俄国出现了“政府自由主义”与“民间自由主义”并立的独特局面。俄国早期自由主义思想是西方自由主义思潮影响的结果，是叶卡捷琳娜二世、亚历山大一世的政府自由主义和拉季舍夫、恰达耶夫等民间自由主义思想家引导发展的产物，早期自由主义在“黄金时代”以文学和论战等形式快速发展，在“白银时代”走向成熟。虽然俄国传统自由主义受欧洲启蒙运动的影响颇深，但它带有鲜明的“俄国特色”，在具体主张内容上，它更加重视社会的法制和秩序，深入了俄国自身传统价值的核心部分；在传播方式上，它更多以“自上而下”的方式传播，以皇权专制手段推行自由主义。

20世纪二三十年代西方新自由主义逐渐形成，它与主张国家干预的凯恩斯主义相对立，主张“私有化、市场化、自由化”，否定“公有制、社会主义、国家干预”。西方新自由主义不是单纯的经济学说，而是具有鲜明意识形态性质的政治思潮，具有赤裸裸的“侵略性”，是西方发达国家对发展中国家特别是社会主义国家进行意识形态渗透和实行新殖民统治的工具。西方新自由主义在苏联后期陷入内忧外患之时，扮演了解构苏联社会主义核心价值观的重要角色。在西方新自由主义的影响下，俄罗斯施行了激进的转型方案——“休克疗法”，并付出了相当沉重的经济社会代价，自由主义也由巅峰跌入低谷。当前的俄罗斯新自由主义是在综合自身传统自由主义与现代西方自由主义的基础上，生发出来的俄罗斯自己的新自由主义，它汲取了俄罗斯传统自由主义的基本价值内核——法律、秩序、温和的改良主义，实现了对西化与本土两派自由主义的重塑。正如自由主义几百年前传入俄罗斯时一样，正是自身俄国化的过程赋予它新的生命力，历经“黄金时代”“‘斯芬克斯之谜’论战”“白银时代”等阶段，它已深入俄罗斯传统文化。别尔嘉耶夫是俄罗斯“白银时代”最具代表性的自由主义者，苏联解体前后他的思想回归祖国，作为俄罗斯传统文化之根、俄罗斯精神之魂被俄罗斯人热情拥抱。当前，俄罗斯学者所做的工作就是进一步将西方自由主义俄罗斯化，与俄罗斯的传统自由主义、俄罗斯现代化的实际需要相结合。虽然目前俄罗斯新自由主义思潮与其他思潮相比，处于边缘化的地位，但俄罗斯新自由主义学者仍在探索新理论及其政治实践的有效方案。

该思潮的主要观点有两派：学界和统一俄罗斯党主张温和的自由主义、持激进立场的自由主义反对派。它们在批判和建构的双重维度上对推动俄罗斯价值观教育的思想变革起到了一定的积极作用。

一方面，学界的新自由主义观点在不断地重塑各种思想资源中实现创新，将民主、自由与“秩序”这一价值观念相结合，推动俄罗斯的价值观教育在传统与现代的碰撞中找到契合点。在学术界，当代俄罗斯的新自由主义思潮在理论研究方面形成了研究团队，发表了一系列具有学术价值的研究成果。它主张挖掘俄罗斯传统文化中的自由主义思想，展现俄罗斯历史上杰出的自由主义人士和丰富的自由主义实践活动，还原俄罗斯内涵丰富的自由主义历史传统，认为自由主义理念与方案终将成为俄罗斯人的必然选择。俄国化的自由主义价值观里体现的“秩序”这个价值观，这正是俄罗斯社会转型中人们的第一需求。当前，俄罗斯新自由主义在纯理论研究中有三个方向：国家自由主义、社会自由主义和法律自由主义。其中，以国家自由主义的热度最盛，因为这个方向的俄国化色彩更浓厚，以国家作为一种强制力的存在为前提，国家维护社会公共生活领域秩序，最大限度地实现自由主义的理想。社会自由主义和法律自由主义都因缺乏现实因素，处于理论的酝酿和发展中。

另一方面，政治实践中的温和派与激进派以不同方式积极活动。在政治实践层面，该思潮有两个载体。一是人们熟知的自由主义激进派，也被称为"自由主义反对派"。其领袖人物纳瓦利内多次领导该派进行政治斗争，吸引了大量年轻人参加，这可以视为新自由主义精神的萌芽。在政治理念上，这支反对派与西方一致，提倡民主、自由、人权等，但它更多是以反腐败和捍卫言论自由为切入点，以网络舆论的方式组织俄罗斯社会的自由主义政治力量，频繁地批判俄罗斯政府的腐败现象，举行示威游行，成为俄罗斯和全世界最为关注的俄罗斯反对派，对当代俄罗斯社会的主流价值观提出了一系列的挑战。它从反面促进了俄罗斯政府的进步，间接地改变了俄罗斯的执政党——统一俄罗斯党的思想基础及价值观教育的观念性变革。二是不为大众所知的自由主义温和派，也被称为"自由保守主义"，主要政治活动平台是统一俄罗斯党的"自由保守主义"平台，统一俄罗斯党的"自由保守主义"平台以温和的方式进行自由主义政治实践。它以自由、私有制、公正、团结、主权等自由主义价值观为意识形态指导思想，在右翼保守主义方向上捍卫自由主义意识形态，与统一俄罗斯党的"中右立场"保持一致。该派认为，俄罗斯联邦总统普京的一系列决策和新闻消息中，充分体现了保守主义和新自由主义合成的趋势。例如，2005 年 4 月 24 日至 25 日明确了自由民主国家的优先事项，再次确认先前提出的关于实现"走向自由—自由的人"的基本理念，选定的重点放在主流社会自由和自由化建构中，允许扩大言论自由的空间和渠道，在新的国际条件下寻求符合俄罗斯本土的"人文价值"与现代价值的结合等。在价值观方面，提高整个社会的文明水平，为个人和集体的成功创造良好条件，这要依靠现代社会的法制系统与公共道德和文化领域的共同努力，充满保守内容的传统价值是其中的重要因素。正如普京指出的："沙皇俄国和苏联时期的传统道德文化，至今仍是非常有意义的道德尺度和标准。在工作、家庭和社会中像这样的价值观：牢固的友谊、互相帮助、信任、团结和可靠性等，这是千百年来一直在俄罗斯土地上信奉的价值观，这些都没有过时。”① 当前，俄罗斯的发展，在很大程度上取决于保守主义和新自由主义的合成，取决于俄罗斯如何实现这种自由主义的保守主义。

由于转轨初期的剧烈动荡，当代俄罗斯的新自由主义未能得到大众的认同，一般人仍停留于责难西方新自由主义导致“休克疗法”失败的层面上，仅仅关注到新自由主义激进派对社会的批判方面，而未关注到新自由主义温和派与保守主义呈现融合趋势，且越来越多地体现在俄罗斯联邦总统普京的一系列决策和新闻消息中，新自由主义的理论建构和政治实践从正、反两个方面对俄罗斯的反腐工作和当代俄罗斯价值观教育理念的进步起到了一定的促进作用。

（三）新东正教意识思潮：在逆向中求获新生

俄罗斯历来是一个笃信宗教的国家，当代俄罗斯的价值观教育与东正教息息相关。自公元988年东正教从拜占庭传入以来就作为俄罗斯精神的象征，十月革命后它在历史的变迁中起起落落，在经历苏联几十年的压制后转向复兴，取得了合法地位，回归了其参政、议政的传统，重新登上了政治舞台，在苏联解体的过程中发挥了解构作用。随着苏联解体，马克思主义伦理学失去了主导地位，不被多数民众认可，只有一小部分学者坚持用马克思主义原则研究现实生活中的伦理道德问题。俄罗斯整个社会的价值观向多元化方向发展，但由于初期改革的失败，作为“新思维”之一的新伦理学也失去了立论根基。与此相伴的是，国民信仰出现了危机，原有的社会理想丧失了核心地位，而新的价值观尚未确立，大多数俄罗斯民众不仅不相信马克思主义，也不再相信西方的自由主义。经过“切肤之痛”的反思，他们选择了传统文化中的东正教作为自己的精神支柱，期望通过回归东正教价值观来拯救俄罗斯的道德失序，东正教比以往更自觉地担负起拯救俄罗斯、拯救俄罗斯人道德状况的使命。

东正教在俄罗斯初期填补了意识形态空缺，当前俄罗斯东正教历经30多年的复兴与发展形成了东正教意识思潮，它已成为超越宗教领域的重要力量，在俄罗斯国家和社会生活的各个领域，尤其在国家的价值观教育领域发挥了重要作用。东正教伦理提倡的人道主义、爱国主义等俄罗斯传统文化的精神内核，对俄罗斯初期重建社会价值观发挥了不可替代的重要作用。然而，当前东正教伦理与现代观念不可避免地产生了冲突与碰撞，新的历史形势对东正教发展提出了严峻挑战，对当代俄罗斯价值观教育提出了严峻挑战。历经30多年的改

---

① Послание Президента Российской Федерации Федеральному Собранию. Послание Президента России Владимира Путина Федеральному Собранию РФ［EB/OL］.（2005-04-25）［2022-10-23］. https：//legalacts. ru/doc/poslanie-prezidenta-rf- federalnomu - sobraniiu-ot-25042005/.

革，俄罗斯已经初步建立了资产阶级民主政治体制和市场经济体制的框架，但由于缺乏相应的文化价值观念，这些体制难以发挥预期的功能和作用。在找寻俄罗斯现代化的精神动力的过程中，人们不禁发出疑问：为何在俄罗斯新出发的资本主义中，东正教伦理不能像新教伦理在西方国家中那样起作用、不能促进民主政治和市场经济的发展呢？原因在于，东正教伦理中的群体意识、出世禁欲主义、精神第一性、劳动伦理等观念仍被俄罗斯的大多数民众认可，这些观念与现代的文化价值观念、市场经济和民主政治理念产生了冲突与碰撞，对经济发展起到了阻碍作用。这并非当代俄罗斯东正教会和俄国政界、民间社会刻意所为，而是由东正教伦理的精神特质决定的。①

当前，东正教伦理与现代观念之间的冲突对东正教的发展提出了严峻挑战，如何在传统与现代之间实现自身的现代化（世俗化），进而成为俄罗斯现代化的精神动力，是东正教面临的重要难题。新东正教意识思潮是俄罗斯兼容性最强的一个思潮，该思潮对俄罗斯历届领导人和整个俄罗斯政界、外交以及对俄罗斯国家身份认同、文化认同、主流价值观的重建和价值观教育都产生了极大的影响。在政教分离的大背景下，如何调和东正教伦理与“资本主义精神”之间的冲突，东正教的伦理观念能否实现自身的现代化，是新东正教意识思潮能否继续提升社会影响力、成为俄罗斯现代化精神动力和价值观教育基础的关键所在。

（四）新保守主义思潮：应激反应后成为主流

在俄罗斯的历史上，保守主义与自由主义往往是一种共生关系，每当俄罗斯处于重大社会变革期，急需回答“俄罗斯向何处去”的时候，以学习西方、照搬西方经验的西化派自由主义思潮就会兴盛起来。同时，与之相对的保守主义思想也会相应地对其批判反思，主张保守自己的传统价值，探索俄罗斯自身的独特道路。作为一种政治思想，俄罗斯保守主义在18—19世纪之交萌芽，在亚历山大一世统治期间形成了第一次保守主义思潮，随后在整个19世纪发展成为具有俄罗斯特点的保守主义。第二次保守主义思潮产生于19—20世纪之交，随着十月革命的成功而逐渐式微，在苏联时期基本中断。第三次保守主义思潮产生于20—21世纪之交，是俄罗斯新保守主义，它是传统俄罗斯保守主义的复兴与发展。② 俄罗斯保守主义思潮有着一以贯之的基本价值原则和理论内核：坚

① 郭丽双．东正教伦理与俄罗斯的现代化进程研究评述［J］．哲学动态，2011（12）：65.

② 张昊琦．俄罗斯保守主义与当代政治发展［J］．俄罗斯中亚东欧研究，2009（3）：6-7.

持专制制度和家长制是俄罗斯文明的政治核心，村社制是精神共同体的现实载体，救世主义与“第三罗马”观念是反西化模式和帝国扩张的思想根源，等级制是保守王权和稳固社会秩序的重要保障。

“休克疗法”使俄罗斯经济社会遭受重创，自由主义的激进改革带来了灾难性的后果，俄罗斯失去了昔日的大国地位，社会思想混乱，国内政坛动荡，地缘战略空间被逐步压缩，保守主义作为应对自由主义改革失败的应激性反应被重新唤醒。新保守主义反对激进主义，主张保持稳定和推进改良、建立强有力的国家、延续俄罗斯历史道路的独特性、维护现存制度等，新保守主义注重汲取现代文明的新元素（特别是民主和市场经济），将其与俄罗斯传统价值相结合，更注重汲取其他思潮的合理主张，在哲学理论和价值观的塑造方面积极探索，摒弃了传统价值观中专制制度和等级制等不合时宜的元素，加之以自由、民主、市场经济等新元素。普京提倡的主权民主和欧亚经济联盟都是新旧价值观融合的新尝试，而且在政治竞选和政党活动中积极实践，寻求既坚持俄罗斯国家和社会传统价值的基础，又寻求能够适应时代要求的新模式。新保守主义比较接近当下俄罗斯社会心理预期和价值认同，虽然受到新欧亚主义的冲击，但目前仍是俄罗斯领导人执政的主导思想，是当代俄罗斯价值观教育的主要思想基础。

（五）新欧亚主义思潮：在徘徊中独具一格

新欧亚主义思潮对当代俄罗斯价值观教育提出了挑战，同时提供了新的思想来源。受地理和历史等因素的综合影响，俄罗斯的文明定位具有不确定性，“双头鹰”民族在东方与西方的两极张力间摇摆，是东、西方两种精神在俄罗斯灵魂中的斗争，它使俄罗斯的历史呈现出间断性和跳跃性。别尔嘉耶夫曾在《俄罗斯的命运》中揭示了俄罗斯文明的这种复杂矛盾性，“与欧洲人相比，俄罗斯人更具极端性和矛盾性，俄罗斯民族具有弥赛亚意识也并非偶然。俄罗斯精神中的矛盾性和复杂性，与东西方两种世界历史之流在此碰撞并相互作用直接相关。俄罗斯人不是纯粹的欧洲人，也不是纯粹的亚洲人。它融合了东西方两个世界。在俄罗斯精神中东西方两种因素永远斗争”。①

欧亚主义是西化派与斯拉夫派之外，试图回答“俄罗斯向何处去”的“第三条道路”。俄罗斯的欧亚主义思潮经历了三个阶段：古典欧亚主义、古米廖夫欧亚主义和新欧亚主义。古典欧亚主义产生于二月革命和十月革命后，它汲取

---

① Бердяев Н А. Русская идея. Судьба России［M］. Москва：ЗАО “Сварог и К”，1997：С. 4-5.

了斯拉夫主义的有益养分，从诞生之初就具有反抗欧洲文化和政治垄断的基因。由于苏联意识形态的排他性，数十年间，欧亚主义思潮在苏俄境内处于边缘位置，苏联时代唯一的本土欧亚主义者列宁格勒国立大学教授 H. C. 古米廖夫是欧亚主义思想承前启后的重要人物，他继承并发展了古典欧亚主义的思想，建构了欧亚大陆发展空间、欧亚民族共同体一体化理论，进而提出重建俄罗斯的欧亚图景，这被视为当下俄罗斯欧亚经济联盟新战略的最初构想。① 他断言，只有欧亚主义才能拯救俄罗斯。

新欧亚主义继承和发展了古典欧亚主义深厚的哲学建构和政治关怀，以地缘政治学作为世界观、文明观的必要前提，以欧亚文明论恰当地回答了俄罗斯千百年来对国家身份认同的追问，在逻辑上令人信服地理顺了长期困扰俄罗斯的政治与文化、国家与民族等复杂问题，旗帜鲜明地反抗西化道路，反抗美国主导的单极世界及其自由主义意识形态，提出重塑俄罗斯文明定位与国家发展定位的价值基础，重塑新俄罗斯文化共同体和国际政治新秩序的目标，新欧亚主义汲取了人道主义、新自由主义、斯拉夫主义、保守主义、马克思主义等思潮的有益成分，使俄罗斯从“向西”还是“向东”的长期争论中逐渐摆脱出来，独具一格，逐步上升为主流政治哲学之一。但新欧亚主义以文明断层线重构所谓的“新俄罗斯”和“俄罗斯世界”，具有复活俄罗斯帝国主义的扩张倾向、走向俄罗斯法西斯主义的危险，易造成国家身份认同和民族身份认同激烈碰撞，引发国家间的冲突，这对于价值观教育提出了挑战。②

总体而言，新欧亚主义以其深厚的哲学建构超越了“西化派”和“斯拉夫派”的百年争论，不仅明确了俄罗斯的文明定位和国家身份认同，为俄罗斯提供了爱国主义基础，重塑俄罗斯历史观和民族价值观，而且为俄罗斯现行的总统体制提供了学理基础和世俗心理基础，为振兴俄罗斯提出了明确的目标和实践方案，并通过自身积极的政治实践对俄罗斯社会思想和政治决策产生直接影响，随着国际局势和外部环境的变化，新欧亚主义扮演的角色也将更加凸显。

二、当代俄罗斯社会主流价值观的构建

核心价值观作为国家意识形态的基础，对国家的稳定与发展起着至关重要

① 粟瑞雪．列夫·古米廖夫的欧亚主义学说及其对当代影响［J］．俄罗斯中亚东欧研究，2012（6）：81.

② 郭丽双．俄罗斯新欧亚主义的理论建构及其政治实践［J］．当代世界与社会主义，2017（4）：107.

的作用。以马克思主义伦理学为主要内容的苏联核心价值观的裂变，以惨痛的事实验证了这一点。21 世纪初，普京确立的重构俄罗斯社会主流价值观的基本框架，虽然得到了当时社会各界一定程度的认同，但随着俄罗斯现代化进程的推进，各种矛盾和问题凸显，俄罗斯社会主流价值观的重建陷入了新的困境，这引起了俄罗斯社会各界的忧虑和关切。如 2013 年 9 月，瓦尔代会议①主题是“现代世界条件下的俄罗斯多样化”，而实质上讨论的是俄罗斯社会的“身份认同”及如何构建社会主流价值观的问题。

（一）回溯历史：析苏联核心价值观构建之成败

苏联时期虽然没有明确提出“社会主义核心价值观”这一概念，但苏联初期宣传倡导“大家为一人，一人为大家”的共产主义道德，其内容包括：团结互助的集体主义，不计回报的劳动态度，爱国主义和国际主义。以此为重要基础，苏联构建了自己的核心价值观，苏联的核心价值观曾为国家发展建设提供了强大的精神动力。列宁在批判旧道德、个人主义，以及当时流行的无政府主义、道德虚无主义等思潮的同时，积极总结苏联十月革命及社会主义建设初期的经验，倡导加强共产主义理想和道德的宣传教育。1920 年 10 月，列宁在《共青团的任务》中首次提出了“共产主义道德”的概念及其理论。列宁指出：“道德是为摧毁剥削者的旧社会、把全体劳动者团结到创立共产主义者新社会的无产阶级周围服务的。”②“为巩固和完成共产主义事业而斗争，这就是共产主义道德的基础。”③ 列宁把无产阶级道德正式命名为共产主义道德，创立了“共产主义道德学说”，这是马克思主义伦理学的重大发展，也标志着人类历史上出现了一种崭新的道德类型。列宁的共产主义道德，反映的是建立在社会主义公有制基础上新型的社会关系，共产主义道德的基本原则是“大家为一人，一人为大家”和“各尽所能，按需分配”，强调共产主义的集体主义精神、不计报酬的劳动态度和与国际主义相结合的爱国主义精神。这样的共产主义道德为当时的社会主义革命和建设提供了强有力的伦理支撑和精神动力，并被后来的苏联伦理学家发展。

---

① 瓦尔代会议：“瓦尔代”国际辩论俱乐部会议 2004 年成立，以其第一次举办地点而得名，是由俄罗斯国际新闻社与俄罗斯对外政策和国防政策委员会、《莫斯科新闻报》等机构发起的。每年邀请世界顶级俄罗斯问题专家到俄罗斯参会，俄罗斯总统亲自接见与会者，就俄罗斯政治、经济、社会和文化发展问题进行对话交流。该会已成为国际俄罗斯学界了解俄罗斯最新动向和俄精英阶层决策构思的重要窗口。

② 列宁．列宁全集：第 39 卷［M］．北京：人民出版社，1986：305.

③ 列宁．列宁全集：第 4 卷［M］．北京：人民出版社，1995：307.

20世纪20年代末至30年代初，苏联伦理学界开展了关于道德的阶级性和全人类性的大讨论，最终，强调阶级道德的A. M. 德波林派战胜了强调道德全人类性的正统派，这为苏联共产党（以下简称“苏共”）所倡导的核心价值观的形成和发展扫清了障碍。M. И. 加里宁在《论共产主义教育》一文中明确了共产主义道德的基本要素，包括热爱劳动、爱护公有财产、爱祖国、集体主义，同时将社会主义人道主义作为共产主义道德重要原则的思想来源。A. Φ. 施什金在其代表作《共产主义道德概论》一书中，第一次明确了共产主义道德的三条基本原则：集体主义，爱国主义和国际主义，社会主义人道主义。他还强调：为共产主义事业而斗争是共产主义道德的最高标准。①

列宁逝世后，苏共开展了一系列的宣传教育活动。特别是，通过树立A. K. 保尔、A. K. 卓娅、A. M. 马特洛索夫等英雄模范形象，向全体人民宣传共产主义道德的核心价值观。这种核心价值观成为当时苏联社会各族人民的精神动力，鼓舞着人民为实现共产主义理想而忘我工作，鼓舞苏联人民渡过了“战时共产主义”的艰难时期，舍生忘死地赢得了卫国战争的胜利。但苏共在进行共产主义道德教育的过程中，特别是在斯大林时期，由于对共产主义道德属性认识上的偏误，在共产主义教育的某些内容上背离了马克思主义。这具体表现在三个方面：一是在20世纪30年代后的社会主义建设时期，将道德的阶级属性绝对化、普遍化，甚至将其扩展到贸易、科技、文化交往等实践领域，片面强调道德的阶级属性和政治工具的作用，使苏联核心价值观朝畸形方向发展，为后来伦理学界背离马克思主义、走向另一个极端埋下了隐患。二是使共产主义道德的集体主义精神走向国家至上的极端，割裂了个人价值与集体价值的内在和谐关系，以无限大的国家利益淹没了个人的利益和价值，没有为个人充分发挥积极性和创造性留下应有的自由空间。三是在宣传教育方式上采用单向灌输的方法，“自上而下”的灌输忽视了人民群众的主动性和创造性，没有给人民群众留下思考探索的空间；只歌颂英雄人物的崇高道德，而不重视对普通民众道德行为的肯定，不重视对消极、不良道德风气的批判；宣传教育上存在形式主义，缺乏使核心价值观内化为民众的价值认同和思想认同的具体方法。这些做法不仅不能使苏联核心价值观得到民众的信服，反而引起人们的反感，最后导致苏联核心价值观的“空心化”②。

---

① 武卉昕. 苏联马克思主义伦理学兴衰史［M］. 北京：人民出版社：2011：44-45.

② 郭丽双，崔丽颖. 苏联核心价值观的裂变与启示［J］. 毛泽东邓小平理论研究，2013(10)：74.

斯大林逝世后，尤其是苏共二十大后，出于对斯大林模式的反思，苏联伦理学界开始注重对人道、人性、人的本质以及全球化问题的哲学探讨，出现了由完全排斥人道主义到全面体现人道主义精神的深刻变化。苏联伦理学界对人道主义、人性和人的本质的探索，其实质是对斯大林模式下“国家至上”的极端价值观念的冲击，针对的是斯大林时期对马克思主义的教条化理解。但由于学术界没有辨析马克思主义和对马克思主义教条化理解的区别，在通过人道主义转向批判斯大林模式的同时，不加分辨地去除了共产主义道德中一些正确的因素。苏联伦理学界对人道主义、人性和人的本质的片面化探索，是其背离马克思主义的起点。苏联伦理学界偏离马克思主义的倾向，在与苏共官方政策互动的过程中进一步发展。1961 年 10 月，苏共二十二大将全人类道德写入大会通过的《共产主义建设者道德法典》，形成了“一切为了人，一切为了人的幸福”的口号，为马克思主义伦理学研究的人道主义化提供了政策支持。此后，苏共进一步从理论和法制化两个方面，否定了原有的核心价值观，加速了苏联核心价值观偏离马克思主义的进程。1962 年 1 月，苏联中央书记 M. A. 苏斯洛夫在《苏共二十二大与社会科学教研室的任务》的报告中，批判了在斯大林时期被全体苏联人民奉为经典的三部著作——《联共（布）党史简明教程》《论辩证唯物主义和历史唯物主义》《苏联社会主义经济问题》，从而使建立其上的苏联核心价值观日渐失去了光环。①

“勃列日涅夫上台后，个人集权加强，独断专行现象严重，个人崇拜盛行。这些现象在社会政治领域表现为特权阶层的扩大，在意识形态领域表现为思想僵化、压制不同意见，这招致了苏联民众的普遍反感，民众对苏共及其所倡导的价值观认可度日渐降低。”② 苏联核心价值观的裂变朝着更宽泛的方向发展，意识形态的危机表现为由伦理学界偏离马克思主义的倾向发展为民众否定苏联核心价值观。

“20 世纪 80 年代中期，苏联社会已陷入危机前的困境：政治上高度专制，经济上停滞不前，文化上思想垄断。1985 年 3 月，戈尔巴乔夫接任苏共中央总书记，他提出了‘除了改革别无出路’的口号。1988 年 6 月，戈尔巴乔夫在苏共中央第十九次代表会议的报告中宣称要‘根本改变我们的政治体制’，实行‘社会主义多元化’和‘舆论多元化’，并首次提出了‘人道的、民主的社会主

① 郭丽双，崔丽颖．苏联核心价值观的裂变与启示［J］．毛泽东邓小平理论研究，2013（10）：75.

② 郭丽双，崔丽颖．苏联核心价值观的裂变与启示［J］．毛泽东邓小平理论研究，2013（10）：75.

义’概念，这标志着以马克思主义世界观为指导思想的苏联核心价值观在形式上的终结。戈尔巴乔夫主张建立人道的、民主的社会主义，对苏联的社会主义制度和意识形态产生了摧毁性的作用。事实表明，戈尔巴乔夫引领的‘民主社会主义’路线和之后 Б. Н. 叶利钦宣称的‘自由民主主义’道路将苏联、俄罗斯引向了迷途，给国家和人民带来了巨大的损失与痛苦。与政治理论变化同步，20 世纪 80 年代后期，苏联伦理学走向了人道主义和非理性主义的极端，‘非暴力伦理学’成为主流价值观。以 А. А. 古谢伊诺夫为首的改革派伦理学家附和戈尔巴乔夫的‘新思维’，力推‘全人类的价值高于一切’，掀起了一股反马克思主义的伦理学思潮。他们在复兴托尔斯泰的非暴力伦理观的基础上，建构新伦理学，宣扬西方价值观和意识形态，将‘新思维’转化为行动的语言，主张顺从忍让，拒绝战争，拒绝暴力，否定任何暴力的道德行为。其实质就是否定暴力革命的道德性，否定俄国十月革命，抨击社会主义道德原则。这从根本上否定了马克思主义伦理学，彻底瓦解了苏联核心价值观。在一定意义上可以说，‘非暴力伦理学’使苏联的核心价值观彻底裂变。”①

（二）立足现实：观俄罗斯主流价值观构建之举措

苏联解体后，1993 年的俄罗斯联邦宪法规定禁止任何意识形态上升为国家意识形态，多元化思潮引发了价值观的多元化，上文中提及的五种思潮相互碰撞与冲突，有的甚至相互对立，发展为持不同观点的各种文化和政治派别，即使同一社会阶层的人也信奉不同价值观。人们的价值观念无法达成共识，国家意识形态陷入了混乱。如西方新自由主义的消极影响并没有销声匿迹，它对于亲西方派的影响依然很大，使当前俄罗斯年轻人产生个人主义、崇尚西方和拜金主义的价值观倾向；新欧亚主义思潮提出俄罗斯人是既欧又亚的“欧亚人”身份认同，对原本俄罗斯普遍认同的“我们是欧洲人”产生了强烈冲击。这些都对俄罗斯社会主流价值观的建构和价值观教育提出了挑战。

面对无法形成价值共识、身份认同的困境，俄罗斯总统普京深刻地意识到，俄罗斯要通过有成效的建设性工作实现强国富民的目标，建立团结社会的思想基础是必要前提，思想、精神、道德基础对于团结俄罗斯社会最具特殊意义。在反思苏联和俄罗斯初期价值观构建教训的基础上，汲取俄罗斯传统有益养分，强调爱国主义的重要作用，提出重建俄罗斯价值观。以 1999 年 12 月的《千年之交的俄罗斯》、2000 年 2 月的《致选民的公开信》和 2000 年 7 月的国情咨文

① 郭丽双，崔丽颖．苏联核心价值观的裂变与启示［J］．毛泽东邓小平理论研究，2013（10）：76.

这三份政治文献为标志，普京提出了以俄罗斯传统价值观为思想基础的“俄罗斯新思想”。其主要内容包括：肯定民主原则和市场经济是全人类的共同价值观，是人类发展的“康庄大道”；同时，强调以俄罗斯传统的价值观爱国主义、强国意识、国家权威、社会互助精神作为社会团结的思想基础。

“俄罗斯新思想”的“新”就在于将历史与现实、传统与现代完美结合，肯定全人类的共同价值观的同时，将“俄罗斯人自古以来就有的传统的价值观”赋予新的时代特征，与现代俄罗斯爱国、强国的目标联系在一起，并从中寻找前进的动力。这非常切合俄罗斯社会的现实需要，面对改革初期经济衰退、生活艰难、道德沦丧的社会现状，国家已无法通过正常的思想道德教育来矫正这种无序状况，必须回溯传统文化寻求精神力量，引领群众思想。

“‘俄罗斯新思想’‘主权民主’‘普京计划’形成了普京特色的发展模式。‘俄罗斯新思想’是俄罗斯的保守主义学术主张在政治意识形态上的表现，主张在确保国家的稳定和发展中，以俄罗斯传统价值观中的积极因素解决现代化过程中的矛盾，反对革命和激进改革方式，反对完全效仿西方化的现代化模式。‘主权民主’则将民主制度形式纳入国家主权范畴，其他国家和组织不得干预。这既承认和尊重民主价值的普遍性，同时又强调了民主形式在不同国家、不同历史现实中所呈现出的特殊性。普京所主张的民主与苏联解体之初自由派主张的民主不同，后者是照搬西方的民主自由和市场经济，前者则是将现代社会公认的民主制普遍原则与俄罗斯的传统及社会现实相结合的探索。”① 正如俄罗斯著名政治评论家 B. T. 特列季雅科夫所说：“自由、民主、公正，是俄罗斯自然形成的三个主要价值观，这不是外国带给俄罗斯的，而是俄罗斯内生性的价值理念。”② “俄罗斯新思想—主权民主—普京计划发挥了多方面的作用，它力争意识形态和价值观方面的主动权，回击西方的批评与指责，加深西方社会对俄罗斯价值观的认知度；通过《NGO 法》防止美国和西方势力的价值输出与渗透。”③ 因此，基于俄罗斯传统文化的“俄罗斯新思想”，得到了人们的广泛认同，“普京现象”的背后真正起作用的就是人们珍视的俄罗斯传统价值观。

---

① 郭丽双．俄罗斯主流社会价值观的重建及其困境［J］．马克思主义与现实，2015（1）：150.

② Виталий Третьяков. Суверенная демократия：О политической философии Влатимира Путина，Российская газета，28 апреля，2005г［EB/OL］．（2005-04-28）［2022-10-23］．https：//archipelag. ru/agenda/povestka/comment2005/philosophy/.

③ 郭丽双．俄罗斯主流社会价值观的重建及其困境［J］．马克思主义与现实，2015（1）：150.

通观前文所述俄罗斯五大社会思潮对价值观教育的挑战与影响，我们可以看出“俄罗斯新思想”以新保守主义思潮主张的观点为主、以新东正教主张的观点为辅，同时汲取了新马克思主义思潮注重的社会互助和爱国主义、新自由主义注重的民主原则和市场经济等思想资源。

至此，俄罗斯重建社会主流价值观的基本构架得以确立。普京正是依靠俄罗斯人民上千年的历史创造的道德精神价值与现代新型价值相结合，解决俄罗斯面临的问题。这种不完全否定自己国家过去，吸收西方文明成果又不照搬西方、符合自己国情的社会主流价值观，赢得了国民一定程度的认同。①

2008 年，普京卸任总统，他的继任者 Д. А. 梅德韦杰夫虽然不完全赞同“主权民主”，但在社会主流价值观领域保持了普京倡导的社会主流价值观的延续性。2008 年 11 月 5 日，梅德韦杰夫在上任以来的第一份总统国情咨文中谈及俄罗斯国家价值观的发展时，强调公正、自由、家庭传统和爱国主义是社会主流价值观的基本内涵。基于此，梅德韦杰夫同样肯定俄罗斯自身的独特道路，在《俄罗斯，向前进!》一文中指出：“俄罗斯的民主不能机械地拷贝外国的模式，公民社会也不能靠外国的资助来购买，不能通过简单模仿发达国家的政治传统来改变我们的政治文化，……只有我们自己的经验能够带给我们权利，使我们享有自由、责任和成功。”②

在 2012 年 3 月俄罗斯大选中，普京再次当选总统并连任至今，充分证明普京的执政理念和倡导的社会主流价值观得到了民众一定程度的认可，适合俄罗斯的现实国情。虽然普京试图建构的社会主流价值观没有形成系统的理论体系，但是官方所做的积极探索和实际建构，在实践中取得了一定成效，对勾勒未来社会发展蓝图提供一定的价值引导。但随着俄罗斯现代化进程的推进，以俄罗斯传统价值为根基建构社会主流价值观将面临新的挑战。

（三）俄罗斯重建社会主流价值观面临的新困境

1. 东正教自身的现代化陷入瓶颈

苏联解体后，东正教对俄罗斯初期重建社会主流价值观发挥了重要作用，然而，经过 20 多年的发展，东正教在俄罗斯的现代化进程中陷入了瓶颈，面临着严峻挑战：保守性极强的东正教如何与现代社会接轨；东正教伦理能否发挥类似新教伦理对资本主义的推动作用，为促进民主政治和市场经济的良性运转

---

① 郭丽双 . 俄罗斯主流社会价值观的重建及其困境［J］. 马克思主义与现实，2015（1）：150.

② Россия, вперёд! Статья Дмитрия Медведева［EB/OL］.（2009-09-10）［2022-10-23］. http：/ /www. kremlin. ru/ events/ president/ news/5413.

提供精神动力？

在社会价值观方面，东正教的精神特质与现代文明之间存在很多矛盾，东正教的群体意识、出世禁欲主义、精神第一性、劳动伦理等观念与俄罗斯现代化的需要发生碰撞。东正教伦理的出世禁欲主义价值观和末世论是东正教与现代观念相冲突的世界观基础，它贬低和轻视世俗价值，主张生活的主要目的在于获得永恒的生命，追求俗世生活界限之外的超验价值，它不像西方基督教特别是新教那样重组自身的内部关系以符合俗世的要求，而是把经济、文化创造性的劳动以及改善社会关系的活动看作追求至高价值的障碍。显然，东正教伦理的这些价值观和世界观与俄罗斯的现代化发展需要相冲突。

在经济伦理方面，新教、天主教的现代化都取得了一系列成果，与之相比较，东正教的经济伦理相对落后。首先，东正教的主题集中于关于上帝的思想、提升灵魂上，而不关心人们实际的经济生活状况和伦理。而新教、天主教几个世纪以来一直专注于探讨社会和经济具体问题，给信徒以力量和精神鼓舞。其次，东正教不区分修道的伦理和世俗的伦理，召唤俗人走僧侣的道路，把贫穷和正义混为一谈，反对资本主义经济和私有制，谴责追求物质财富，导致经济活动失去宗教的正当性。新教则认为，富有才符合上帝的意图，财富是上帝向信徒显示恩宠的征兆。最后，在对待科学知识的态度上，东正教有反科学、反理性的神秘主义倾向，它以无知识的“老木炭工人或老保姆”为信仰形象，推崇“纯朴的心灵”①。相比之下，新教和天主教尊重科学，同识字和掌握新技术紧密相连，不识字的人不能成为牧师，这极大地促进了经济的发展。② 因此，东正教经济伦理如何进行现代观念的转换是问题的关键。

在政教关系方面，东正教的政治价值观，曾是阻碍俄罗斯向现代政治国家发展的制动器，是维护封建专制的思想武器。它主张忠诚和服务于世俗权力，在任何残酷和不公正面前都表现出温顺，历时几个世纪的俄罗斯暴政都加强和发展了东正教的这一方面。当许多其他宗教和民族传统进行现代化的时候，苏联政府只是加强了东正教信徒的这种情操。苏联解体后，俄罗斯人大多选择东正教，这种现象正是俄罗斯人逃避现实的基本社会反应，也是这种政治价值观发生作用的表现。另外，俄罗斯东正教的独裁梦想是其更明显的现代化的障碍，牧首基里尔重提最传统形式的“国家与教会合奏交响乐”的论题，使俄罗斯的

---

① 郭丽双．俄罗斯主流社会价值观的重建及其困境［J］．马克思主义与现实，2015（1）：151.

② Православная церковь и модернизация России：вызовы XXI века.［EB/OL］.（2009-12-17）［2022-10-23］. http：//www. liberal. ru /articles/4603.

政教关系问题变得更加敏感，其实质涉及的是君权与教权、专制与民主的问题。

当前，东正教在俄罗斯凝聚共识、构建社会主流价值观念的过程中发挥了不可替代的重要作用，然而，东正教出世禁欲主义的社会价值观、贬斥劳动和经商的经济伦理观、独裁的政治价值观，都与现代观念相冲突，俄罗斯社会各界都在热切关注：东正教自身的现代化如何走出瓶颈，它将继续为人们提供什么样的价值观支撑？这是俄罗斯重建社会主流价值观面临的新困境之一。

2. 俄罗斯各派思维方式和观点很难达成共识

20 世纪 90 年代初，当马克思主义的价值观念随着苏联解体而失去主导地位后，西方的政治观念和价值观念也快速失灵，俄罗斯社会思想陷入了极为混乱的状态。在思想道德领域，东正教伦理学迅速兴起，取代了马克思主义伦理学的主导地位，多数俄罗斯人相信只有宗教能够拯救俄罗斯。经过 20 年的复兴与发展，在普京的倡导下，东正教已超越宗教界域，作为俄罗斯传统价值的根基，在重建社会主流价值观中发挥重要力量，但也陷入瓶颈。由于俄罗斯各派思维方式和观点很难达成共识，当前俄罗斯价值观领域仍是多元化的现状，使重建社会主流价值观陷入了意见纷争的新困境。

正如瓦尔代辩论俱乐部执行主任 П. В. 安德烈耶夫指出的那样："当代俄罗斯社会的价值观念形形色色，有帝国主义式的保守价值观，有社会主义时期形成的价值观，也有近 20 年出现的野蛮资本主义观念。我们是谁？信仰为何？走向哪里？对这三个问题必须做出解答。我们不能像克雷洛夫寓言中说的那样，天鹅、螃蟹和狗鱼被套索拉车，却囿于海陆空的不同属性难以朝同一方向拉动车子。唯有价值观的趋同，能令我们达到像果戈理笔下'三驾马车往同一方向飞驰'的境界和目标。"①

当前在价值观领域，俄罗斯主要存在以下几种观点不同的派别和主张。首先是"教廷派"，该派主张确立特有的俄罗斯精神信仰和团队精神，坚决反对俄罗斯走欧美模式的现代化道路，主张凭借东正教强调精神价值高于物质价值的独特性，创造"超越的现代化"的俄罗斯文明，即创造出超越欧美模式，具有俄罗斯独特性，又对其他国家具有借鉴意义的文明模式，而东正教就是创造"超越的现代化"的俄罗斯文明的精神动力。其次是保守的俄罗斯主义派，其主导思想是温和的民族主义，对俄罗斯的所有历史时期采取认同态度，依托传统价值观，唤醒俄罗斯民族的自我意识、久远的价值体系和社会心理特征，重建

---

① 张全．"四个俄罗斯"，如何聚成一个俄罗斯［DB/OL］．(2013-06-03)［2022-10-23］http：//dsnews. zjol. com. cn/dsnews/system/2013/06/03/016499971. shtml.

俄罗斯的主流价值观。他们以苏联时代的价值观为例，力图证明：俄罗斯只有以民族传统价值观为支撑，形成独特的现代化模式而不照搬西方，才能成功地实现现代化。十月革命前，俄国的一些传统价值观曾被改头换面后带入了苏联时代，曾与共产主义理想结合过，发挥了良好的作用。因而，可以确信，目前传统价值观能够与现代社会接轨，积极推动俄罗斯现代化进程顺利进行。再次是亲西方的自由派，强调自由价值观和地缘政治地位，成员主要是右翼政客和知识分子，他们依据西方新自由主义理论，提出自己的俄罗斯梦想，批判政府集权，但是他们并不关注目前国内和民众的现实状态，他们的理想国只是针对小部分群体。最后是极端民族主义，其成员主要是城市里新一代的中产阶级，他们紧紧把握着新的信息网，虽然在正式的知识领域中不具代表性，但在博客和社会意识中有很大的影响力。

可见，当前各派的思维方式和话语体系都不统一，很难达成共识，在相互反对的声音中无法为国民提供价值观支撑，这是重建俄罗斯社会主流价值观的难点之一。因此，当前俄罗斯急切需要一种民族意识，需要人们改变自身并与国家建立一种精神上的关系，清除头脑中的“混沌状态”，把不同派别中共同的利益和价值观凝聚起来，达成共识，才能推进俄罗斯社会主流价值观的重建。①

3. 俄罗斯身份认同的历史性纠结与现代困惑

“我们是谁？我们信仰什么？我们要往哪里去？”这个俄罗斯人千百年来追问的主题，为何近几年又成为俄罗斯社会各界热议的问题呢？随着俄罗斯现代化进程的推进，进入急剧转型期的俄罗斯陷入了身份认同危机。社会转型期最需要“身份认同”，从心理学角度讲，“认同”是人的最后一道自我防线。在全球化迅猛发展的时代，由于多元文化的交汇与交融，很可能挑战和消融原有的“认同”。怎样在多元文化和价值观的冲击下构建具有整合力的价值观念，怎样突破俄罗斯身份认同的历史性纠结与现代困惑？这些是俄罗斯目前遇到的难题。

为什么一个国家，一个民族的认同问题会产生这么大的争议？这就在于自俄罗斯文明产生以来，俄罗斯文明的历史定位没有形成共识，俄罗斯是属于欧洲还是亚洲，是否存在着一种独立的俄罗斯文明？这些问题至今都没有定论，这便产生了俄罗斯身份认同的历史性纠结。

从俄罗斯文明的形成要素来看，它受斯拉夫民族性、东正教信仰、蒙古人入侵和彼得西化改革的影响，但这四种不同种类文明的要素相互牵制，始终没

① 郭丽双．俄罗斯主流社会价值观的重建及其困境［J］．马克思主义与现实，2015（1）：152.

有化合成有机整体。这造成了俄罗斯的社会政治和精神文化发展具有多元性和跳跃性的特点，缺乏一贯的稳定性和连续性，从而制造出复杂矛盾的俄罗斯文明形象：在审美形式、艺术趣味、价值判断乃至生活方式上较接近西方，但是俄罗斯在文学创作和哲学思考方面注重感悟与直觉、非理性的哲学思考和宗教神秘主义等东方的精神特质。①

从地域和种族起源方面来看，俄国是东斯拉夫民族，虽然同拉丁语系和日耳曼语系接壤，却不能归属于天主教或新教的欧洲文明，因为经典的欧洲文化起源于南部古希腊罗马文化和北方日耳曼文化，并经由基督教而融合一体。②“因而，俄国文化是否属于西方文化仍是一个疑问。这导致了俄国文化处于无根状态和身份认同的历史性纠结，也造就了俄国知识分子忧患意识、忧郁气质和焦虑心态：‘我们是谁？我们信仰什么？我们要往哪里去？’他们不断寻求民族性归属和精神气质。”“当前俄罗斯进入急剧的转型期，非常需要‘身份认同’和社会互信，本来历史上就已经很复杂纠结的俄罗斯身份认同问题，变得更加扑朔迷离，也使重建俄罗斯社会主流价值观面临新的挑战。”③

除俄罗斯身份认同的历史性纠结以外，当前俄罗斯身份认同危机还有以下几方面的现实困惑。首先，其与苏联70多年建立的身份认同直接相关。苏联曾经创造了自己的认同，其中不乏很多好东西，但苏联最终解体了。当信仰被毁以后，良心、荣誉、尊严、归属感和它们的载体一起消亡。其次，它是“斯拉夫文化优越论”遭遇残酷现实打击的应激性反应。俄罗斯打心底里不愿承认自己是亚洲国家，向来以欧洲国家自居，但西欧不承认它是欧洲国家，也不欢迎它加入欧盟。残酷的现实又让俄罗斯人陷入了身份认同的困境。最后，民族认同与国家认同的错位。苏联解体后，从前灌输的意识形态突然抽离造成人们精神上的空白，国家认同发生分裂，被人们共同记忆中的民族认同所取代，没有了苏联人民这一国家公民认同，每个人都根据自身存有的民族记忆，来达到个人的自我认同和精神归属。总人口数量为1.45亿的俄罗斯联邦由190多个不同民族构成，民族性的多样化和历史上的各种认同交织在一起，这就产生了跨越

---

① 郭丽双．俄罗斯主流社会价值观的重建及其困境［J］．马克思主义与现实，2015（1）：152.

② 林精华．民族性、民族国家与民族认同：关于俄罗斯文明史问题的研究［J］．社会科学战线，2003（6）：145.

③ 郭丽双．俄罗斯主流社会价值观的重建及其困境［J］．马克思主义与现实，2015（1）：152.

国家边界的认同力量①，这是极其复杂难解的民族认同与国家认同错位的问题。

"在新的政治经济体制确立之时，民族身份认同是国家政治体制背后的建构性力量，而当前由于身份认同的历史性纠结与现代困惑，俄罗斯仍未明确自身的历史定位、地理定位和精神定位，民族认同与国家认同错位，无法自觉地在民族的集体意识中重新构筑国家生活的精神基础，这使俄罗斯重建社会主流价值观陷入新的困境。乌克兰的克里米亚事件就是民族认同的力量超越国家的边界，民族认同、国家认同不一致的典型例证。"②

4. 俄罗斯青年人价值观倾向于个人主义

新一代俄罗斯青年是在苏联解体后社会急剧转型的严酷社会条件下成长起来的，他们目睹了俄罗斯初期的满目疮痍和价值凋零，禁受了社会分化和资本犯罪，特别是道德文化处在新旧交替中表现出极度的复杂性和多变性，对这一代青年人价值观的形成起到了决定性的作用。

过去苏联时期国家主义框架下的人生价值评价标准，受到年轻人的质疑和否定，代之以多元价值评价体系，但总体上是个人主义、实用主义、享乐主义占据了上风。这集中表现在俄罗斯年轻人的学习目的、择业态度和对待应征入伍、对待政治的态度上。学习的目的是改变自己的命运，获得更多的个人利益，而不是像苏联时期的青年那样学习本领为国家做贡献；同时，赴海外求学的留学生毕业后有70%不愿回俄罗斯工作，尽力在留学所在国找工作，而不是像苏联时期的留学生那样回去报效祖国。随着俄罗斯市场经济和民主政治进程的推进，当代的俄罗斯青年，在职业选择方面的价值观，与他们的父辈相比也发生了急剧变化。当前，许多俄罗斯年轻人择业的出发点是工资水平和未来的上升空间，至于是否对国家建设和发展有所贡献，往往不在考虑的范围内。

青年是国家发展的未来，他们陆续走向社会将逐渐成为推动俄罗斯现代化进程的主力军，但是，当前俄罗斯青年的价值观状况着实令俄罗斯社会各界担忧。如何矫正走向极端个人主义的青年价值观？这是当前俄罗斯重建社会主流价值观面临的又一大难题。

社会主流价值观作为一个国家的灵魂，对社会的精神价值导向、秩序维护运转起着统领整合的作用，然而，20多年来，俄罗斯却在多元化价值观相互反对的争辩声中走过，无法为国民提供价值观支撑和精神动力。普京确立了俄罗

① 卡斯特．认同的力量［M］．荣湘，译．北京：社会科学出版社，2006：43.

② 郭丽双．俄罗斯主流社会价值观的重建及其困境［J］．马克思主义与现实，2015（1）：153.

斯构建社会主流价值观的基本构架，这种积极的努力仍在继续，它能否顺利走出社会急剧转型引发的新困境，在不断变化的环境中发挥统一观念的整合力①；在价值观多样化的条件下，如何重新构筑俄罗斯人的精神基础，使其建立与国家精神上的关系，达到民族认同和国家认同相统一；如何突破东正教现代化陷入的瓶颈；如何统领价值观方面各派针锋相对的主张；如何引导青年人的价值观远离个人主义回归价值本位？这些都是当前俄罗斯价值观教育面临的难题。

（四）展望未来：在奋进中砥砺前行

重构稳定的国家主流价值观，是俄罗斯社会转型提出的迫切要求。苏联解体后，俄罗斯一直在寻找团结社会、推动国家向前发展的价值理念。基于俄罗斯多民族和多宗教的特点，俄罗斯建构起超越民族的国家价值观，“要求拟出一些共同的基本价值观和共同的交际原则。以这些价值观念和原则为参考，即建立起可称为‘全俄精神’‘俄国精神’和‘全俄民族性格’的东西”②。面对以上一系列的新挑战，尤其是看到保守主义、东正教伦理与俄罗斯现代社会的发展需要有一定的矛盾与冲突，俄罗斯政府在构建社会主流价值观和价值观教育方面有所调整，认识到世俗化的价值观——爱国主义更能使人们达成价值共识。

普京曾多次谈到过爱国主义的重要性，以及爱国主义与俄罗斯思想的关系。在 2019 年 12 月的一次大型新闻发布会上，普京称爱国主义是现代民主社会唯一可能的意识形态。③ 2019 年，普京在瓦尔代国际辩论俱乐部的全体会议上发表讲话，指出了爱国主义和勇敢精神在 20 世纪 90 年代发挥的作用，这些品质帮助俄罗斯渡过了当时的危机，当时俄罗斯经历着本国历史上最困难的时期之一，除了最严重的国内政治、经济和社会危机，俄罗斯人还受到国际恐怖主义的入侵，当时俄罗斯已濒临崩溃和解体。④ 普京表示：“当时我们完全有可能陷入大规模内战的深渊，遭遇国家分裂，丧失国家主权，流于世界政治的边缘。正是由于俄罗斯人民非凡的爱国情怀、勇敢精神、难得的耐心和辛勤的工作，

---

① 郭丽双．俄罗斯主流社会价值观的重建及其困境［J］．马克思主义与现实，2015（1）：153.

② 沙波瓦洛夫．俄罗斯文明的起源与意义［M］．胡学星，王加兴，范洁清，译．南京：南京大学出版社，2014：17.

③ Путин：в стране возможна лишь одна идеология — патриотизм［EB/OL］．（2019-12-19）［2022-10-23］. https：//ren. tv/news/v-rossii /638649-putin-v-strane-vozmozhna-lish-odna-ideologiia-patriotizm.

④ Путин выступил на заседании клуба“Валдай”［EB/OL］．（2019-10-3）［2022-10-23］. https：//ria. ru/20191003/1559416104. html.

我们的国家才被推离开这条危险的路线。"① 2020年5月，普京在接受《莫斯科·克里姆林宫·普京》节目采访时再次重申，俄罗斯的国家思想是爱国主义，它为国家的发展服务，这是俄罗斯唯一的国家思想。② 他同时提醒要警惕"庸俗的爱国主义"。普京认为："爱国主义就是要献身于国家的发展和进步，它并不意味着要时刻抓住俄罗斯英雄的历史不放。爱国主义需要我们展望同样英雄和光明的未来，这是成功的保证。"③ 不同于苏联时期的"高开低走"，解体后的俄罗斯在经历了最初的混乱后，越来越重视构建自己的社会主流价值观。然而，俄罗斯政府仍面临着诸多挑战。

俄罗斯联邦安全会议副主席梅德韦杰夫认为，在构建社会主流价值观时，如何采取更加务实的举措是非常重要的问题，他在2020年2月指出，重要的不是高喊爱国主义口号，而是要实干笃行。④ 梅德韦杰夫表示："我们始终从这样一个事实出发，即作为一个政党，作为俄罗斯的主要领导力量，要在实际工作中践行爱国主义。例如，要关心退伍老兵，制定各级福利政策，帮助那些真正有需要的人。"⑤

当前，俄罗斯政府明确了价值观教育的核心——爱国主义，这对当代俄罗斯社会思潮产生了深刻影响，无论是新自由主义思潮、新东正教意识思潮，还是新欧亚主义思潮，都将爱国主义纳入核心概念，在自己的思想中体现爱国的精神内涵。由于深刻地意识到俄罗斯重建社会主流价值观的必要性，普京在勾画俄罗斯长期发展战略时，将精神建设摆在了第一位。他指出，思想、精神、道德基础对于团结俄罗斯社会最具特殊意义，俄罗斯社会最紧要的问题是，恢复民众对未来的信心，建立团结社会的思想基础。"我们国家所需要的富有成效的创造性工作不可能在一个四分五裂、一盘散沙的社会里进行，不可能在一个主要社会阶层和政治力量信奉不同基本价值观和不同意识形态的社会里进

---

① Путин выступил на заседании клуба "Валдай" [EB/OL]. (2019-10-3) [2022-10-23]. https://ria. ru/20191003/1559416104. html.

② В этом - залог успеха: Путин рассказал о российской национальной идее [EB/OL]. (2020-5-10) [2022-10-23]. https://www. vesti. ru /article/2408114.

③ В этом - залог успеха: Путин рассказал о российской национальной идее [EB/OL]. (2020-5-10) [2022-10-23]. https://www. vesti. ru /article/2408114.

④ Медведев призвал практиковаться в патриотизме [EB/OL]. (2020-2-20) [2022-10-23]. https://pobedarf. ru/2020/02/20/930680396me/.

⑤ Медведев призвал практиковаться в патриотизме [EB/OL]. (2020-2-20) [2022-10-23]. https://pobedarf. ru/2020/02/20/930680396me/.

行。”① 他吸收了“大西洋主义”“斯拉夫主义”“欧亚主义”和东正教价值观的合理因素，在将历史与现实、传统与现代相结合，在肯定全人类共同价值观的同时，将俄罗斯的传统价值观赋予新的时代内涵，提出了“俄罗斯新思想”，得到了大多数民众的认可，曾起到了重构主流价值观和国家意识形态的部分作用，但随着国内外形势的变化，尤其是经济持续衰退和入欧受阻后，新欧亚主义在俄罗斯的影响力逐步提高，新欧亚主义的价值理念得到了普京的肯定，这也明确体现在了他的执政理念中。

在国家身份认同上，普京确认了俄罗斯是“欧亚国家”，强调俄罗斯属于“欧亚文明”；在思想价值观方面，俄罗斯政府坚持探索能够凝聚人心的国家主流价值观和意识形态；在重塑俄罗斯历史观和民族价值观方面，俄罗斯政府汲取历史虚无主义造成歪曲历史记忆、传播俄罗斯“落后论”的教训，开始推动历史学界确立客观理性的“新历史观念”，区分历史学术研究与国民历史教育的不同标准，重新客观评价十月革命、苏联模式及苏联参与第二次世界大战等重要历史人物和重大事件，发行全国统一的历史教材，并以立法的方式捍卫俄罗斯历史和民族价值观。

2014 年 12 月底，俄罗斯历史教科书修改委员会向普京总统汇报：1917 年十月革命和与此相连的国内战争，较之其他国家类似的革命，完全可以称为“伟大的革命”，这是现在大多数俄罗斯人都能够接受的观点。2016 年 12 月 1 日，普京在国情咨文中肯定了十月革命的历史意义，并宣布俄罗斯政府将正式纪念十月革命一百周年。他说道：“即将到来的 2017 年是二月革命和十月革命一百周年，这个明显的理由再一次引导我们关注俄罗斯革命的原因和革命本身的性质，这不仅对历史学家和学者是重要的，而且对于俄罗斯全社会来说都需要客观、诚实和深入地分析这些重大事件。这是我们共同的历史，因此我们应该以尊重的态度对待它。”② 这是自 2004 年立法取消“十月革命节”以来，俄罗斯政府首次正式提出纪念十月革命。至此，俄罗斯官方彻底反击了一些人多年来把十月革命定性为一场德国资助下阴谋政变的说法。

此外，新欧亚主义还为俄罗斯提供了爱国主义基础，这体现在“新的爱国主义思想”“主权民主”“欧亚经济联盟”构成的普京特色发展模式，与新欧亚

---

① В. В. Путин. Россия на рубеже тысячилетий［EB/OL］.（1999-12-30）［2022-10-23］. https：//www. ng. ru/politics /1999-12-30/4_ milleniu m. html.

② В. В. Путин. Послание Президента Российской Федерации Федеральному Собранию, Москва，Кремль，1 декабря 2016 года［EB/OL］.（2016-12-1）［2022-10-23］. http：//www. kremlin. ru/events/president/news/53379.

主义“新三位一体”政治制度体系相对应。新欧亚主义是俄罗斯传统政治价值观的延续，而地缘政治理论赋予了其更高的政治价值和精神凝聚力。新欧亚主义用俄罗斯的独特地缘优势，突出了俄罗斯文明超越东西方对立以及连接东西方的优势，在传承俄罗斯民族历史传统和肯定俄罗斯固有民族心理的基础上，推论出俄罗斯自己独特的社会政治制度体系，基于欧亚文明论提出了国家主义的政治哲学新构想。由此，笔者认为，新欧亚主义对普京执政理念和社会价值观构建所起作用越来越大，新保守主义和新欧亚主义的融合将可能是俄罗斯构建社会主流价值观和价值观教育的主要思想资源。

三、俄罗斯价值观教育的改革举措

进入 21 世纪以来，俄罗斯汲取苏联解体和俄罗斯联邦成立之初的教训，加强了价值观教育的回归与创新，经历了从无序到有序、从去意识形态化到多维度理性回归的过程，采取了多项切实的举措。

（一）抗击历史虚无主义

历史虚无主义是苏联解体的助推力，在当下的俄罗斯仍盛行不衰，在社会教育方面造成歪曲历史记忆、传播俄罗斯“落后论”的严重危害。在信息化时代，历史虚无主义思想对俄罗斯国民的影响方式也出现了变化。俄罗斯联邦共产党梁赞市委书记 Л. М. 克里夫佐娃认为，现代信息环境对价值观的形成有着巨大的影响，部分信息本质上是具有攻击性的，是增加危险的因素，它们主要是针对儿童和青少年。一些作品企图从人们的记忆中抹去本应让自己引以为豪的一切，让人们忘记真正英雄的名字。① 为抗击历史虚无主义，俄罗斯政府采取了一系列措施，主要包括以下方面。

1. 政府推动历史教育确立客观理性的“新历史观念”

重新客观评价十月革命、苏联模式及苏联参与第二次世界大战等重要历史人物和重大事件，并发行全国统一的历史教材。普京曾多次肯定这些“新观念”，从而引起俄罗斯社会的极大反响。普京在纪念伟大卫国战争全俄视频公开课上说，“我们都尊重我们的英雄，赞美他们，敬佩他们的勇气和坚韧。我们了解得越多，就会理解得越深刻：没有比战争更艰难和悲惨的考验。战争企图夺走未来，打破梦想，破坏命运，不会饶过任何人。”普京表示，保存记忆是一项

---

① Кривцова Лилия Матвеевнаю. Патриотическое воспитание подрастающего поколения – одна из самых актуальных задач нашего времени［EB/OL］.（2020-05-30）［2022-10-23］. https：//kprf. ru/party-live/opinion/194860. html/print.

国家重要任务，尽管没有必要抓着过去不放，但是只有依靠过去，才能自信地迈向未来。①

2. 颁布文化法令、打响捍卫俄罗斯历史和民族价值观的保卫战

俄罗斯政府于 2007 年通过《教育法》修正案，2009 年成立“反击篡改历史行为的委员会”，2014 年通过俄罗斯联邦法律修正案。2020 年颁布的《2025 年前反极端主义国家战略》对传播（包括网络传播）极端主义、煽动民族仇恨、为纳粹平反以及否定二战历史等言行追究法律责任，同时驳斥国际社会某些国家否定和抹黑苏联在二战中作用及形象的不实言论。②

3. 开展全民普及的历史教育

俄罗斯政府大力度在全社会普及历史知识，以“新的历史观念”培训历史教师，加强对大学生的历史观教育。教育部、科学院等联合研讨和出台针对历史教学的统一国家标准，建立了专门的历史教育网站；俄罗斯政府还将 2012 年定为俄罗斯历史年，并确定了一系列重要纪念日为法定节日，如祖国保卫者日、胜利日、卫国战争爆发日等。

（二）价值观教育渗入文化修养和道德修养等专业课程

俄罗斯颁布的《2001—2010 年俄罗斯教育现代化纲要》提出思想政治教育的任务和目标是：致力于培养人在社会中三个角色，即公民、工作人员、家庭成员的职责，培养学生的公民责任感、法律意识和独立思考能力。通过俄罗斯的国家、民族与社会、日常生活、礼仪规范、行为规范等方面渗透思想政治教育内容，将公民学、社会学、政治学、法律学和经济常识、宗教常识等选修课作为渗透思想政治教育内容的一种渠道。

（三）凸显爱国主义在价值观教育中的核心作用

俄罗斯政府将爱国主义教育，作为价值观教育的核心和共同价值观基础。通过“俄罗斯新思想”吸收各派思想精华，以爱国主义为依托，重塑俄罗斯特色的价值观基础，相继颁布《俄罗斯联邦 2001— 2005 年公民爱国主义教育纲要》《俄罗斯联邦 2006—2010 年公民爱国主义教育纲要》《俄罗斯联邦 2011—2015 年公民爱国主义教育纲要》。2016 年 1 月 2 日，时任总理梅德韦杰夫签署

---

① 俄媒：普京坚决反对历史虚无主义，谁改写卫国战争历史就是叛国投敌［EB/OL］.（2020 - 05 - 30）［2022 - 10- 23］. http：// news. chinaxiaokang. com/dujiazhuangao/20200902/1034821. html.

② Указ Президента РФ от 29 мая 2020 г. № 344 “Об утверждении Стратегии противодействия экстремизму в Российской Федерации до 2025 года”［EB/OL］.（2020-05-29）［2022-10-23］. https：//www. garant. ru/products/ipo/prime/doc /74094369/.

决议，批准《俄罗斯联邦 2016—2020 年公民爱国主义教育纲要》。这已是 2001 年以来俄罗斯连续颁布的第四个爱国主义教育“五年纲要”。第四个“五年纲要”再次强调了爱国主义在价值观教育中的重要意义，还突出强调了爱国主义教育应面向所有社会阶层和年龄群体，并针对不同年龄段的群体提出了切实可行的爱国主义教育目标。

此外，《2025 年前俄罗斯联邦教育发展战略》规定，要切实提高文科教学质量，结合俄罗斯和当今世界发展进程，尊重史实，坚定立场，正视本国历史成就，引导学生树立正确的精神价值观。培养学生尊重爱护俄罗斯联邦国旗、国徽、国歌等国家象征和国家历史古迹，发展军事爱国主义教育，培养学生的爱国主义情感。①《2030 年前俄罗斯联邦国家文化政策战略》也强调了“爱国主义教育”的重要意义，并提倡将俄语、俄罗斯文学、俄罗斯历史的学习融入爱国主义教育，提高俄罗斯语言文学的地位。②

（四）多样化的课外活动和载体

俄罗斯汲取了苏联封闭灌输教育方式失效的教训，充分发挥课外活动在高校思想政治教育中的作用。通过升旗仪式、军训、节日庆典、文艺演出、参观访问、祭扫烈士陵园，以及参观军事博物馆、历史博物馆、地方志博物馆、纪念碑等课外活动，获取相关知识，培育对国家的感情。还通过各种社会组织开展专题设计活动，将主旋律的思想内容与现实问题紧密结合，调动大学生的主动参与意识。与此同时，俄罗斯也十分重视社会文化载体对学生的示范引领作用，国家领导人亲自颁布命令，授予普通民众“祖国荣誉奖章”；遍及俄罗斯各处的历史纪念馆和人物雕像、长明火等都成为思想政治教育的无声载体。

四、俄罗斯价值观教育创新对于我国的启示

透视苏联核心价值观的裂变，审视俄罗斯社会思潮与价值观及其教育的相互作用，反观近几年我国关于价值观教育的讨论，获得如下启示。

---

① Стратегия развития воспитания в Российской Федерации на период до 2025 года ［EB/OL］．（2015－05－29）［2022－10－23］．Http：//static. government. ru/media/files/f5Z8H9tgUK5Y9qtJ0tEFnyHlBitwN4gB. pdf.

② Стратегия государственной культурной политики на период до 2030 года ［EB/OL］．（2016－04－29）［2022－10 －23］．Http：//static. governme nt. ru/ media/ files/AsA9RAyYVAJnoBuKgH0qEJA9IxP7f2xm. pdf.

(一) 抗击历史虚无主义，以科学态度与不同观点对话交流，完善相关法律法规捍卫国家的历史和英雄

习近平强调：“中国共产党人不是历史虚无主义者，也不是文化虚无主义者。”① 当前，我国存在的历史虚无主义不是单纯的学术思潮，而是一种政治思潮，主要以“还原历史”或“重新审视历史”为幌子歪曲和篡改历史，颠倒是非黑白，否定共产党的领导和社会主义制度。进而演化为文化虚无主义，恶搞、诋毁英雄和丑化中华文明，严重地损害国家历史和主流文化形象，对大学生的思想认识造成极大的负面影响。鉴于历史虚无主义瓦解苏联的教训和俄罗斯立法重塑历史观认同的成效，我国必须以法律手段遏制历史虚无主义。2018 年通过的《中华人民共和国英雄烈士保护法》填补了相关领域的法律空白，我国还要继续完善相关法律法规，捍卫我们的历史和英雄，捍卫国家安全和正义。

澄清历史问题，有力回击各种虚假杜撰，坚决反对以各种理由挑衅国家历史的行为，推动相关立法，以法律捍卫中华人民共和国的革命成果和正当性，维护抗日战争、解放战争、抗美援朝战争的正义性，禁止历史学界某些别有用心者，以“研究历史”之名否定中华人民共和国的立国之本。这种回击与反驳不能只停留于笔头和口头，要拿出切准要害的行动，包括在历史教科书中包含对中华人民共和国领导人的历史功过是非的客观评价，对敏感历史事件的真实还原及客观评价，对英雄壮举的真实再现等，不给历史虚无主义者留下编造的空间，也消除大学生神秘猜测的好奇心理。

(二) 扩大主流意识形态的包容度，积极探索高校思政课教育与其他人文学科专业课的交叉融合

当前，我国的思想领域已经形成了“一元主导、多元并存”的现象，一种声音、一种话语统领一切的局面已经不复存在。苏联后期，施行过于严厉的书报检查制度，过分限制人们言论自由，这种做法不仅没有达到维护主流意识形态和加强价值观教育的目的，反而引起人们的反感而走向另一个极端。因此，必须尊重思想文化建设的客观规律，以核心价值观为引领，面对不同声音，不能寄希望于通过行政命令的方式加以消除，而是要积极客观地分析其合理因素和存在的不足，借鉴吸收不同学科、不同流派的教育资源，积极探索价值观教育与其他人文学科专业课的交叉融合，在交流对话中发展自身。

---

① 习近平：在纪念孔子诞辰 2565 周年国际学术研讨会上的讲话 [EB/OL]．(2014-09-24) [2022-10-23]．http：//www. xinhuanet. com/politics/2014-09/24/c_1112612018_2. html.

（三）科学地充分研究或果断回击敌对学说，降低其对青年大学生的吸引力，在不断解决现实问题中提升中国特色社会主义的说服力

以新自由主义为例，尤其是“历史终结说”，直接“否定公有制，否定社会主义，否定国家干预”，全盘否定苏联的根本制度和价值观念，当时被苏联的大学生奉为真理，加剧了整个社会对共产主义的悲观情绪。新自由主义在我国也产生过很大的影响，20世纪八九十年代传入我国，成为学术界的热点话题，并在随后走出书斋，演变成一种流行的社会思潮。① 随着我国经济改革日益推进和学术研究不断深入，新自由主义的基本原则不断受到否定和批判，其影响日渐式微。因此，对于攻击社会主义核心价值观和主流意识形态的思潮，首先必须充分研究、果断回击，其次在不断解决现实问题中消除其存在的社会基础，其影响力自然会随之消亡。

全球化时代各种文化和价值观的碰撞和交融不可避免，即使是当下西方流行的政治价值观我们也要与之对话交流，要知己知彼取之所长为我所用，而不是刻意回避。从西方国家来看，它们也非常注意研究中国的意识形态与社会主义核心价值观，每年的中国学术论坛都有许多西方学者来到中国探讨这方面的问题，我们不必以敌对的立场隔离或以惧怕的心理逃避，而是应该以科学的态度加以研究、展开对话，在交流中以理为据使其认同我国的意识形态与社会主义核心价值观。

综上所述，当前俄罗斯社会思潮仍呈现多元化局面，受早年去意识形态化的影响，建构中的俄罗斯新的社会主流价值观还无法呈现出一个完整系统的理论形态，但在不懈的探索中，俄罗斯走出了思想无序的泥淖，逐渐探索出构建社会主流价值观的途径。当前研究和分析苏联、俄罗斯的社会思潮以及价值观变迁，对我国坚持社会主义道路和价值观教育有着极为重要的警示和借鉴意义。价值观教育是捍卫主流意识形态和核心价值观的重要方式，只有根据时代要求，不断推动价值观教育改革创新，才能培养出适应国家未来发展需要，具有坚定理想信念的时代新人。

---

① 黄凯锋，张毅攀．价值观研究：国际视野与地方探索［M］．上海：学林出版社，2013：16.

第九专题 多元文化视角下英国高校价值观教育的策略

英国作为多民族国家，长期以来面临着民族、种族、宗教等因素带来的文化多样性挑战。尤其在20世纪80年代后，英国经济出现衰退，多元文化之间的矛盾与冲突愈加显现。为维持社会凝聚与稳定，需要塑造共同的价值观来形成国家统一意识与公民身份认同，价值观教育被认为是帮助青少年建立“英国性”（Britishness）的有效手段。2014年，英国教育部出台的纲领性文件《促进英国基本价值观教育纳入学校SMSC教育考评标准》中明确指出“所有学校应该促进民主、法治、个人自由，以及相互尊重与宽容不同信仰、种族和文化等英国基本价值观”。通过提供校本服务，学校应促进不同文化传统之间的包容与和谐，使学生能够欣赏和尊重自身与他人的文化；鼓励尊重他人；鼓励尊重民主，支持参与民主进程等。①

高校历来是备受各国关注的意识形态和价值观教育的重要阵地，英国也不例外。相较于学制内其他教育阶段，英国高校的价值观教育需要综合考虑的情况往往更多。一是学生结构的复杂性，由于学生的跨地区流动，大学生的种族结构、宗教信仰、文化背景等会更加复杂多样，差异性导致的矛盾和冲突更为多见。二是年龄阶段的特殊性，大学生的认知水平往往介于稚嫩与成熟之间，其思想和行为逐渐倾向于自发而非外控。三是高等教育的职能性，高校承担着人才培养与社会服务的重任，无论学生选择进入社会工作还是继续深造，都倒逼大学必须优化价值观教育的土壤。这些情况一方面加剧了英国高校价值观教育的必要性；另一方面给价值观教育的实施带来不小困难，在方式方法等层面提出了更高要求。因此，英国高校在落实文件纲领的基础上，也在积极探索适合英国国情与高校实际的价值观教育实践路径。

一、以缓解文化冲突为目的的价值观教育背景

从世界范围来看，国际和国内层面都有多元文化冲突的存在表现。国际层面的多元文化冲突主要缘起于地域与地域之间相对的“外来思潮”，国内层面则

---

① Department of Education. Promoting fundamental British values as part of SMSC in schools——Departmental advice for maintained schools [M]. London: Her Majesty's Stationery Office, 2014: 3-8.

表现为多民族国家内部族群的多样化和政治经济体制机制的多元性这两类归因。进入21世纪后，随着国际全球化进程加快、国内种族间交流增多，多元文化的客观存在致使英国国内外形势更加复杂严峻，强化价值观教育成为英国捍卫“精神文化阵地”的重要手段。

（一）社会冲突事件频发，多元文化环境动荡不安

在英国，包括亚裔、黑人族裔等18个种族在内的少数族裔约750万人，数量约占全体英国公民的13%。① 由于多样性种族的差异与冲突长期存在，强调不同文化间相互尊重与包容以促进公民身份认同和社会凝聚的价值观教育必须长期坚持并不断完善。2005年，布莱尔（Tony Blair）强调，英国价值观应包括宽容、平等待人、尊重不同文化传统等理念，重建社会秩序和保持社会稳定的唯一道路就是灌输社会共同的价值观。② 2008年，英国团结和整合委员会（Commission on Integration and Cohesion，CIC）强调英国价值观的内容是尊重法律、公正对待他人、种族平等、自食其力、主动纳税以及保护环境③，与此同时，英国的公民教育课程中也增加了不同民族、地区、种族、宗教的文化及其相互联系的教育内容。2011年，价值观教育被官方定义为“极端主义的预防战略”，英国内政部文件《预防策略》（“Strategy for Prevention”）中明确提到“极端主义反对我们的普世人权、法律面前人人平等、民主和全面参与社会的价值观，要通过价值观教育应对极端主义和恐怖主义的意识形态挑战，防止人们卷入极端组织”。④ 2014年2月，“特洛伊行动”⑤ 为英国价值观教育拉响警报，同年11月英国政府出台了《促进英国基本价值观教育纳入学校SMSC教育考评

---

① Cabinet Office. Race Disparity Audit：Summary Findings from the Ethnicity Facts and Figures website［M］. London：DfE，2018：1-8.

② DUNN A，BURTON D. New Labour，Communitarianism and Citizenship Education in England and Wales［J］. Education，Citizenship and Social Justice，2011，6（2）：169-179.

③ RATCLIFFE P. Community Cohesion：Reflection on A Flawed Paradigm［J］. Critical Social policy，2012，32（2）：262-271.

④ HM GOVERNMENT. Prevent Strategy［M］. London：Home Office Publications，2011：1-7.

⑤ CLARKE P. Report into Allegations Concerning Birmingham Schools Arising from the Trojan Horse Letter［M］. London：Home Office Publications，2014：21.

标准》[①]《促进学生 SMSC 发展：补充信息》[②] 两项重要政策报告，提出将促进英国基本价值观作为学校教育的重要内容。

2015 年，《查理周刊》（*Charlie Hebdo*）袭击案的发生再次敲击了英国紧绷的神经。根据英国最新种族差异调查，2011—2021 年英国族裔内部与族裔之间在受教育程度、经济水平、就业状况、社会参与等多方面存在较多消极差异（negative disparities），这一现象在对英国的区域政治经济发展产生负面影响的同时还激化了社会矛盾冲突，有 25%的少数族裔人群在受访时表现出对这些差异的不满，甚至有人因此而走向暴力犯罪的道路。[③] 根据英国教育部发布的资料，英国因参与恐怖主义犯罪而被捕的年轻人以及前往叙利亚和伊拉克恐怖组织参加游行的年轻人比例很高，甚至有些尚在学校的大学生已经在从事恐怖主义活动。[④] 不可否认的是，恐怖主义与极端组织存在的背后具有经济、文化、政治、宗教信仰等深刻的历史原因，对这些病灶的“根治”不是朝夕之事，但是避免极端事件发生、防止青少年误入歧途是英国一直在着力解决的大事，英国对多元文化之下的种族冲突与价值观教育的关注从未减弱。基于前车之鉴，英国种族差异委员会（Commission on Race and Ethnic Disparities，CRED）多次向民众发布关于如何尽可能缩小或消除种族间暴力冲突的意见咨询[⑤]，调查结果显示，种族差异是导致冲突的重要原因之一，而推行统一的价值观教育则被证实是缓解问题的有效手段[⑥]。由此一来，通过价值观教育来加强民族凝聚力，从而进一

① Department of Education. Improving the Spiritual，Moral，Social and Cultural（SMSC）Development of Pupils：Supplementary Information—Departmental Advice for Independent Schools，Academies and Free Schools [M] . London：Her Majesty's Stationery Office，2013：1-3.

② Department of Education. Promoting fundamental British values as part of SMSC in schools—Departmental advice for maintained schools [M] . London：Her Majesty's Stationery Office，2014：1-3.

③ Cabinet Office. Race Disparity Audit：Summary Findings from the Ethnicity Facts and Figures website [M] . London：DfE，2018：1-8.

④ GOV of UK. Prevent Duty Guidance：for Higher Education Institutions in England and Wales [EB/OL] .（2021-04-01）[2022-09-20]. https：//www. gov. uk/government/publications/prevent-duty-guidance/prevent-duty-guidance-for-higher-education-institutions-in-england-and-wales.

⑤ GOV of UK. Ethnic Disparities and Inequality in the UK：Call for evidence [EB/OL] .（2021-03-31）[2022-09-20]. https：//www. gov. uk/government/consultations/ethnic-disparities-and-inequality-in-the-uk-call-for-evidence/ethnic-disparities-and-inequality-in-the-uk-call-for-evidence.

⑥ Commission on Race and Ethnic Disparities. To：Kemi Badenoch MP Exchequer Secretary and Minister for Equalities [M] . London：CRED，2020：1-3.

步实现社会维稳功能，也成为英国推行价值观教育的现实合理性所在。

（二）高校种族歧视加剧，价值观教育迫在眉睫

频发的社会冲突引起英国对价值观教育的重视，高校种族主义的存在更迫使将价值观教育正式纳入议程。2012 年，英国种族意识和平等运动协会（Campaign for Racial Awareness and Equality，CRAE）发表了一份定性研究报告，对 50 名被认定为黑人或少数族裔（Black or Minority Ethnic，BME）的牛津学生进行访谈，其中包括非洲黑人（48%）、中国人（26%）和英国亚裔（26%）。访谈结果显示，尽管 BME 学生能够在牛津大学令人振奋的环境中茁壮成长，但是许多学生在校期间在校园参与和人际关系等方面经历了严重的种族歧视。该报告在当时建议英国大学应该带头进行价值观引领，以确保大学能够为不同种族的学生提供一个有吸引力和支持的环境。这份报告并没有消除普遍存在的担忧，BME 学生和 CRAE 成员仍然担心种族主义和其他形式的歧视会继续存在，恐怕对很多学生在牛津甚至以后的人生经历都会产生严重影响。2014 年，CRAE 发布了数量更大、范围更广、研究更深的第二份报告《一百个声音》（“The 100 Voices Campaign”），此次将访谈对象扩大到包括牛津在内的英国多所高校的 528 名学生（见表 1），并采用对 BME 学生的个别采访与对全校学生种族调查相结合的方法，以听到不同种族和民族学生的声音以及他们在大学面对的种族主义和受歧视经历。访谈结果并不乐观，反映存在的问题包括四个。第一，学生结构缺乏多样性。76%的受访者认为大学的学生群体没有足够的多样性，59.3%的 BME 受访者表示他们在大学因为自己的种族或民族而感到不舒服或不受欢迎，41%的 BME 受访者表示种族会影响他们的大学录取过程。第二，课程未能体现非西方思想、民族和文化的多样性。71.1%的 BME 受访者认为大学的教学人员缺乏足够的多样性，只是反映了世界思想、成就和历史的一小部分，认为课程主要集中在白人或欧洲中心的观点和贡献。第三，种族差异甚至偏见普遍存在。50.9%的 BME 受访者表示他们身边的种族笑话或言论已经越过了可接受的界限，28.9%的 BME 学生会放心地报告种族指控事件，仅有 12.8%的 BME 受访者愿意与学院管理层讨论种族问题，9.7%的受访者曾听过自己学院的管理人员以官方身份解决种族问题。第四，BME 学生普遍存在社会孤立感。BME 的学生经常觉得自己在独自与民族和种族主义做斗争，而他们的社区（大学、系或其他社区）很少或几乎没有人给予帮助，57.75%的 BME 受访者认为种族主义是大学存在的重要问题，81.2%的 BME 受访者认为大学没有充分讨论种族和民族问题，只有 42.5%的 BME 学生认为大学有足够的安全空间来讨论种族问题（见表 1）。

表1 《一百个声音》访谈学生结构划分及其比例

访谈学生结构划分	不同类型学生所占比例（共528名）		
种族特征	白人（57.6%）	BME（26.3%）	其他（16.1%）
公民身份	英国公民（72.0%）	国际公民（15.0%）	双重公民（13.0%）
学历层次	本科生（73.0%）	硕士研究生（25.0%）	博士研究生（2.0%）

资料来源：Campaign for Racial Awareness and Equality. The 100 Voices Campaign 2：Black and Minority Ethnic Students of Oxford Speak Out［M］. London：CRAE，2014：1-18。

面对这样“危机四伏”的调查结果，CRAE认为强化大学生的价值观教育必要且迫切。CRAE从学校、学生活动和其他相关团体层面提出了一些改善学生未来学习和人生体验的建议。①在录取、校园活动参与等方面增加BME配额，同时大学要积极为学生提供足够支持，使学生感受到融合和健康而非孤立感与疏离感。②发展教师培训，可以制订一个关于种族多样性与敏感性的教师培训方案，以便使教员和其他工作人员能够更好地了解种族主义的各种表现形式，提高敏感事项的处理能力。③扩大课程的多样性。一些BME学生觉得自己的文化背景和身份并没有反映在他们学习的课程中，认为英国大学的课程反映了一种“欧洲中心主义”甚至是“白人至上主义”的思想倾向，而大学应该在所有院系中教授真正反映来自世界各地过去和现在学者的智力贡献的教学大纲，拓宽大学的课程内容以消除对非白人学生的排斥。④增加教员多样性，院系的教员组成应该更多地反映社会的不同面貌和文化背景。⑤大学要对种族问题保持敏感，对任何可能涉及种族差异的行动与潜在的种族主义言论和行为都必须保持警惕。⑥为BME学生做好基础设施服务。例如，制订BME同伴支持计划，在每个公共休息室选出BME学生代表；探索引进BME官员或种族研究员；鼓励学生学习与讨论种族与民族问题；在新生教育周以及平时活动中增加提高多元文化意识的内容，使学生认同自己的文化身份并引以为豪。⑦设置“安全空间”（safety space）。大学通过价值观引导，建立归属感，为学生提供一个真正放松、舒适和支持的环境。⑧大学文化转变。学校的文化必须给学生创造支持空间，让他们说出自己的经历，而不是感到被轻视或被拒绝。①

表面看来，这份报告的呈现结果似乎主要关注的是英国大学BME学生的感

① Campaign for Racial Awareness and Equality. The 100 Voices Campaign 2：Black and Minority Ethnic Students of Oxford Speak Out［M］. London：CRAE，2014：1-18.

受与经历，但事实上报告的字里行间都流露出对英国高校种族问题的担忧，对有着不同文化背景与传统的学生的不同声音的关切，以及对大学在各个方面积极强化践行价值观教育的期待。这份调查引起英国社会的多方关注，几个月后《促进英国基本价值观教育纳入学校 SMSC 教育考评标准》提出了价值观教育的要求，指出学生应该理解选择和持有其他信仰的自由受到法律保护，理解、识别和打击歧视，接受与自己有不同信仰（或没有信仰）的人等。在这样的背景下，人们更加确信大学的众多声音需要由共同的价值观教育来统合，大学应该在解决种族问题时采取坚决的态度、有效的教育手段，以明确相互尊重与宽容的价值观。相应地，CRAE 给出的发展建议不再仅针对英国大学 BME 学生的问题解决，更是为英国众多大学提供了价值观教育的范本与蓝图，课程、教师、学生活动、校园文化建设等方面都成为英国高校价值观教育的重要载体。

二、以文化认同为核心的价值观教育策略

针对多元文化给英国社会带来的威胁与挑战，英国高校的价值观教育策略逐渐向文化认同的目标靠拢。一方面，英国高校注重对学生“英国性”的强调，引导不同文化背景的学生对公民身份产生认同与自豪感；另一方面，在对学生的培养中融入全球化元素，试图通过全球领导能力的培养来使学生在国际文化潮流中永立潮头，抑或具备“文化倾销”的本领。

（一）课程教学策略

课程是高校价值观教育促进文化认同的重要媒介。通常情况下，英国大学课程以讲座形式进行，学生定期参加研讨会并与导师讨论工作，进行独立研究并撰写课程论文。① 在英国高校面向学生开设的课程（如历史类、政治类、伦理类、哲学类、宗教类等课程）中，包含着价值观教育的内容，使学生在学习专业知识的同时，在直观上对英国价值观具有更加广泛与深入的了解。

以牛津大学为例，历史类课程开设了“不列颠群岛的历史”“欧洲和世界历史”“历史研究方法”“历史选修专题”等具体课程，内容囊括了罗马帝国衰落至今，世界各洲在过去社会中不同的政治、文化、社会、经济结构以及它们之间的相互关系。② 在“历史选修专题”中，大学一年级的重点内容板块有

① University of Oxford. History | University of Oxford［EB/OL］.（2022-09-01）［2022-09-20］. https：//www. ox. ac. uk/admissions/undergraduate/courses-listing/history.

② University of Oxford. History | University of Oxford［EB/OL］.（2022-09-01）［2022-09-20］. https：//www. ox. ac. uk/admissions/undergraduate/courses-listing/history.

“1800—1940 年：种族、遗传和犯罪”“1947—1968 年：欧洲冷战中的文化、政治和身份”“电影中的英国：1914 年以来的英国影像和民族身份”，以及二、三年级的学生还要学习的“1477—1525 年：意大利文艺复兴时期的政治”“威尼斯与佛罗伦萨的艺术文化”“1660—1720 年：英国建筑艺术”“美国的种族、宗教和抵抗”等课程①。通过对这些课程的学习，学生掌握了西方资本主义意识形态与精神传统的相关知识，对英国等国作为多民族国家的历史发展有了更深入的了解，对不同种族、民族、文化的背景渊源认识更全面广泛，逐渐建立起多元文化意识而非走入民族主义的泥淖。课程中对英国历史成就的宣扬与对英国公民共同体努力的肯定，也在慢慢强化学生的公民身份认同感。政治类课程在牛津大学、剑桥大学、伦敦大学学院等都有开设，伦敦大学学院的“治理与监管”“自由、公正和安全”“宪政、民主与人权”等课程均面向全校学生开放，旨在“通过教学活动和研究项目来教育现在和未来的政策制定者，增强学生的法治意识，提高学生对政治活动的关注、理解和参与”②。

除了在历史、政治、哲学等与英国文化高度相关的专业课程中进行价值观输出外，英国大学课程中的价值观教育还渗透在几乎整个大学课程体系当中。事实上，很多课程的价值观教育都是在结合学科特点与学生学习状态的基础上，以潜移默化的方式对学生进行渗透。以牛津大学全球医疗保健领导力专业的科学硕士学位课程（MSc in global healthcare leadership）为例，该课程旨在培养经验丰富的领导者，使他们具备在复杂的全球医疗保健系统与社区健康组织中成为良好的领导者，发展关键的领导能力、适应能力、应变能力和创新能力。③ 课程由 7 个线下课程模块与 1 个线上课程模块组成，包括“医疗保健领导者：个人观点和挑战”“组织领导”“医疗创新”“全球卫生方面的挑战”“循证医疗：研究设计和研究方法”等，其中，“全球卫生方面的挑战”在要求学生掌握医学健康基本知识与理论的基础上，还要求了解地理区位、历史文化、价值观等因素对人类健康与可持续发展的影响，并对医疗保健领域的主流价值观有所认同与内化。“医疗保健领导者：个人观点和挑战”则注重对学生同理心、正义感、

---

① University of Oxford. History | University of Oxford [EB/OL]. (2022-09-01) [2022-09-20]. https://www.ox.ac.uk/admissions/undergraduate/courses-listing/history.

② University College London. Cookie Policy | Legal Services - UCL - University College London [EB/OL]. (2018-03-25) [2022-09-20]. https://www.ucl.ac.uk/legal-services/privacy/cookie-policy.

③ University of Oxford. MSc in Global Healthcare Leadership [EB/OL]. (2022-09-12) [2022-09-20]. https://www.ox.ac.uk/admissions/graduate/courses/msc-global-healthcare-leadership.

责任感以及平等意识的培养。此外，在线学习课程“循证医疗：研究设计和研究方法”中还向学生传授研究伦理观，要求学生的一切学术研究与实践项目的开展都遵循伦理性原则。① 可以看出，以大学课程为载体的英国价值观教育，在方式方法上既有“灌输式”又有“渗透式”，在内容上既有“英国性”又有“全球性”。

（二）教师培训策略

英国2011年出台的《教师标准》（“teachers' standards”）明确将基本价值观教育纳入教育教学，要求教师保持高标准的道德和行为标准，在校内和校外维护英国基本价值观，不允许出现破坏言行②。《2015年反恐怖主义与安全法案》（Counter Terrorism and Security Act 2015，CTSA）中明确规定了英国教师有责任积极推广英国价值观，阻止学生走向激进主义。事实上，由于多元文化主义的意识形态，加上价值观内容边界的模糊等因素，英国教师也遭遇了不小的困难。第一，由于民族主义课程的价值观一直到20世纪后期才在移民增加的情况下被多元文化课程的价值观取代③，很多年长的教师在自己的学生时代接受的是种族中心主义课程教育，缺乏教授多元文化、反种族主义课程的经验或培训。第二，由于白人教师数量居多，一些教师对其他种族学生群体的文化背景不甚了解，对学生身份的复杂性、多样性和临时性缺乏认识，甚至有的教师自身就可以被视为“种族主义者”。④ 第三，有学者研究发现，少部分教师由于对英国基本价值观的概念边界把握不清，在课堂上缺乏知识、概念、权利意识和表达能力来讨论什么会破坏基本价值观，担心稍有不慎便会有被指责与主流政治观点相悖的危险，故而对超出常规的价值观教育讨论有回避倾向。⑤

对此，英国政府意识到教师教育的重要性，要求教育标准局制定价值观教

① University of Oxford. MSc in Global Healthcare Leadership ｜ Saïd Business School [EB/OL]. (2022-09-12) [2022-09-20]. https://www.sbs.ox.ac.uk/programmes/degrees/msc-global-healthcare-leadership

② Department for Education. Teachers' Standards: Guidance for School Leaders, School Staff and Governing Bodies [M]. London: DfE, 2011: 3-14.

③ TOMLINSON. Race and Education: Policy and Politics in Britain [M]. Berkshire: Open University Press, 2008: 1-2.

④ MAYLOR. I'd Worry about How to Teach It: British Values in English Classrooms [J]. Journal of Education for Teaching, 2016, 42 (3): 314-328.

⑤ REVELL L, BRYAN H. Calibrating Fundamental British Values: How Head Teachers are Approaching Appraisal in the Light of the Teachers' Standards 2012 Prevent and the Counter-Terrorism and Security Act 2015 [J]. Journal of Education for Teaching, 2016, 42 (3): 341-353.

学参考标准，学校领导要帮助教师识别、跟进并在必要时向当局报告被怀疑“有很大可能”被激进化的学生。① 为了帮助教师更好地将基本价值观嵌入日常教育，目前英国已经建立了教师培训的专门机构和组织，形成了较为完备的教师价值观教学帮扶体系。例如，英国公民基金会（Citizenship Foundation，CF）是一个帮助年轻人了解法律、政治和民主生活的教育慈善机构，它通过与学校合作的方式帮助教师教授公民意识，促进大学生的政治参与，培养学生的同情心、同理心和公正的思想。② 目前，CF 已经与英国包括大学在内的 1400 多所学校的教师建立合作，帮助 80%以上的教师教授和强化了超过 30 万名年轻人的价值观意识。③ 在英国国际发展部项目“全球学习计划”（Global Learning Programme，GLP）中也有对教师在讲授全球问题和国家发展问题的方面进行辅助的板块，在教师的指导下，学生能够在加强英国公民身份认同的基础上尽快了解与适应全球化的发展④，GLP 会为通过培训认证的教师颁发资格证书⑤。由专业教师组成的公民教育协会（Association for Citizenship Teaching，ACT）、公民问题专家咨询小组（Expert Subject Advisory Group for Citizenship）等，也会不定期免费在线发布教师价值观课程教学的指导建议。⑥

（三）校园活动策略

英国很多大学为学生提供了丰富多彩的校园活动，许多研究项目、政治活动、社会服务活动、实践活动中都渗透了英国基本价值观的核心要素。例如，伦敦大学学院为学生制订了“全球公民计划”（Global Citizenship Programme，GCP），该计划的主题是全球健康、正义与平等，学生可以通过跨学科小组协同工作、参加全球公民志愿服务、在具有全球影响力的机构实习、参与文化产品输出（如电影，海报或商业创意）等方式来加深对一系列全球问题的理解，并

---

① OFSTED. The Common Inspection Framework：Education，Skills and Early Years［M］. London：Ofsted，2015：1-4.

② Young Citizens. Home［EB/OL］.（2022-08-03）［2022-09-20］. https：//www.youngcitizens. org/? 6.

③ Young Citizens. Go-Givers［EB/OL］.（2021-07-27）［2022-09-20］. https：//www.youngcitizens. org/go-givers.

④ DfE. Together for a better world［M］. London：DfE，2018：1-2.

⑤ GOV of UK. SAPERE P4C：Philosophy for Children［EB/OL］.（2022-09-01）［2022-09-01］. https：//www. sapere. org. uk/.

⑥ ACT. Home | Association for Citizenship Teaching［EB/OL］.（2022-06-09）［2022-09-20］. https：//www. teachingcitizenship. org. uk/.

促进如竞选和社会企业家精神等全球公民技能的发展。① 为了鼓励学生参与，学校规定通过 GCP 考核的学生可以在综合测评中获取额外加分，这在一定程度上提高了对学生的价值观传导“效率”。

除了参与学校层面组织的学习与实践活动之外，社团与学生会也是重要的大学生活动团体。剑桥大学有多达 700 个学生社团可供学生选择，社团类型包括政治讨论、宗教、国际组织、艺术爱好、科技创新、环境保护等。② 这些社团一方面致力于为学生志趣与能力的充分发挥打造良好平台，使学生在学术之外实现个人综合发展；另一方面学生可以在丰富多彩的活动体验中加深对英国价值观和文化的认同与内化。英国享有盛誉的学生团体是牛津大学学生会（Oxford SU），他们发起的“阶级权力行动”（class act）、“种族意识和平等运动”（Campaign for Racial Awareness and Equality，CRAE）、“反性暴力运动”（It Happens Here）等来在英国引起很大反响。③ CRAE 是牛津著名的致力于通过参与种族多样性及其差异的研究来创造更加公正和包容学生体验的团体，近年来，CRAE 在专家学者和平等组织的帮助下，在多项实践上取得成效：与当地学校的 BME 学生开展合作试点计划，保障他们的入学权；就民族多样性和差异问题面向学校教员进行平等教育和敏感性教育培训；每个学期坚持举办两次茶话会，以提供一个安全的空间让学生自由地讨论种族差异和多样性这样棘手且禁言的问题等。④

（四）校本服务策略

英国高校致力于为学生做好校本服务设施建设，向不同民族、种族、宗教、文化背景的学生提供问题咨询、教育培训以及活动场所与设施等，学生对校园服务的享受过程，实际上也就是对英国价值观教育的认同与接纳的过程。首先，大学常常会有意聘请不同文化背景的人员参与到校园管理中。这些人通常身兼数职，一方面代表着城市中不同文化或教派团体的志愿，为他们请愿发声；另一方面在政府和高校的管理下承担教学与管理工作，向具有不同信仰与价值观

---

① UCL. Global Citizenship Programme - UCL - University College London［EB/OL］.（2022-09-15）［2022-09-20］. https：//www. ucl. ac. uk/global-citizenship-programme/.

② Oxford SU. Societies Directory［EB/OL］.（2022-09-20）［2022-09-20］. https：//www. cambridgesu. co. uk/opportunities/societies/societies/.

③ Oxford SU. Class Act［EB/OL］.（2017-11-26）［2022-09-20］. https：//www. oxfordsu. org/campaigns/ClassAct/.

④ Oxford SU. Campaign for Racial Awareness and Equality［EB/OL］.（2022-07-27）［2022-09-20］. https：//www. oxfordsu. org/campaigns/10479/.

的学生传授知识、解答疑惑。① 显然，后者意味着要承担起国家委托的价值观“发言人”的政治任务。其次，不少大学在校园中专门开设了祷告室等宗教服务场所。这些场所既为有需要的同学提供宗教活动地点，也面向全体学生开放参观，学生可以在这里相互交流、增进了解，形成友好团结的宗教教育氛围。②

另外，很多大学为学生开设了免费的心理咨询室，具有典型代表的是剑桥大学。剑桥大学具有部门完备的心理辅导室（University Counselling Service，UCS），其中的“神学院咨询室”主要是针对“文化冲突或其他原因导致的价值观碰撞，给自我认知与社会认同带来困扰，以至于学业和生活受到影响的学生”，专业的心理健康顾问（Mental Health Advisors）会向这部分学生提供支持和帮助，通过与大学进行道德教育合作的方式，为学生提供一系列治疗干预措施，以支持大学的学术研究与道德教育目标。③ 在 UCS 最新发布的《2019—2020 咨询报告》中，有过咨询经历的学生数量占到全体咨询学生数量的 47%，其中 95%以上的学生感觉获得了很大帮助。④

三、英国高校价值观教育策略的实践启示

英国高校实行价值观教育的根本目的，一是应对英国多元文化背景下种族主义与极端主义的挑战，二是在世界文化浪潮中得以文化“自保”甚至“外销”。尽管我国与英国在意识形态与文化传统方面存在很大不同，但是面临一些诸如信息化时代外来文化涌入、民族间文化差异带来的问题、极端主义与暴力事件隐患等相似困境。英国高校价值观教育的一些实践经验，对我国社会主义核心价值观在高校的培育与践行有一定的启示。

（一）坚守民族文化，适应全球文化

兼顾英国性与全球性是英国高校价值观教育的宗旨。根据卡梅伦在《每日邮报》（*Daily Mail*）上的描述，“英国性”包含了三个要素：对英国价值观的认

---

① Sheffield Hallam University. Home［EB/OL］.（2022-07-01）［2022-09-20］. https：//www. shu. ac. uk/.

② University of Glasgow. Scottish University of the Year 2022［EB/OL］.（2022-09-12）［2022-09-20］. https：//www. gla. ac. uk/.

③ University of Cambridge. Information for Students Thinking about Counselling——University Counselling Service［EB/OL］.（2021-07-01）［2022-09-20］. https：//www. counselling. cam. ac. uk/studentcouns.

④ University of Cambridge. University Counselling Service Annual Report 2019-2020［M］. London：University Counselling Service，2020：3-20.

可，对英国历史的认同，对价值观维护机构的了解与尊重。“英国性”在英国高校的价值观教育中得到了很好的巩固，英国历史类课程向来是大学价值观教育的重点切入口，大学模拟法庭（moot court）等设置也在帮助学生更好地了解法治精神。通过对“英国性”的坚守，大学生可以“理解价值观是英国繁荣的基础，在团结英国方面发挥着至关重要的作用。价值观不仅帮助英国将来自不同国家、文化和种族的人们召集在一起，还确保英国可以建立一个共同的家园”①。全球性则是高校价值观教育在“英国性”基础上做出的必要调适。当前，英国高校价值观教育对全球治理能力、全球正义感、全球责任感等价值观的教育与培训在课程与活动中均有不少涉及。英国多样化与公民课审查小组（Diversity and Citizenship Curriculum Review Group）指出，“英国社会是由多种族、文化、语言、宗教组成的社会，而且多样化程度在不断提高。因此，英国需要帮助学生建立多个层面的认同意识，包括个人、地方、国家和全球。作为基础，学生应该先通过课程学习来建立自身及周边社群的认同。另外，很重要的做法是学生要把自己置于更广泛的英国社会中，且能够在全球背景中了解并认可英国的价值观”。②

在国际文化交流日益丰富的背景下，“文化自信”当然是题中应有之义，正如英国高校对学生“英国性”的构建内容中包含对英国历史的认同与自豪感一样，每个国家的价值观都根植于其独特的历史文化传统中，因此，注重对中华民族优秀传统文化的继承与发扬，促进多民族社会中大学生基于多元一体的文化观建立文化自信，是高校价值观教育的重要一课。与此同时，我国也面临两项重要议题，一是我国价值观在作为自身意识形态与文化表征的同时，如何适应世界发展潮流；二是我国价值观如何在国际文化洪流中站稳脚跟，不被外来价值观冲刷和干扰。为此，我国需要在坚持价值观的精神内核基础上，加强在“共同价值观”方面的交流与对话，以此提高价值观的“全球化适切性”。强化以“民族性坚守、全球性适应”为特点的价值观教育，既是国际视野下我国阻止文化侵入的防御机制，又是我国走向世界的有效路径。因此，社会主义核心价值观教育也需要高校在全球视野下进行实践，以培养扎根中国、放眼世界的一流人才。

（二）隐性渗透为主，显性教育为辅

综观英国高校的价值观教育实践，在教育方式上往往以隐性的渗透式教育

---

① CAMERON D. British Values [M]. London: Mail on Sunday, 2014: 1-2.

② MAYLOR U. Nations of Diversity, British Identities and Citizenship Belonging [J]. Race Ethnicity and Education, 2010, 13 (2): 233-248.

较为多见。第一，大学的课程设计。英国价值观以直接呈现的形式仅出现在历史类、政治类、哲学类、宗教类课程中，而以隐性渗透方式则几乎融入了整个庞杂的大学课程体系，例如，在医学类课程传递正义、友爱等。加上英国大学鼓励自由选课、开放学习的传统，课程中“看不见的价值观教育”很快就从文史哲专业扩展到所有专业的大学生中。第二，学生活动中的精神理念。在很多社团活动、学生会以及学校组织发起的学习实践项目中都渗透多元文化意识形态，这样的“良苦用心”也在牛津大学政治与国际关系学系（Department of Politics and International Relations，DPIR）关于大学举办学生活动的宗旨宣告中被证实，DPIR 指出大学要致力于培养开放性和包容性的文化，在这种文化中，社区成员可以参与辩论和相互讨论，并保持开放的态度来应对不同文化背景的挑战。① 也就是说，学生活动中的价值观理念透射，在很大意义上是英国高校有意为之，看似以兴趣为导向的学生活动早已被高校注入了英国价值观教育的灵魂。事实上，英国高校采取以隐性渗透为主、显性教育为辅的价值观教育方式固然与显性教育方式受限有关，但其主要原因是在多元文化背景下涉及文化认同的价值观教育相对敏感，而隐性教育则更容易优化大学生的价值观认同发生机制。另外，也是出于对大学生认知发育阶段特殊性的考虑，相较于中学生以接受外部课堂灌输为主的“由外向内”的价值观学习与认同机制，通过活动渗透而自发认同内化的方式显然更适合“轻熟龄”的大学生群体。

适应于不同的国情和社会形态，在当今我国高校思想政治教育实践中，正在建构和发展的是以思政课为基础的课程思政教学体系。与英国有所不同的是实际以显性教育为主、隐性教育为辅的价值观教育模式。然而，近年来的实践经验表明，在我国高校“课程思政”的综合教育理念背景下，注重在通识和专业课程中渗透价值观教育的教学内容设计、提升课外活动质量等的确是行之有效的价值观教育方式，使学生在逐渐适应与融入大学的核心价值观教育的同时，接受和培育符合社会主导意识形态的公民意识与国家认同。

（三）出台法律保障，丰富政策指导

英国出台的系列文件中不仅界定了英国价值观的基本内容，还对学生达到的具体目标加以描述，并给出学校细致建议。典型法律条文如 2014 年的文件《促进英国基本价值观教育纳入学校 SMSC 教育考评标准》，该文件建议学校可以采取有效措施对价值观教育进行推广，如在课程的适当部分增加民主和法律

---

① University of Oxford. Academic freedom [EB/OL].（2021-07-01）[2022-09-20]. https://www.politics.ox.ac.uk/about/dpir-charter-of-academic-freedom.html.

在英国的运行机制，并与其他国家的政府形式形成对比；确保学校里所有学生都有自己的声音，并通过积极推进民主进程来展示民主是如何运作的，比如，学校理事会的成员由学生投票选出；利用大选或地方选举等机会进行模拟选举，以弘扬英国的基本价值观，并为学生提供学习如何辩论和捍卫观点的机会；使用各种各样的教学资源来帮助学生理解各种信仰；考虑课外活动在促进英国基本价值观方面的作用等。① 此外，英国《2015 年反恐怖主义与安全法案》第 26 条规定，"相关高等教育机构（Relevant Higher Education Bodies，RHEBs）有义务在行使大学职能时充分考虑防止学生陷入恐怖主义。RHEBs 对宣讲言论和知识追求的内容中最重要的领域之一就是必须挑战极端主义观点和意识形态"②。于是，英国所有大学自 2015 年 9 月 18 日起受到"预防"义务的约束，学生办公室（Office of Students，OfS）负责监督高等教育提供者为防止学生陷入恐怖主义而采取的措施，并在校园宣讲、教职工培训、社团与学生会、IT 设备使用政策、校园外部活动等方面评估他们如何满足义务要求③。

当今时代，面对多元文化，价值观教育愈显重要。对此，我们应丰富相关政策，为价值观教育在高校的落实提供制度支撑与相关指导。除了将高校必须推行价值观教育纳入国家法律的明文规定之外，还应监督高校制定相关的价值观教育的管理条例，明确教育内容、方式方法、注意事项等，并为高校提供一定的财政与资源支持。同时，可设立地方管理委员会，建立价值观教育评价体系与评审标准。某种程度而言，价值观教育确实存在概念边界模糊、成果质性界定困难等情况，也正因如此，在促进民族团结统一的社会治理中，价值观教育的推行更应当成为一个法律逐渐完善、条例更加健全、概念愈发清晰、成效不断显著的良性发展过程。

---

① Department of Education. Promoting Fundamental British Values as Part of SMSC in Schools—Departmental Advice for Maintained Schools［M］. London：Her Majesty's Stationery Office，2014：3-8.

② GOV of UK. Prevent Duty Guidance：for Higher Education Institutions in England and Wales［EB/OL］.（2021-04-01）［2022-09-20］. https：//www. gov. uk/government/publications/prevent-duty-guidance/prevent-duty-guidance-for-higher-education-institutions-in-england-and-wales.

③ University of Oxford. Prevent：Compliance［EB/OL］.（2022-09-01）［2022-09-20］. https：//compliance. web. ox. ac. uk/prevent#/.

第十专题 社群主义与儒家思想的深度耦合：新加坡价值观教育的文化基础

“社群主义”的英文为 Communitarianism，又译为“共同体主义”“社区主义”，它的词根是 community。Community 通常被译为“社区”“共同体”，即由有着相同兴趣、价值、信仰等的人们构成的群体、团体。社群主义是在对以罗尔斯为代表的新自由主义的批判过程中发展起来的，不同于自由主义把个人视为审视一切社会政治问题的基本视角，社群主义则把社会历史发生、政治经济发展的原始动因归结为诸如家庭、社区、社团、民族甚至国家等社群。有学者用社群主义来分析东亚的发展模式，认为新加坡的成功就是亚洲社群主义的胜利。① 此外，也有学者关注到以日本和新加坡等为代表的东亚国家或地区的经济发展，有一个共同的精神因素，那就是儒家的伦理思想。② 我们研究认为，新加坡的成功是西方社群主义与东方儒家思想深度耦合的产物，而新加坡的价值观教育正是以此思想文化基础的奠定为背景的。

一、社群主义与儒家思想耦合的理论重构

社群主义将自己的观点建立在“共同体”（community）的基础之上，强调个人生活、个体价值的实现、个人权利的获取都离不开人与人之间相互依赖和交叠的各种社群即“共同体”。儒家的“人伦”则把人与自身的关系作为起点，进而推移到父子、兄弟、君臣，甚至人与天地万物（天下）等各种人人、人事、人物的关系之中，这就是儒家的“人道”“人伦之道”。社群主义与儒家思想都将个人的品性放置于社会之中去锻造和锤炼，构筑了以主体间自我、生成性美德和法治化社群为要素的理论形态。

（一）构成性归属与训导性锻造相联结的主体间自我

社群主义将构成性归属作为主体间自我的内在标志。“在许多前现代的传统社会中，个体通过他在各种各样的社会团体中的成员资格来确定自己的身份并被他人所确认。”③ 在现代社会，个人身份的归属构成了自我的本质，社群由个

---

① 俞可平．社群主义：第 3 版［M］．北京：东方出版社，2015：175.

② 蔡仁厚．儒学传统与时代［M］．石家庄：河北人民出版社，2010：98.

③ 麦金太尔．追寻美德：道德理论研究［M］．宋继杰，译．南京：译林出版社，2011：42.

体构成，它同时赋予了个体不同的角色和意义，规定了其权利和义务。社群主义建构的是一种融入共同体的自我，即蕴含在构成性归属下的个体，个体的独特品性始终要通过共同体来发展和完善，而共同体的价值观则形塑着每个人的生活方式。社群主义并非淹没了自我，反而为揭开构成自我多样属性的神秘面纱提供理解和沟通的渠道。遵循实践理性原则的社群主义者认为，“自我”是一个被发现而非被选择的过程，这是一个实然而非应然的状态，因为个人的主体身份和在社群中的角色都是由社群决定的，个人不存在选择性，只有构成性。生活于共同体之中的人们在交往中形成了平等、团结、互助、友爱的主体间的关系，每个人的主体属性在行动中产生了联系，进一步打开了人与人之间相连接的现实通道。因而社群指认的“自我”，是共处于共同体中既相互联结又彼此独立的主体与主体关系中的“自我”。

儒家更加强调在人与人之间的现实关系中进行训导性锻造。儒家倡导“家国同构”的价值观念，以孝为先、由孝而敬，注重正心、诚意、格物、致知、修身、齐家、治国、平天下的个体成长过程。① 《三字经》有“融四岁，能让梨”，《孟子·离娄上》有“人人亲其亲，长其长，而天下平”。这种呼应直接反映了儒家所倡导的人伦关系，更是一种训导性的体现。《论语·颜渊》中的“君君、臣臣、父父、子子”，《孟子·尽心上》中的“亲亲，仁也；敬长，义也；无他，达之天下也”无一不体现这种训导性。君子务本，本立道生，“孝弟也者，其为仁之本与!”（《论语·学而》），儒家相信每个人都亲爱自己的双亲，尊敬自己的长辈，天下就可以太平了。孔子讲“修己安人”（《论语·宪问》），庄子讲“内圣外王”（《庄子·天下》），正所谓修身、齐家、治国、平天下，“修己”方能“内圣”，“安人”才能“外王”，因为做修己的功夫，做到极致，就是内圣；做安人的功夫，做到极致，就是外王②，所谓“修身”，即以“修己之身”去“齐他治他平他”。儒家在这种训导性锻造中，不仅强化了家庭的血缘关系，还实现了“家国天下”。从“克己复礼”的个体人，成长为“亲其亲、长其长”的家庭人，“济世经邦”的国家人，“仁爱共济、立己达人”的社会人，最后成为“天下为公、世界大同”的天下人。这种以家族血缘关系为核心的由内向外传递的训导体系，将自我牢固地拴在了共同体的联结之网中。

在新加坡，社群主义和儒家思想的糅合实际构成了一个内外互补的“自我”

---

① 高国希．中华优秀传统文化的现代阐释与教育路径［J］．思想理论教育，2014（5）：9-13.

② 梁启超．孔子与儒家哲学［M］．北京：中华书局，2016：95.

生成体系，个人在构成性归属与训导性锻造的联结中界定了自身的角色属性以及权利和义务的边界。个人是社会的产物，个体生活的价值和目的是由其所处的社会环境和历史文化造就，并非个人可以随意选择的，社群主义着眼于从社会生活的外在规定性，澄明个体的构成性归属。不同于多数西方世界着眼于人与物的关系，儒家专注于从人的内在自觉性探明人之所以为人，以及人与人之间的关系。儒家认为作为生命体的人不应该是孤立疏离的，而应当是互联共通的，“以史为鉴”让古今相连，“以天为则”实现天人合一，“仁民爱物”则连接了人与物。修己身以达“家、国、天下”乃至“宇宙万物”，“己欲立而立人，己欲达而达人”（《论语·雍也》）是儒家修身由内向外的过程，也是从个体通达社群的过程，经过儒家训导锻造的个人无不将自身与其所处的环境紧密相连。新加坡不仅吸取了社群主义将“自我”定位在构成性归属上的思想，还吸取了儒家以血缘关系为基础架构的“自我”角色属性的伦理训导思想，在两种思想结合的基础上完成了理论重构。社群作为构成主体身份的象征形式，需要彰显以人为本的服务本质，从人的需求层面实现共同体的美好生活。同时，人的主体属性依然从属于共同体的价值肯认中，主体间必须通过共同确立的价值目标而达到和谐统一。“自我”在共同体的构成性归属和训导性锻造中获得权利与义务的意识，逐步适应并认同自身所处的社会环境和身份角色，将共同体作为“自我”本质力量彰显的有机组成部分。

（二）共同善规约与内省式引导相关涉的生成性美德

共同善是社群主义建构的价值规范，形塑着人们对事物的理解和行动，是优先于权利的价值体系。亚里士多德在其《政治学》开篇即言：“我们看到，所有城邦都是某种共同体，所有共同体都是为着某种善而建立的（因为人的一切行为都是为着他们所认为的善），很显然，由于所有的共同体旨在追求某种善，因而，所有共同体中最崇高、最有权威并且包含了一切其他共同体的共同体，所追求的一定是至善。”① 如前所述，社群主义者认为目的和价值不仅优先于“自我”，还规定了“自我”，因此，善优先于正义，而正义原则又是用以规范个人权利的，故善优先于权利。桑德尔曾说：“正义之所以产生，是因为我们无法很好地相互了解，或是无法很好地了解我们的目的，以至于单单靠共同善来管理我们自己远远不够。”② 桑德尔这里的“共同善”即查尔斯·泰勒话语体系

① 亚里士多德．政治学［M］．颜一，秦典华，译．北京：中国人民大学出版社，2003：1.

② 桑德尔．自由主义与正义的局限［M］．万俊人，等译．南京：译林出版社，2011：206.

中的“高级意义上的善”，泰勒认为，“在这个意义上，善总是优先于权利。其所以如此，并不在于它在我们早先讨论的意义上提供着更基本的理由，而在于就其表达而言，善给予规定权利的规则以理由”。① 虽然不同的社群主义者对这里的“高级意义上的善”有着不同的理解，但通常会指“公共善”（public good or common good）或整体善，又称“最高的善”，或“至善”，它也是美德形成的基础。

以“仁”为核心的道德教化体系是儒家建构的本已基质，是产生责任和义务的文化源流。孟子提出“人之初、性本善”“恻隐之心、羞恶之心”、恭敬之心、是非之心，此“四心”人皆有之。仁义礼智这些观念都是人生而有之，并非外界强加于人的。孟子认为“仁，人心也；义，人路也。”所以，“学问之道无他，求其放心而已矣”（《孟子·告子上》）。也就是说：仁，人的本心；义，人的大道。学问之道并没有什么，就是将那已经丢失的本心找回来而已。为什么会丢失本心？因为“饥者甘食，渴者甘饮”（《孟子·尽心上》），就如嘴巴、肠胃等器官会因为外界因素而受到影响，进而偏离正常的轨道，人心亦然，由此可见，修身养性对人的重要性。与孟子“乃若其情，则可以为善矣，乃所谓善也”（《孟子·告子上》）的看法不同，荀子认为“人之性恶，其善者伪也”（《荀子·性恶》），在他看来人的天性本来就是恶的，那些表面看起来的善良也只是一种勉励矫正的人为的东西。“故必将有师法之化礼义之道，然后出于辞让，合于文理，而归于治。”（《荀子·性恶》）所以必须用师长和法制进行教化，用礼制进行引导，才会出现人们彼此谦让的情况，建立起与社会文化相符合的社会秩序，让社会实现稳定。在荀子那里，性恶让礼义教化变得合理和必须，更加需要对其施以内省式引导。不论是曾子的“吾日三省吾身”（《论语·学而》），还是《礼记·大学》中“自天子以至庶人，壹是皆以修身为本”，自省、修身对儒家的意义都不言而喻。

在新加坡，社群主义的共同善与儒家思想的内省机制结合促成了美德的不断生成。在个人既享有权利又必须承担相应义务这一政治共识的基础上，社群主义提出了“道德义务”这一概念，即个人除了承担法律规定的义务之外，还需要承担其所在社群的道德义务，这可以理解为社群成员有在其社群中被要求从善的责任。社群主义的共同善是一种“己所欲，施于人”的外部规约，本质上蕴含着维护个体利益的意义。新加坡则在倡导共同价值观时，从维护和保障

---

① 泰勒．自我的根源：现代认同的形成［M］．韩震，等译．南京：译林出版社，2012：130.

人的各项基本权益入手，逐步引导每个国民自我发现、自我内省。无论是凝练和提出共同价值观，还是锤炼公民个人的意志品质，都关涉美德的生成。新加坡将公民美德纳入国民教育体系，培养公民积极参与政治活动的能力。而这种美德教育不仅是树立共同价值观，而且是深入“自我”人格的重塑和完善。以儒家文化陶冶人的性情，引导国民生成向内的反省意识。社群主义强调的美德并非与生俱来，而是通过教育、传承、实践等方式后天习得；回溯儒家对人性善恶问题的讨论，目的就在教人如何止于至善以去其恶，对于人性若不加以规约和引导，听之任之就会堕落。要言之，孟子让教化成为可能，荀子让教化成为必要，目的只有一个——生成美德，显然儒家倡导教人趋善的内省理念进一步展开了人的心性修养的澄明之境。可以说，新加坡将共同善落脚到公民美德上的同时，更加巧妙地将人的“自我”内省能力激发出来，形成了共同善规约与内省式引导相关涉的生成性美德。

（三）公共性建构与礼制化权威相叠加的法治化社群

社群主义本身就是以公共性场域的建构出场的，究其本质来说它维护的是公共利益。社群主义作为自由主义传统的继承者，同样看重个人的权利，只是与新自由主义不同，他们更看重公共利益，社群主义认为任何个人都归属于一定的社群，如国家、阶级、民族、地区等，这种从属性也意味着个人权利的实现有赖于社群公共利益的达成。离开社群，个人权利无法自发地实现，更不会导致公共利益的实现；反之，公共利益的达成才能为个人权益的实现提供基础和保障。公共利益是一种物化利益，它是社群主义倡导的公共善的一种基本表现形式，承载公共利益的就是由人建构的公共性场域。社群主义认定一个良善的共同体，从社区到国家，从民族到社会，必然是一个公开、公正、公平、自由、平等参与的公共性场域，置身于其中的个体都可以享有新鲜的空气，整洁的街道，健康的食物，安定的住所，良好的教育，完善的公共服务，正义的制度，等等。社群本身就是一种联结人与人之间社会关系的公共性场域，是人们表达普遍利益诉求的有效通道。

相比于社群主义自由、开放、平等的公共性建构，儒家一直强调“名正言顺”，形成一个礼制化权威来统领社会的运行。“礼”确定了人与人之间的上下关系（阶层），正所谓“礼以定伦”。“君者，国之隆也；父者，家之隆也。隆一而治，二而乱。自古及今，未有二隆争重而能长久者。”（《荀子·致士》）君主和父亲分别是一个国家和家庭中地位最高贵的人，无论是在国家还是在家庭中，都只有一个人身居最高贵的位置，如此方能实现安定。位分有序正是儒家树立礼制化权威的体现。辜鸿铭将《春秋》中的“名分大义”理解为“有关名誉与职责的根本原则”①，这甚至成为中华民族的国家信仰中教导的道德律。无论何时何地，面对任何情境，任何事物，人都可以定其位而明其分，人能明分即可尽分。人能克尽其分，便是人生意义的显发，便是社会价值的完成。② 于是，定分止争成为维系和守护共同体存在的基本原则。

概言之，社群主义虽然与自由主义一样看重个人权利，但它主张法律权利，认为权利就是一种由法律规定的人与人之间的社会关系，离开了一定的社会规则或法律规范，个人的正当行为就无法转变成不受他人干涉的权利。这与新自由主义的道德权利说形成鲜明的对比，后者认为个人权利作为一种应然权利与生俱来，是可以依据自然法的天赋权利禀赋。主张“德主刑辅”的儒家认为，“有天有地而上下有差，明王始立而处国有制”（《荀子·王制》），人认清自己的位分，便可以实现从自利到他利，儒家通过塑造礼制化权威让社会依于伦序。新加坡较好地吸收了社群主义和儒家在共同体建设上的不同路径，使其相互补充、相得益彰。一方面崇尚法治，注重依法规范公共性场域建构；另一方面注重道德规范，协调公共生活中的社会关系。法治化社群是在调和东西方社会治理思想中找到的一个极佳的平衡点。

二、文化创新发展背景下的价值观教育实践

新加坡是国土面积仅有 733.1 平方公里，总人口 545 万③，由华人、马来人、印度人和其他族裔组成的多种族、多语言、多元宗教信仰的城市移民岛国，自 1965 年独立以来，蓬勃发展，已成为世界上最富裕也最稳定的国家之一。亨廷顿认为，新加坡作为一个儒学社会，却成功促进了文化变革，以取代灾难。④ 也有西方学者评价，新加坡是一个充满着悖论的地方：儒家学说与亚当·斯密理论的奇异混合体；一个实行权威主义的宪政民主体；崇尚精英主义，强调个人成就与自强自立，但这又因强调个人对社会及家庭负有责任而得到中和；一个充满活力的经济体，一个在全球举足轻重的竞逐者，致力于实现现代化与发

① 辜鸿铭．中国人的精神［M］．李静，译．天津：天津人民出版社，2016：56.

② 蔡仁厚．儒学传统与时代［M］．石家庄：河北人民出版社，2010：134.

③ 中华人民共和国外交部．新加坡国家概况［EB/OL］．（2022-07-03）［2022-11-20］. https://www.mfa.gov.cn/web/gjhdq_676201/gj_676203/yz_676205/1206_677076/1206x0_677078/.

④ 亨廷顿，哈里森．文化的重要作用：价值观如何影响人类进步［M］．程克雄，译．北京：新华出版社，2010：9.

展，但又试图保持传统的价值观。① 本书认为，这个所谓“悖论”，恰恰是新加坡社群主义与儒家思想耦合生成创新性文化的基础上价值观倡导和实践的结果，实际是具有内在自洽逻辑的社会产物。

（一）家庭为根：成员资格分配下权利与义务的统一体

新加坡将家庭中各个成员之间基于其资格而享有和履行的权利与义务融入“孝”文化的传承。“孝”文化在儒家思想中占有举足轻重的地位，“夫孝，德之本也，教之所由生也”（《孝经·开宗明义》）。孔子认为，孝是道德之根本，对百姓的一切教化都是从孝道开始的。著名的“孟子三乐”中，首乐便是“父母俱存，兄弟无故”（《孟子·尽心上》）。儒家认为父母对子女有生育之情、养育之恩、教育之泽，子女长大成人后应对父母尽孝、报恩，这是重视血缘关系并以宗族为纽带的东方传统道德的要求，具有东方文化的特质。然而，西方有观点认为，生育并教育子女是父母对社会应尽职责和义务，子女长大后也没有对父母尽孝和赡养义务，丧失劳动能力的老年人应当由国家和社会对其负责。在东西方思想观念的碰撞下，新加坡在实践中找到了一个适切的平衡点，西方福利国家模式没有被新加坡政府接纳，不得不说该模式有导致公民过分强调个人权利而回避应承担义务的风险。取而代之的是鼓励人们自尊自强，依靠自身力量改善生活、改变命运，甚至鼓励老年人也力所能及地承担一些临时性的工作；同时，推动家庭责任感，提倡忠孝美德、社会规范和家庭的力量，强调子女有赡养年迈父母的责任，家庭有帮扶处于困境的亲属的义务。如果说西方社会是个人本位，新加坡倡导的就是社会本位，而作为社会细胞的家庭是基础，这也是对“家庭为根”这一价值理念的具体诠释。“家庭为根”作为国家共同价值观的主要内容被明确写进国家《共同价值观白皮书》，成为全民必须共同奉行的价值理念。

另外，新加坡也从外部力量中汲取家庭建设的正能量，将“孝”文化的传承真正落到实处。多年来，新加坡运用国家和社会的力量来关怀家庭，把“家庭为根”的价值理念通过道德实践落地生根。

在国家层面，2012 年，新加坡政府在进行部门重组时，将原来的社会发展、青年及体育部分专门拆分出社会与家庭发展部，以彰显对家庭的持续重视；新加坡还成立“全国家庭与老人咨询委员会”，同时在全国设立了 44 个家庭服务中心，保证 2~3 个社区就有一个家庭服务中心，提供从咨询、庇护、干预到教

① 藤布尔．新加坡史［M］．欧阳敏，译．上海：东方出版中心，2016：511.

育等各方面针对家庭的服务①。

在法律政策层面，新加坡一直致力于以制度举措推动树立东方家庭伦理观，促成家庭的和睦稳定，如通过法律反对轻率离婚，其中“小家庭辅助计划”就规定如果家庭分裂，政府会停止发放辅助金，以鼓励维护家庭的完整性；在分配住房时，对三代同堂家庭给予价格优惠和优先安排，2013 年 9 月，新加坡政府还推出了三代同堂组屋政策（HDB 3Gen Flats），以迎合生活在一屋檐下的多代家庭的需求，为每个人提供相对独立的空间和隐私，同时建立起更紧密的家庭联系，这类组屋设有 4 间卧室及 2 间连接的浴室，此外还有一个公共浴室，以及起居和就餐区、厨房、服务院和一个储物间，要购买三代同堂组屋，申请者必须具备以下条件之一，即已婚夫妇和父母、求偶夫妇（未婚夫和未婚妻）及父母、有子女和父母的寡妇/鳏夫、有子女和父母的离异女子，而且这类组屋的买卖只能在公开市场上转售给其他合格的多代家庭。②

在教育层面，家庭理念灌输通过学校教育和家庭教育互为补充。在校内，《公民与道德教育》是新加坡每个小学生的必修课，“个人与家庭”作为该教材的五大主题之一，主要在二年级展开，二年级的教学内容以“家庭”为主线，展现对父母的敬重和对兄弟姐妹的尊重，安全意识也同样通过家庭情景再现的方式来体现，包括不轻易听信冒充妈妈朋友的陌生人的话，包括兄长教胞弟注意用电安全，以及姐姐提醒弟弟不能搭板凳趴上窗台等，尤其值得一提是“写下六位家人的生日”还是其中一次课后作业，传统大家庭理念渗透到家庭和学校教育的方方面面；此外，新加坡教育部规定学生必须选择参加一定的课外活动，如参与社会服务等；而且新加坡相信受过良好教育的父母和完整的家庭在鼓励孩子学习和养成良好学习习惯这样的价值观方面更加有效③。因此，相比其他国家，新加坡学生在完成家庭作业上耗费的时间可能要长很多。课堂教学与课外实践相结合，显性教育和隐性教育相统一，从而实现知行合一的教育目标。

---

① Angency for Integrated Care. Social & Community Care Services [EB/OL]. (2022-10-16) [2022-11-20]. https://www. primarycarepages. sg/patient-care/social-community-care-services/family-service-centre-(fsc)-social-service-office-(sso).

② Housing & Development Board. General Conditions for Purchase of 3-Room and Bigger Flat under Sale of Balanceflats [EB/OL]. (2021-03-03) [2022-11-20]. https://www20. Hdb. gov. sg/bp13/bp13005p. nsf/General%20Conditions (SBFNov15_BiggerFlats)? Openpage#2. 2.

③ 优素福，锅岛郁．创新：为什么小国家做得更好：新加坡、芬兰和爱尔兰的快速发展及其背后原因［M］．侯小娟，译．上海：上海交通大学出版社，2016：133.

（二）种族和谐：共同利益守护下规约与引导的共生体

新加坡在处理种族问题时始终注重维护共同利益，对不同种族实施有效规约与引导。新加坡一直将种族与宗教和谐作为立国之本，秉持“种族和谐，宗教宽容”这一处理种族和宗教问题的基本原则，从国家到民间，从立法到教化，从规约到引导，多重并举促成新加坡社会种族和谐的良好局面。

在国家层面，新加坡政府为汲取 1964 年 7 月 21 日种族暴动的教训，将每年的这天定为“种族和谐日”。全国学校鼓励师生在这一天穿着各族传统服饰上课，借此了解各族习俗，各个学校还会开展形式各异的特色活动，如教师示范为学生展示华人、马来人、印度人的结婚仪式，也会组织针对种族和谐课题的讨论，旨在提醒国民不分种族、语言和宗教，都要团结一致。

在法律政策层面，新加坡通过宪法维护四大语言的平等地位，宪法第 53 条规定，“在立法机关另有规定之前，议会中所有辩论和讨论均应以马来语，英语，普通话或泰米尔语进行”①，还通过立法保障各种族权益，这些法律包括《内部安全法令》《煽动法令》《维护宗教和谐法》等；此外，通过“组屋种族比例政策”（Ethnic Integration Policy）和“邻里种族限制政策”（NRL）等合理促成了不同种族的人比邻而居、互相往来、彼此包容的局面。由于历史原因，像许多西方城市一样，在 20 世纪 50 年代末到 60 年代初，众多移民族裔集中居住在新加坡岛上的不同地区，这些不同种族和方言群体在空间上是隔离的。为了打破这种隔离，新加坡政府把组屋区设定了种族比例，即华人、马来人、印度人必须各占一定的比例，购房者必须满足“比例未超过的种族”这一限制性条件方可申请。这项政策让居住区和社区组织内不同种族群体的混合比例接近总体人口状况，不仅融合了不同种族群体，而且有助于保持种族和谐并促进社区联系。多年来，住在组屋区的不同种族的人们不仅乘坐同一部电梯上下楼，还会在同一个商场购物，同一所学校上学，同一个球场锻炼，甚至有时在组屋楼下举行不同风俗的婚丧仪式。这种把种族政策、家庭建设和拥有住房权的需要相结合的方式，不仅为各族裔新加坡人提供了住房，还让每个新城镇和居民区中实现不同的种族之间的平衡混合，促成种族间的联结，建立了繁荣、充满活力和凝聚力的社区。②

在民间层面，全国族群与宗教互信圈（Inter-racial and Religious Confidence

---

① Republic of Singapore. Constitution of The Republic of Singapore［EB/OL］.（2022-10-06）［2022-11-20］. https：//sso. agc. gov. sg/Act/CONS1963.

② SIM L L，YU S M，HAN S S. Public Housing and Ethnic Integration in Singapore［J］. Habitat International，2003（27）：293-307.

Circle，IRCC），在促进不同族群与宗教和谐中扮演着重要角色；种族和谐资源中心（前称为“中区联合社会服务中心”），负责为青年推动促进宗教和种族和谐的各项计划。这些组织与新加坡宗教和谐总统理事会、全国教会理事会、新加坡宗教联谊会等宗教团体相互尊重、彼此努力、和谐共处，造就了新加坡种族和谐、宗教宽容的局面。

一个良序社会应当允许人们平等地创造他们赖以依存的文化结构，有着平等地位的人们在文化创造过程中从来不会创造一种使他们处于从属地位的文化，要做的不是让不同民族的人们发现他们都信仰相同的终极价值，而是不同的人们在其差别的道德中发现有某种一致。① “君子和而不同，小人同而不和”，儒家文化强调“致中和”，重和谐、求平衡，认为只有用中道，才能辩证地看待不同文化间的异同，才能让各种文化相互间实现取长补短，达到各美其美、美美与共的境界。从当初的落叶归根到如今的落地生根，种族、肤色和宗教上的差异越来越不重要，对各自祖籍地的忠诚度也在慢慢减弱，公共住宅和混合制学校中实行的各种族混合政策也没有引起冲突，彼此友好相处。让不同种族的人民在新加坡这片共同土地上和谐共生，把新加坡这个共同的家园守护好、建设好，让不同的文明得以延续和传承；同时，站在国家立场，又有责任把不同种族的下一代都培养成未来的合格公民，正是在这一共同利益的驱动下，在新加坡种族和谐政策的规约与引导下，各族裔自然结成的共生体，创造了新加坡过去几十年的稳定局面和发展奇迹。

（三）国家至上：集体忠诚统摄下自由与秩序的协同体

新加坡把国家置于优先地位，在国家建设上汲取了社群主义维护个人自由权利的主张，从而避免了专制色彩的侵蚀。新加坡在宣扬集体忠诚的背后，是以维护共同体秩序为前提来保障个体自由权利的。一百多年的殖民统治历史，不仅使新加坡国民饱受屈辱、奴役和压迫之苦，而且造成其独立之初缺乏国家认同感和归属感，价值观念混乱、国家意识淡薄的局面，虽然经过一段时间的发展取得了一些成就，但新加坡领导人深知作为一个国土面积狭小、人口有限、自然资源匮乏的海岛小国，只有树立忧患意识才能让国民自强不息，这与孟子“生于忧患，死于安乐”的儒家精神不谋而合。李光耀曾说：“一个真正的国家，是人们不分种族、宗教，团结一致，必要时愿意为彼此牺牲。但新加坡也是在人民没有共同点的基础上建立的，今天的‘新加坡人’只能算是个概念，仍然

① 姚大志．正义与善：社群主义研究［M］．北京：人民出版社，2014：111.

是一个脆弱的国家，也是还在创造中的国家。”① 可以说，忧患意识是新加坡提出国家“共同价值观”的重要基础。作为当今世界第一个以国家价值观白皮书形式提出共同价值观的国家，新加坡政府在 1991 年公布的《共同价值观白皮书》中的第一条便是“国家至上，社会为本”，而“一个民族、一个国家、一个新加坡”的口号正是对这一价值观的呼应。

在国家层面，新加坡注重从小培养公民的爱国精神以及对国家的归属感，学校每天都要举行升旗仪式，唱国歌，诵读信约——“我们是新加坡公民，誓愿不分种族、语言、宗教，团结一致，建设一个公正平等的民主社会，为了实现国家之幸福、繁荣与进步，共同努力”。信约虽然只有短短几十个字，却言简意赅地体现了“国家至上”“种族和谐”的共同价值追求。此外，为增强国家意识，每年国庆期间，新加坡政府都会组织居民在组屋区统一悬挂新加坡国旗，国庆前还会专门为学生准备国民教育演出。

在教育层面，根据“新加坡品格与公民教育体系”（CCE），小学、中学和大学预科三个阶段对国家意识的期望教育成果分别为：认识和热爱新加坡，相信新加坡并知道新加坡的重要性，以作为新加坡人为荣并了解新加坡与世界的关系。高校学生在读期间时常会收到学校给学生的群发邮件，旨在宣传国家资源有限，倡导环境的可持续发展；学校也会组织大学生参观新加坡建国以来的节水、节能成果，邀请政府部门工作人员进校园做国家建设成果讲座等。

在社会层面，新加坡特别重视国家礼仪，曾经发动过 66 项全国性的运动，到现在，每年开展的各种教育运动仍有 20 多种，由此新加坡也一度被称为“运动之国”②。开展的运动如“国民意识周运动”“国语周运动”“忠诚国民意识周”等，这些运动可以在不同种族国民尤其是移民中培养国家意识和主人翁精神，也是新加坡重视国家意识培育和种族精神教育的体现。

新加坡在价值观教育中融入社群主义和儒家思想的核心要义后，逐步形成了全民爱国主义。个体与集体的命运休戚相关，个体的繁荣依赖于集体的繁荣，同样，集体的荣耀也影响着个体的荣耀，一个具有美德的人首先应当热爱自己所在的集体，其次产生主动为集体做贡献的意识和行为，在国家层面，此种美德的具体表现就是爱国主义。亚当·斯密认为一个人对祖国的爱独立于对人类的爱，因为“把每一个人的主要注意力导向全人类社会中的某一特定部分”，更

---

① 新加坡国家档案馆. 李光耀执政方略［M］. 北京：人民出版社，2015：120.

② 李路曲，肖榕. 新加坡熔铸共同价值观：“移民国家”的立国之本［M］. 长沙：湖南人民出版社，2016：95.

有利于增进全人类社会的利益。① 麦金太尔认为，现代国家产生的历史本身是一部道德历史。② 具有特定国籍的人表达对其国家的忠诚即为爱国主义，作为一种情感的爱国主义无所谓好坏之分，它被视为一种美德，在现在或过去被奠立，首先缚系于一个政治的或道德的共同体。③ 国家不同于普通共同体，它是公民归属感最重要的源泉。新加坡在集体忠诚统摄下形成的全民爱国主义，既赋予了公民个人自由，又保障了社会治理的井然有序，这种“反思的爱国主义”走出了单靠民族主义催生的“本能的爱国主义”的狭隘④，新加坡也因此成为一个对“国家至上”存有普遍共识的利益协同体。

三、对于我国社会主义核心价值观教育体系建设的启示

新加坡在家庭、种族和国家层面上将社群主义和儒家思想汇合后进行了理论重构并付诸价值观教育实践，取得了显著成效，有力地促进了国家的经济发展、社会和谐与文化传承。这对我国新时代社会主义核心价值观教育、家风建设、公民道德建设以及国家治理体系和治理能力现代化都有着重要启示。

（一）传承家庭文化，建设和谐家风

“宜其家人”“宜兄宜弟”，而后可以“教国人”，正所谓“欲治其国者，先齐其家”（《礼记·大学》）。《孝经·天子》中说“爱亲者，不敢恶于人；敬亲者，不敢慢于人”，意思是天子能够亲爱自己的父母，也一定不会嫌恶天下的父母；能够尊敬自己的父母，就不会轻慢别人的父母。这与孟子的“老吾老以及人之老，幼吾幼以及人之幼”（《孟子·梁惠王上》）一样都体现了儒家的推己及人、由此及彼的思想，它是儒家“家国同构”的价值观念的表达，亦是社群赋予其成员资格权利与义务的结合，从爱家人到爱社群到爱国家，从建设家庭到服务社会到奉献国家，家庭的稳固是社会秩序稳定的基础，家庭的和谐友爱是国家繁荣兴盛的前提。新加坡“家庭为根”的治国理念正是对儒家“家国观”思想的继承和创新，实践证明，家齐而国治，家庭伦理可以带动政治伦理，家庭秩序可以促进社会秩序。习近平总书记指出：“家风是社会风气的重要组成

---

① 斯密．道德情操论［M］．谢宗林，译．北京：中央编译出版社，2008：290.

② 麦金太尔．追寻美德：道德理论研究［M］．宋继杰，译．南京：译林出版社，2011：247.

③ 麦金太尔．追寻美德：道德理论研究［M］．宋继杰，译．南京：译林出版社，2011：323-324.

④ 林毓生．中国传统的创造性转化［M］．北京：生活·读书·新知三联书店，2011：569.

部分。家庭不只是人们身体的住处，更是人们心灵的归宿。家风好，就能家道兴盛、和顺美满；家风差，难免殃及子孙、贻害社会。”所以，“广大家庭都要弘扬优良家风，以千千万万家庭的好家风支撑起全社会的好风气”。① 家是最小国，国是千万家，中国有 14 亿多人口，他们又组成了 4 亿多个家庭，作为社会的基本细胞的家庭是“国之本”，新时代家风建设意义重大。

家庭成员之间通过言传身教、身体力行、耳濡目染相互影响，这种影响对人产生的变化是潜移默化、润物无声的。因为血缘关系的存在，子女对父母的依赖和信任与生俱来，加之自幼一起生活，这种联系使子女对父母教诲更容易接受，当家庭要传递的价值观念与国家和社会保持一致时，个人的价值倾向与国家价值观和社会道德的要求就同向同行了。而家庭需要维护其秩序才能生生不息、绵延不绝。社群主义强调自由有度，何为度？是为秩序。儒家如何让社会有秩序？“凡人之所以为人者，礼义也”（《礼记·冠义》），“礼”就是传统中国社会的“法度”。儒家思想强调修身，才能造就有德行之个人；于家庭，强调良好的家礼、家规才能造就有德行之家庭。中国贵为礼仪之邦，从家庭礼仪到国家礼仪，社会依礼为序。在现实语境中，应本着“取其精华、去其糟粕，古为今用、推陈出新”的原则，客观分析并深度挖掘传统家礼对新时代家风建设的价值，儒家讲求“道”“术”，常理常道永恒不变，不会随时过境迁而易其本意，然而表现“理”和“道”的方式即“术”需要因地制宜、因时调整。比如，作为一种美德的“孝”是“道”，永不过时，但对“孝”的表现方式，我们需要结合现时条件进行现代转化，才能和现代的生活环境相适应，使“孝”道能够在当下人们的生活里表现出新的意义和价值。家礼的现代转化，需要增强传统节日的仪式感，进一步挖掘中华民族优秀传统家庭美德的内涵，营造社会主义家庭文明新风尚。

（二）规范公共行为，共创文明风尚

自改革开放以来，我国经济得到长足发展，人民生活水平不断提升。然而，在大步迈向民族复兴的伟大征程中，社会的复杂性让道德问题变得异常复杂，道德失范问题普遍存在，社会上出现了“经济上报喜、道德上报忧”的矛盾，以及“教育至善、行为作恶”的知行不合一的背离现象②，究其原因，榜样示范、同辈影响、代际传承、社会氛围等都存在一定程度的缺失。新加坡也历经了相似的社会发展阶段，新加坡独立后的前三十年，经历了经济的高速发展，

---

① 习近平．习近平谈治国理政：第 2 卷［M］．北京：外文出版社，2017：355.

② 张彦．当代“价值排序”研究的四个维度［J］．哲学动态，2014（10）：16-22.

综合国力和国际地位明显提升，但随着进一步融入全球化进程，新加坡面临着来自西方价值观的巨大挑战，表现为国家意识受到冲击、文化失根、道德滑坡、个人主义和享乐主义盛行等，新加坡年轻一代的传统价值观念日渐式微，个人主义日趋严重。[①] 正是在这样的时代背景下，新加坡提出了共同价值观的概念，旨在保存新加坡社会的精髓，并能世代相传。“仓廪实而知礼仪，衣食足而知荣辱”，国家综合国力的提升需要软实力的匹配，而根本性软实力就是道德建设，以“中国之德”应对“世界之变”，不忘本来，吸收外来，面向未来，正是新时代道德建设的“中国之道”。2019 年 10 月，中共中央、国务院印发《新时代公民道德建设实施纲要》，它是新时代公民道德建设的操作指南，更是国家道德建设的纲领性文件。

而要将道德融入人的行为实践，真正成为公民内心认同的价值观和公共领域自觉遵循的规则，就必须将其制度化、规范化。法律是成文的道德，道德是内心的法律，道德需要制度化做保障，同样制度也需要道德化滋养。德法结合的基础就是价值观，习近平总书记指出：“核心价值观，其实就是一种德，既是个人的德，也是一种大德，就是国家的德、社会的德。国无德不兴，人无德不立。”[②] 2016 年 12 月，中共中央办公厅和国务院办公厅印发《关于进一步把社会主义核心价值观融入法治建设的指导意见》，这是坚持“依法治国”和“以德治国”相结合的必然要求，也是运用法律法规向社会传递正确的价值导向的有力举措。从领导人到执政党再经国会确认，新加坡的共同价值观正是经历了这样一个道德制度化的过程。公民道德建设不仅要明确各领域行为准则的赏罚制度，建立常态化惩戒失德行为的工作机制，还要加强道德立法，将部分基本的道德规范法律化，将操作性强的道德要求上升为法律规范，将成熟的、可操作的党内法规向全民法转变，充分发挥社会主义法治对新时代道德建设的促进和保障作用。公民道德建设应使道德教化和普法教育相得益彰。另外，还要把提升道德认知与推动道德实践相结合，“博学之，审问之，慎思之，明辨之，笃行之”（《礼记·中庸》），重知不如重行，力行实践激活了儒家道术，让道德从教化、示范到传递、养成，引导公民形成准确的道德认知，秉持适度的道德情感，做出正确的道德判断，产生实际的道德行动。道德实践需要将社会主义核心价值观现实化，挖掘核心价值观的道德体现形式，将践行核心价值观的内涵生动化、具象化，让核心价值观教育关照学生现实，浸润人们生活；道德实

---

① 吕元礼．新加坡为什么能［M］．南昌：江西人民出版社，2016：264.

② 习近平．习近平谈治国理政：第 1 卷［M］．北京：外文出版社，2018：168.

践推动中华优秀传统美德的创造性转化和创新性发展，需要深入挖掘自强不息、敬业乐群、扶正扬善、扶危济困、见义勇为、孝老爱亲等优秀中华优秀传统美德的时代内核，使之更好地服务于当代人民的精神文化生活；道德实践需要做好网络道德空间建设，研究虚拟空间人性表现模式和特点，推动网络立法，引导网民从他律到自律，实现道德自觉，建构网络空间道德共同体，共创网络道德清朗环境。

（三）优化治理体系，凝聚中国力量

融会贯通东西方文化，是新加坡国家治理体系和能力建设的突出特色和精髓所在。① 社群主义对自由主义的批判主要在于，离开了共同体，个人权利的实现、个人自由的获取都无从谈起。马克思主义对社群主义的超越在于，那个被个体依赖的共同体最终会被“自由王国”取代。马克思认为，人只有在告别了原本统治自身的异己力量，处于人们自己的控制之下以后，人在一定意义上才算是最终地脱离了动物界，从动物的生存条件进入真正人的生存条件。也只有从这时起，人们才完全自觉地自己创造自己的历史，这是人类从“必然王国”进入“自由王国”的飞跃。② 进入“自由王国”，“人”才成为“人”——实现了自由而全面发展的“人”，在那时，每个人的自由发展是一切人自由发展的条件。③ 而在此之前，“人”只有隶属一个阶级或共同体才能在社会中存在，“人”从社群中的“人”即共同体中的“人”发展成为“独立”的“人”，这是一个类本质的变化。在马克思看来，这个变化产生了一场重大的历史运动，这个历史运动就是现代化。④ 国家治理体系和治理能力现代化，正是推动这个类本质发生变化的必由之路和必然选择。

2021 年，在建党百年之际，我国全面建成小康社会，开启了全面建设社会主义现代化国家的新征程，向第二个百年奋斗目标迈进。与此同时，当今世界正处于百年未有之大变局中，我国发展的外部环境日趋复杂，世界进入了动荡变革期。走在“强起来”路上的中国，正日益走近世界舞台中央，需要强有力的精神形态作为支持，这就需要有文化自信，在社会主义核心价值观的引领下实现治理体系和治理能力现代化，在回答好中国之问、世界之问、时代之问中，彰显中国精神、传播中国价值、凝聚中国力量。

---

① 崔翔．新加坡国家治理模式的主要特点、做法及启示［J］．当代世界与社会主义，2015（2）：18-22.

② 马克思，恩格斯．马克思恩格斯选集：第 3 卷［M］．北京：人民出版社，2012：815.

③ 马克思，恩格斯．马克思恩格斯选集：第 1 卷［M］．北京：人民出版社，2012：422.

④ 林尚立．协商民主更符合人民民主的真谛［N］．北京日报，2016-05-23（18）.

第十一专题　文化视域下的日本价值观教育

人类学家鲁思·本尼迪克特（Ruth Benedict）曾指出：文化是通过某个民族的活动而表现出来的一种思维和行动方式，也正是这种思维和行动方式的不同才使不同民族表现出差异。[①] 日本学者源了圆则认为“解开文化个性差异之谜的重要钥匙，是各种文化主要素的不同组合方式”。[②] 文化表现出来的思维方式、民族习俗、信仰以及认知模式，会直接影响着特定民族的性格形成和价值导向，并产生相应的价值观和行为模式，从而也成为价值观教育的重要基础。一方面，文化影响着价值观教育政策和内容的制定；另一方面，价值观教育能反作用于文化的发展。价值观教育从根本上来说就是一种文化现象，是为了使青年一代学习和理解社会共识与社会规范的形成。

鉴于价值观的内涵和外延内容较为丰富，本书主要聚焦伦理价值观的范畴，从人与社会的关系、人与人的关系以及人与自我关系这三个维度，探讨文化视域下日本伦理价值观的表征，日本价值观教育的内容、形式及其特征。

一、日本伦理价值观的表征

从历史沿革来看，日本的文化经历过四次大规模的外来文化影响。在应对外来文化时，日本总是遵循“选择—吸收—深化”的应对策略，一方面对外来文化进行选择性吸收；另一方面保持其自身文化特点，而不是机械地被外界同化。关于日本文化究竟属于哪一种文化，不同学者都有着不同的解释，如隶属西欧派的加藤周一提出“杂种文化论”，亚洲派的梅棹忠夫提出“文明的生态使观”、加藤秀俊提出“中间文化”观点，石田一良则提出“变形玩偶”假设……复杂而有兼容性的日本文化既深受儒道佛教等东方文化的影响，又经过近现代“欧风美雨”文化的洗礼，在“拿来主义”的基础上经慎重取舍后形成独具特色的文化，最后沉淀为一种民族特性，极大地影响了日本人的思维方式、行动模式和价值取向。

---

① 自滕星．教育人类学通论［M］．北京：商务印书馆，2017：97.

② 源了圆．日本文化与日本人性格的形成［M］．郭连友，漆红，译．北京：北京出版社，1992：5-6.

（一）社会价值观：与集体的关系

在个人和集体的关系维度中，日本人体现的是“全人格归属”的特点，对群体的作用非常重视，个体对群体有着强烈的依赖心理。集团意识使日本人意识到“自己是整体的一部分，这个整体是利益共同体，甚至是命运共同体，自己与这个整体息息相关，同命相连”。①

1. 集团优先：个人服从集体

日本民族早期形成的“生命一体感”的集团意识以及“和”的精神，是日本文化最核心的结构层次，其历史渊源久远。相对封闭的独特地理环境、结构单一的民族构成，使人民在应对频发的自然灾害中逐步形成精诚团结、战胜困难的行为习惯，其团体协作意识也由此不断加强，集体有着强大的向心力和凝聚力。如“村八分”一词，指的就是在“村”这样的共同体中，成员竭力克制自己的私欲，遵守村里的习惯或者规范，为维护共同体的利益，每个成员都为共同体的发展做出自己的贡献，这应该算是日本现代社会集团主义的思想根源。

赖肖尔在其著作《当代日本人》中指出，“日本人与美国人或西方人的最大差别莫过于日本人那种以牺牲个人为代价强调集体的倾向”②。滨口惠俊等在《日本的集团主义》一书中分析认为，“在日本，人们之所以能够融入集团且超水平发挥主观能动性，主要是因为人们将个人的目标与所属集团的目标统一化、一体化……通过实现集团的目标来展现自己的价值”。③ 日本集团主义强调“地缘性”的人际关系和集体内部的和谐、集团利益大于个人利益。作为集团内部的成员，单一个体的主体性价值是被忽视的，个人本位让位于集体的价值追求，个体的价值亦是通过共同体的价值得以实现。

2. 忠诚至上：忠孝优于仁义

日本人的“忠孝”思想是中国儒家思想和日本传统文化相结合的产物，本土化后的日本儒学将“仁”排斥在外，而把“忠”的观念放在其他所有伦理之上，“忠”成为日本人恪守一生的行为道德准则，深植于其思维与行为模式中，对集团的忠诚已经是其“作为日本人”的基本特征。

在江户时代，“忠”开始成为核心价值渗透在整个社会阶层，作为支配性的原理和价值，“忠”远远胜过如正义、博爱等普遍主义价值，成为人们对所属集体或系统的承诺。到了近代，“忠”的价值定位和观念形态已成为日本伦理精神

---

① 高子川，段廷志．逐日日本人［M］．成都：四川人民出版社，2001：87.

② 赖肖尔．当代日本人［M］．北京：商务印书馆，1992.48.

③ 滨口惠俊，公文俊平．日本的集团主义［M］．东京：有斐阁，1982：23.

的主干，内化成日本民众的文化心理结构和外在行为导向，并逐渐转变成对公司企业及其他所属集团的忠诚。在中根千枝看来，日本社会集团的核心结构为“纵式”社会关系，强调集团“上下”的一体感意识，有着严格的“年功序列”划分，主从关系体现的是个体对集体的服从。如日本企业的“年功序列制”是建立在人对所属集团的忠诚基础之上的，在同一个集团，个人的社会资本随着年限而增长，但离开该集团，其社会资本并不会随之转移，因此，个人和集团的利益是相辅相成的，这种模式更加强化了个体对集团的忠诚意识。

3. 内外有别：排他意识强烈

日本自然的地理阻隔导致传统日本村落之间界线分明，在村落内部形成强烈的命运共同体的同时，村落以外便是另外一个与自己毫不相干的世界，这导致了成员形成强烈的内外有别意识。在藩界壁垒已经被打破的近现代，“村落共同体”的原初体验对人们的行为依然起着支配作用。尚会鹏在研究中指出：“由于个体一般能从所属的圈子中获得在圈子以外得不到的安全感，故而从文化心理上说个体更趋于认为所属圈子之内和之外是本质不同的两个世界，适用不同的规则。”① 日本集团内部通常强调“和”与“协调”，而集团之外更多地强调“战”和“竞争”。中根千枝认为，日本的集团大多属于以所属单位或者某一地域划界构成的共同体，即场所型集团，而不是以个人资格属性而缔结的资格型集团。他把日本的集团比作一个没有底边的三角形模型，具有开放性的特点，而一旦成为集团的成员，个体就会体现出集团内外有别的排他性，因此是先开放后排他。② 这些又进一步强化了集团的凝聚力与群体间的疏离感和竞争倾向。当然，在集团内部也有竞争，但这种竞争是一种非功利性的“忠诚竞争”，其张力也是向外的，是为了扩展集团的利益。

4. 个体无责：责任体系模糊

河合隼雄提出：“日本的社会结构是一种责任和权力所在不明的‘中空结构’或‘无责任体系’。”③ 在强烈的共同体意识的影响下，成员之间实现了心理与行为的高度统一，一方面将其主体性权利通过集体表达和实现，进而激发了个体的潜能；另一方面将其应承担的责任平均化和分散化，导致了个体责任意识的缺乏。如对二战后的责任问题，日本学者加藤周一曾分析道：“日本没有一个真正责任者，战争责任由全体国民承担……大家都有责任，几乎等同于都

---

① 尚会鹏．“依赖”、“缘”与“独立”、“契约”：从亚洲金融危机看日本人际关系模式面临的挑战［J］．日本学刊，2000（4）：100.

② 尚会鹏．中根千枝的“纵式社会”理论浅析［J］．日本问题研究，1997（1）：87.

③ 河合隼雄．中空结构日本的深层［M］．东京：中央公论社，1982：12-18.

没有责任。"① 日本企业集思广益的决策"禀议制度"，其实质也折射出日本人在决策时的集体无责任心态，"禀议制度"要求决策时全体有关人员的共同认可，这一集体参与决策权却极大地降低了每个参与者的责任，从全体负责到集体无责的两级转化。

（二）道德价值观：与他人的关系

日本的集团文化不仅影响个人和社会之间的价值关系，也制约着人和人之间交往的思维模式和价值取向。不同于西方契约式的人际关系，也不同于中国将"血缘关系"作为主要纽带的人际模式，日本在人际关系中更加注重"地缘性"特征，强调人和人之间的和谐，梅元猛将日本人重视人际关系，善于协调人际关系概括为"和"的精神。"和"的理念可以说是日本人在人际交往中的价值观基础，是贯穿日本社会的中心理念。

1. 间人主义：人际交往的伦理观

二战后，日本虽然接受了西方个人主义的洗礼，在人际关系方面却依然保持着日本式集团文化的张力，形成一种介于东西方文化之间的"间人主义"，即"柔软的个人主义"。日本词汇中"人"的常用表达即为"人间"，强调的就是把人置于"彼此之间"，滨口惠俊把"人间"这一词汇倒过来使用为"间人"，英文表达为 contextual。在西方的个人主义中，构成社会的最小单位是"个人"，即英文中的 individual，每个人都是一个独立不可分的原子，人们以自我为中心，在各自生活空间的外侧进行交往，信任自我而非他人，强调自身的价值，按照契约和规则办事，把人际交往作为手段而非目的，是一种基于利益交换形成的互酬关系。而日本人在人际交往过程中，通常会把自己置于特定的关系中进行价值判断；个体会注重群体和谐、相互信任和依赖；强调"缘"的因果关系，并在此基础上形成互助状态，主体在相互重叠的共属空间进行"参与式"的人际交往，将人和人之间的交往关系视为一种不可分割的状态，并努力实现双方的共同价值，在相互依存的交往中表现出明显的"连带自律性"。

通过土居健郎提出的"娇宠（依赖）"（日语甘え）理论，即日本人心理构造之"甘え"，能更好地解释日本人在人际关系中易于服从一个至高无上的权威的心理状态，在他看来，西方人的个人独立源于家庭以外的强离心力，导致个人摆脱依赖状态并走向独立，其力比多（原欲）指向自我，而"娇宠"作为日本的一种文化心理，其力比多（原欲）指向他人，重视与他人的关系，意

① 刘杰，任子涂．耻文化视域下的道德建设［J］．前沿，2013（24）：124.

在使“娇宠（依赖）”得到充分发展。①

2. 相对伦理：标准模糊的是非观

日本自古就是一个多神信仰的民族，其信奉的神不是一种绝对精神，而是一种人格化的存在，兼具善恶两种属性。这种相对的伦理观念表现在现实的处事原则上，是一种标准模糊的是非观，其标准会因时、因地、因势而发生变化。

在《菊与刀》的作者布尼迪克特看来，耻感文化是日本人思维和行为的重要精神动力，与西方基督教背景下的罪感文化大相径庭，罪感文化源于自己内在的道德观念，提倡道德绝对标准的建立，依靠人的良心发展来从事自觉行为，是一种自律性的道德；而耻感文化需要一个他者在场的前提，是一种对他人评价的反应，借助的是外部的强制监督力量，这个旁观者可以是事实存在，也可以是想象出来的。② 因此，耻感文化下人们的是非判断标准会反复无常，受外部场域因素的影响而变化，如来自其他人对其行为的评价、本人所在的集团利益和价值等，而不是源于自身内在建构的道德标准，这是一种他律性的道德，正如土居健郎指出的“日本人是借助小集团内他人的目光来评判自己的行为是否得当”③。

3. 上下有序：尊卑分明的等级观

和中国注重同族的“血缘”关系不同，日本人更加重视“地缘性”人际关系，日本村落共同体的组织是以纵向依附关系形成的，不以血缘性来定义“家”的概念，这种“家”的超血缘性特征就扩大到“村”“藩”“国”等共同体中。中根千枝提出的“纵式”社会理论探讨了日本社会高效运转的文化特点，他认为“纵式”依附文化使日本人序列意识非常强烈，他们会根据自己的资历和年龄明确自己在集团中的地位和身份，并严格依据与之对应的级别为人处世，上下级关系有着严格的等级身份制度，“纵式”社会的等级序列关系以上下罗列的没有底边的“A”字形表现出来④。这种尊卑分明的等级观体现在工作生活的各个方面，如在与比自己身份地位高的人进行交谈时，必须使用尊敬语，在公司实行的是“年功序列制”以及“终身雇佣制”，人们在集团内部不越权、不揽权等，大家各得其所，各尽其职，井然有序。

---

① 尚会鹏．土居健郎的“娇宠”理论与日本人和日本社会［J］．日本学刊，1997（1）：121-122.

② 木尼迪克特．菊与刀［M］．北塔，译．哈尔滨：北方文艺出版社，2015：38-45.

③ 土居健郎．日本人的心理结构［M］．北京：商务印书馆，2012，34.

④ 李韦卓．纵式社会中的日本人的思维方式及其性格［C］．2020 年课堂教学教育改革专题研讨会论文集，2020：2.

（三）自我价值观：与自我的关系

1. 精农主义：勤勉节约的生活观

日本学者松尾康二曾指出："精农主义是日本深层文化在生产行为上的表现。"① "精农主义"指的是勤恳专心，精耕细作，全身心投入农业生产的一种精神和态度。② 因为日本农业环境比较优良，以农业为主的古代日本，人民一年四季都全身心地投入农作，也因此造就了日本人勤勉和敬业的性格。精农文化在近现代被赋予了新的内容，成为激发人们勤勉奋斗的动力。明治维新时期，受西方文化影响，倡导个人自立的立身处世文化开始盛行，提倡"人应根据自己的才能勉力为之，如此方才能安生、兴产、昌业"③。

此外，由于资源的有限以及自然灾害的频发，日本人还有着强烈的忧患意识，因此，勤俭度日成为他们最朴素的生活哲学。儒家文化提倡的"圣人五德"其中就包括了"俭"的内容，日本学者石田梅岩在儒家文化的基础上，融神、儒、佛诸家之学，将"节俭"升华至哲学意义上的"道"的高度，提出俭约不仅是人格修养的重要方面，而且是士农工商的共通之理，具有普遍的人生哲学意义。④ "俭约哲学"现已成为日本人社会普遍认同的道德原则与社会伦理规范，无论贫富贵贱皆以节俭为美，而浪费则是缺乏教养的表现，物尽其用成为每个日本人共同的生活理念。

2. 匠人精神：精益求精的职业观

受中国儒家文化的影响，忠孝为本的思想逐渐融入日本人的职业观，这一思想通过和神道教的本土融合，形成尊崇自然的天人合一理念，并将追求"天道奉公"贯穿日用伦常，具有强烈的家国观念指向。日本人还将敬业、精益求精的职业观纳入"奉公报国"的国家主义，认为切磋琢磨、反复尝试的钻研精神是追求"至善"的途径。同时，通过本土化的吸收后，奈良时期的佛教逐渐形成了世俗化的日本佛教，表现出"为世所用"的实用主义和现实主义特征。禅僧铃木正三在17世纪提出的"工作禅"思想，确立了一种全新的职业价值观，认为工作不仅是一种经济行为，而且是一种"禅"的修行，是在追求一种生命价值，从而确立了"劳动即佛法"的全新职业观，将世俗工作与宗教信仰进行有机结合，逐渐形成了"待劳动以诚"的职业价值观，这种类似于西方新

---

① 松尾康二．日本深层文化与中日文化交流在21世纪的作用［J］．日本研究，1998(2)：73.

② 杨薇．日本文化透视［M］．天津：天津教育出版社，2010：18.

③ 奥田真丈监修．教科教育百年史·资料编［M］．东京：建帛社，1985：33.

④ 饶从满．日本现代化进程中的道德教育［M］．济南：山东人民出版社，2010：187.

教“天职”的思想成为日本资本主义精神之源，“工作禅”也因此成为一种世俗化的价值理念与道德理性原则。

3. 崇尚现世：实用主义的处世观

日本文化的“即物主义”性格，倾向于事实、经验和实证的思维方式，日本人的处世观也因此表现为崇尚现世的实用主义，如在对待外来文化的问题上，他们完全根据实用主义的原则，结合本国国情和社会实际，有用者则拿来，无用者则抛弃。在尚强文化心理的驱动下，古代日本曾对中国文化十分崇拜，频繁派遣隋使与唐使前往中国取经。到了近代，日本人的“尚强目标”开始转向欧洲，曾派出近百人前往欧洲学习其先进文化。二战后，又开始调整目标开始追随美国。

在宗教信仰方面，日本人认为既然不同的神都能护佑自己，就都可取之、用之，因此，他们会同时信仰神道和佛教，把活着时候的事托付给神社，把死了以后的事交给寺院，甚至还可能同时信仰基督教。在接受外来佛教以前，日本本土就存在“生—死—再生”的生命轮回思想，日本文化的深层理念中便潜存着向往彼世的“死亡哲学”，日本人也乐于接受佛教宣扬的人生“无常”的观点，在他们看来，去彼世还可以和亲友相会，如同现世一样，在这种哲学观影响下，日本人把死亡看作一件并不可怕的事。

二、日本价值观教育的要义

在日本文化的影响下，日本的价值观教育在纵向发展上有着高度的连续性，横向联系上又表现了一定的融合性，国家主义和立身出世主义①（立身し、有名人となること，即中文所指的出人头地主义）是贯穿其中的两条主线，分别倡导着看似相反，但其实是一种互为表里关系的集体精神和个体激励。

（一）“社会”维度的价值观教育

日本的个体对集体是一种“全面的、无限定的参与”，② 个体的自我是通过群体的形式来实现的，体现为一种“聚合”，集团意识和忠孝文化是日本价值观教育的重要内容，价值观教育是培育日本人集团意识等社会伦理观的重要路径。

明治初期的启蒙开明主义时期，文部省提出“国家之所以富强安康，在于世之文明、人之才艺大有长进，文明之所以成为文明要靠一般人之文明”③，一

① 饶从满．日本现代化进程中的道德教育［M］．济南：山东人民出版社，2010：76-78.

② 滨口惠俊，公文俊平．日本的集团主义［M］．东京：有斐阁，1982：109.

③ 奥田真丈监修．教科教育百年史・资料编［M］．东京：建帛社，1985：33.

方面，个人的立身出世主义鼓励个人的追求与竞争；另一方面，个人的野心追求是以国家的兴隆为目标这一思想为其世界价值观前提的，个人的文明开化是实现国家富强的手段。二战后，日本价值观教育体制从教育敕语向教育基本法转变，不再以忠君爱国、忠孝一致为中心的“家族—国家”主义臣民道德观为主要内容，而是培养以重视个人尊重与价值为前提的“个人—社会”道德观。教育的目的在于使个人在“完善人格”的基础上，成为优秀的国家与社会的建设者。20 世纪 80 年代，临时教育审议会（临教审）将“重视个性”作为教改的重要原则，“把个性尊严、个性尊重的意义恰当地摆在个人、集体、社会、国家和历史正确的均衡关系和相互关系中”①，通过“重视个性”来实现“完善人格”和“形成国民”的统一。从 90 年代开始，强调教育要通过培养“爱国心”来增强日本的民族主义。2006 年新修订的《教育基本法》，将“尊重公共精神”“培养爱国、爱家乡的态度”作为教育目标。此后，2017—2018 年新修订的学习指导要领就把社会科的目标定为“培养公民资质”，其核心内容即爱国、和平、民主等价值观培养，具有非常鲜明的政治色彩。

（二）“人际”维度的价值观教育

在独具特色的“间人主义”文化影响下，日本价值观教育非常重视人伦关系，从国定修身教科书中德目分类比重来看，有关人际关系的道德占 40%，主要包括博爱、亲切、正直、不要给别人添麻烦等社会性很强的市民伦理。在《教育敕语》影响下，日本曾把封闭式的人伦关系教育发挥到极致。二战以后，这种强调绝对服从的人伦关系在一定程度上有所改变，但注重人伦关系，强调让儿童通过社会关系来发展个性的教育思想并没有变。日本的教育一直强调人的多面性和统一性，认为人的多面性源于多个方面，包括“作为生活在自然界的人”“作为经营社会生活的人”“作为追求文化价值的主体的人”等，这些不同方面之间有着有机联系，应该引导学生在自然、社会以及追求文化价值中不断完善自己，获得均衡发展。

新修订的《学校教育法》要求“通过集体生活，深化幼儿对家庭及周围人的依赖，养成团结互助、自主、自律的精神及遵守规范意识的萌芽观念”，“要培养幼儿对他人的信赖感、自立与合作的态度等道德行的萌芽”②。中央教育审议会（中教审）第 15 届咨询报告中将“与他人相协调”“同情他人之心、社会

---

① 转引自饶从满．日本现代化进程中的道德教育［M］．济南：山东人民出版社，2010：77.

② 罗朝猛．亲历日本教育［M］．福州：福建教育出版社，2015：80-81.

奉献精神”作为“生存能力”的内涵进行阐释。最新版的学习指导要领中还规定，家庭教育应承担培养“对人的敬爱之念和虔诚之心”“形成认真地对待生活和劳动的态度”等职能；社会教育要为“接触自然和优秀的文化遗产”“接触各种年龄层的人”“参加具有多种目的的集团活动”创造机会的环境。在关于与他人关系上，最新修订的学习指导要领中规定了“为他人着想、感恩、商量和同情心、亲切、友谊与信任、相互理解和包容”等价值观教育内容。

（三）“自我”维度的价值观教育

受稻作文化和精农主义文化影响，日本人自古就有着勤劳节俭的习惯和品质，明治期间倡导的立身出世文化，强调禁欲、勤勉、节俭等个人的价值观导向，其中勤勉为日本立身出世的伦理精神之基础。《被仰出书》宣扬教育乃是国民个人立身之资本的立身处世主义思想。宣扬个人自立、立身处世的《劝学篇》《西国立志篇》成为畅销书，鼓励和解放个体的野心和欲望。教科书中立志、学问、免学、努力、勤勉等立身处世的伦理随处可见。① 日本学校注重从个体激励的角度开展相关的价值观导向教育，尤其注重对“努力”（gambare）精神的培养。努力代表着坚持、尽力和不要放弃等意思，在日本学校中高频率地被使用，学校提供学习和生活指导，不断传播着“努力”具有很高价值的思想，第三期国定教科书中还专门设有“进取的气象”“钻研琢磨”等重视自主性的课程。家庭教育中也不例外。“努力”的意思不仅是鼓励自己努力工作，而且鼓励着集团的其他成员。

20 世纪 80 年代，临教审在其报告中对“人格”进行了定义，教育改革也是以重视个性的原则，提出了“个人尊严、个性尊重、自由与自律、自我负责”等概念。《教育基本法》第 2 条也提出，要“在尊重个人价值、培养创造性和自主自律精神的同时，重视工作与生活之间的联系，并养成注重勤劳的态度”②；2017 年，新修订的学习指导要领在关于自我的维度上，教育内容主要包括有善恶的判断、自律、自由和责任，个性发展，希望和勇气、勤勉和坚强的意志，探索真理等。③ 此外，日本还通过“余裕教育”引导青少年形成自我接纳和积极向上的生活态度，进行“热爱生命”和“选择坚强”的生命价值观教育。

---

① 饶从满．日本现代化进程中的道德教育［M］．济南：山东人民出版社，2010：92.

② 饶从满．日本现代化进程中的道德教育［M］．济南：山东人民出版社，2010：373.

③ 文中央教育審議会．幼稚園、小学校、中学校、高等学校及び 特別支援学校の学習指導要領等の改善について（答申）［EB/ OL］．（2009-05-12）［2020-01-17］. https：//www. mext. go. jp/b _ menu/shingi/chukyo/ chukyo0/toushin/_ _ icsFiles/afieldfile. pdf.

三、日本价值观教育的特点评析

（一）融入国家意志的意识形态导向

日本的集团文化决定了日本价值观教育的内容和形式，这一文化背景对家国情怀的价值观培育无疑有极大的促进作用。事实上，无论是战争还是和平年代，日本一直将国家意志贯穿于价值观教育中。在明治维新时期，日本政府曾通过立法来宣扬“忠君爱国”思想，认为教育应该为“富国强兵”服务，强调“教育不是为个人，而是为国家”①，虽然在战后美国托管时期，极端国家主义教育被禁止，但爱国主义教育始终未曾停止。尤其自20世纪90年代以来，随着其经济强国地位的进一步巩固，为谋求成为政治与军事大国，日本政府在右倾化思想和“正常国家化”的影响下，不仅制定了《国旗国歌法》，还根据“教育再生会议”等精神相继修改了《教育基本法》和《学校教育法》，并明确将“爱国心”“公共精神”作为教育目标，旨在通过教育培养“爱国心”以迎合日益高涨的民族主义，可以看出其价值观教育的政治色彩逐渐得到强化，表现出浓厚的意识形态特点。

另外，这种国家利益至上价值观的不当引导，将会导致日本青少年对历史出现认知偏差和价值错位。② 在“自由主义史观研究会”等右翼组织的大力推动下，日本政府开始对历史进行“修正”，审定通过严重偏离史实的教科书等，如在2017年的教科书审定意见中，有关钓鱼岛的归属、南京大屠杀以及战争赔偿问题上的主张，不仅没有尊重客观史实，而且将右倾主义的政治主张导入学校的教育内容，具有“国家主义的思想统治”色彩。这些问题都导致日本青少年在裹挟着错误历史观的价值观教育过程中，形成其与史实相悖的错误认知，极大地影响了日本青少年的价值取向。

（二）凸显集团精神的社会价值倾向

有研究者认为，日本价值观教育培养的学生对所属班级或者团体的忠诚心，将来会转化成对所属的企业、工作单位的忠诚心，最后会成为一名自发、积极地工作的劳动者。日本的价值观教育培育了密切协作、忠于企业或者事业、传承与感恩等为主要内容的日本伦理精神，体现了日本民族文化和历史发展的特

---

① 朱文富，刘珊．森有礼国家主义教育思想及其对日本近代普及义务教育的影响［J］．河北师范大学学报，2010（1）：51.

② 孙成．唐木清志．日本中小学价值观教育：途径、理路与困境［J］．外国中小学教育，2019（1）：26.

点，是日本民族强大凝聚力的牢固纽带，帮助日本摆脱殖民地危机和加快近代化进程的步伐。二战以后，尤其是在迈向现代化的进程中，日本通过个体与社会的关系、个体与自我的关系这两个维度进行价值观培育，引导青少年形成了“群体归属”和“自我认同”的价值观取向，将自我扩大到社会共同体范围，将个体的自我意识转化为共同体意识，实现了个体与集团的一体化成长，由此大大提高了现代化进程中企业社团的经济效率，帮助日本实现了经济的腾飞。

另外，这种集团文化影响下的价值观导向会在某些特定因素的刺激下，形成一种畸形且一直向外的张力，其释放的巨大能量甚至会导致极端行为的发生。如在近代天皇制的建立和国家主义无限膨胀的推动下，极端的“忠君爱国”思想便为二战时期侵略战争埋下了伏笔。此外，受这种社会价值导向的影响，集团成员通常会把迎合集团意愿作为首要目标，对自我的客观需求和主观意愿认知较少，这种思维方式在一定程度上限制了他们的个性发展和潜能发挥，在个体“完善人格”与“形成国民”之间难以取得真正的平衡。

（三）兼具多种文化背景的价值融合

因经历过四次大规模的外来文化，日本的价值观教育自然会受这些多元文化的影响。如呈现东方特征的集团文化倡导爱国主义和整体价值，而立身处世主义却是在受西方文化影响下倡导个体价值的激励要素。尽管受东西方不同文化的影响，日本的价值观培育实践依然是通过“选择—吸收—深化”而采取最适合本国国情的教育模式。以立身处世主义为例，日本强调的立身处世主义是建立在“人际间的关系”基础上的，通过以“人际间的关系”为背景与其他集团竞争而获得成功，或在“人际间的关系”内部努力向上游，以此获得更高的提拔来实现自己的理想和目标。① 这两种价值观的互补和融合，将个体的“竞争”置于集体之中，在更显温情的同时能让个体感受到所属集团提供的支持力量。为了在集团之间的竞争中能立于不败之地，集团内部成员之间遵循的是协调基础上的竞争，“和”“忠诚”是一个绝对的道德观念，“竞争”是一个相对的概念，在竞争中提升自我的实力，这一模式被澳大利亚学者克拉克在《日本人》一书中称为“小集团主义意识”，即集团内外“协调”与“竞争”的复合循环模式。②

---

① 川岛武宜．日本の社会と立身出世［J］．現代のエスプリ，1977（118）：23-32.

② 陈晖．日本民族特性：小集团主义的根源：评介日本人．［J］．日本问题，1986（1）：55-56.

兼具多种文化背景的价值融合符合日本社会实际，培育了日本人爱国、集团优先、勤勉、借鉴、努力等不同维度的价值观，在国家、社会和个体层面实现了一定程度的制约和平衡。

跋

历经数载的持续投入，在璀璨的金秋时节，课题研究成果的书稿即将面世。本书系国家社会科学重点课题“国外价值观教育的体系化运行与可借鉴性研究”（项目批准编号：16AZD035）的研究成果，研究旨在为进一步加强我国价值观教育的咨政尽绵薄之力，公开发表是为与本学科同仁及社会人士交流思想、切磋研究心得，以求对相关领域研究及思想政治教育学科建设有所增益。

本书是在团队协力、密切合作下完成的，成果凝结着每位课题组成员的心血和智慧。其中，董雅华、马前广、周源源、刘铁英、王亚鹏、荆德亭等承担上篇总论的撰写。下篇分论由宋洁撰写第一专题，董雅华、陈琳撰写第二专题，陈琳撰写第三专题，叶方兴撰写第四专题，吕金函撰写第五专题，张晓燕撰写第六专题，马前广撰写第七专题，郭丽双、王嘉亮撰写第八专题，王舒琦撰写第九专题，王歆玫撰写第十专题，周源源撰写第十一专题。董雅华负责全书的统稿，张晓燕为全书的英文注释做了编校。杨飏、赵成林、马格、舒练、张雪琪等为查询资料及辅助研究工作付出了劳动。

课题研究得到马克思主义学院及思想政治教育学科点的支持和关怀，也得到校内外同行专家、管理部门的咨询指导。在此，特别感谢高国希教授的全方位支持和具体建议，感谢邹诗鹏教授、邱柏生教授、宇文利教授等的鼎力支持和帮助，感谢校文科科研处肖为民老师、严明老师、左昌柱老师等指导和服务。马克思主义学院资料室左晧劼老师等也给予了帮助，在此一并诚挚鸣谢！

党的二十大吹响全面建设社会主义现代化强国的嘹亮号角，在以“中国式”现代化全面推进中华民族伟大复兴的进程中，社会主义核心价值观是凝聚人心、汇聚民力的强大力量。因此，我们必须在全社会有力推进、广泛践行社会主义核心价值观，正如习近平总书记指出的，使之成为全体人民的共同价值追求，成为我们生而为中国人的独特精神支柱，成为百姓日用而不觉的行为准则。为此，我们应当深入开展社会主义核心价值观教育。社会主义核心价值观在形成过程中吸收了世界文明的有益成果，而在深化社会主义核心价值观教育的过程中同样需要吸收借鉴人类优秀文明成果，这是我们开展国外价值观教育研究的出发点和落脚点。

我们力图客观地呈现国外价值观教育的样貌，从特殊到普遍，从中发现和揭示其带有规律性的体系化运行的共性特征，以教育的有效性为价值导向，对其理论与实践的合理性及其局限性进行客观的分析评价，并从中批判地吸收其可借鉴之处。本书主要采用比较研究和实证研究等方法，虽力图客观全面，却因研究对象采样范围和数量有限，难免有挂一漏万、以偏概全之嫌。因此，在推进国外价值观教育的深入研究上虽取得一定的创新成果，仍存在局限与不足。同时，本书将重心放在对国外价值观教育运行体系的特征及其对于我国价值观教育的借鉴意义上，在提高我国价值观教育有效性的探讨中，关于我国价值观教育体系化建设的具体路径以及落实中可能存在的问题及对策等方面的研究仍有待进一步深化。另外，此课题的关注点在于价值观教育，聚焦于教育有效性视角的考察，实质主要在于其方法论意义而对于中外价值观本体论意义的比较，包括价值观内涵、理论基础和实践特征及其本质的比较，有待于后续另列的课题进行专门研究。

正如费希特所言，学者的天然使命在于为推进科学和学科的发展尽力。而作为新时代中国的学人更应明确的是，我们推进科学和学科发展的意义，绝不仅仅在于科学和学科本身，更在于其服务社会发展、文明进步、人民福祉的面向。为此，我们应有更深远的眼光、更开阔的胸襟，以坚持中国之路、中国之理、中国之治的思想追求和价值立场回答中国之问、世界之问、人民之问、时代之问。这是我们的时代使命。

受主客观条件所限，本书难免瑕疵，敬请各位读者批评指正。

董雅华

2022 年 11 月

参考文献

一、中文参考文献

（一）马克思主义原著

1. 马克思，恩格斯．马克思恩格斯选集［M］．北京：人民出版社，2012.

2. 马克思，恩格斯．马克思恩格斯文集［M］．北京：人民出版社，2009.

2. 马克思，恩格斯．马克思恩格斯全集［M］．北京：人民出版社，1995.

3. 列宁．列宁全集［M］．北京：人民出版社，1995.

4. 列宁．列宁选集［M］．北京：人民出版社，1972.

5. 毛泽东．毛泽东选集［M］．北京：人民出版社，1991.

6. 邓小平．邓小平文选［M］．北京：人民出版社，1993.

7. 习近平．习近平谈治国理政：第1卷［M］．北京：外文出版社，2018.

8. 习近平．习近平谈治国理政：第2卷［M］．北京：外文出版社，2017.

9. 习近平．习近平谈治国理政：第3卷［M］．北京：外文出版社，2020.

10. 习近平．习近平谈治国理政：第4卷［M］．北京：外文出版社，2022.

（二）中文著作

1. 韩震．社会主义核心价值体系研究［M］．北京：人民出版社，2007.

2. 李德顺．价值论［M］．北京：中国人民大学出版社，2007.

3. 袁贵仁．价值观的理论与实践：价值观若干问题的思考［M］．北京：北京师范大学出版社，2013.

4. 王玉樑．价值哲学新探［M］．西安：陕西人民出版社，1993.

5. 陈章龙，等．价值观研究［M］．南京：南京师范大学出版社，2004.

6. 王瑞荪．比较思想政治教育［M］．北京：高等教育出版社，2001.

7. 张耀灿．比较思想政治教育学［M］．武汉：华中师范大学出版社，2010.

8. 陈立思. 比较思想政治教育 [M]. 北京: 中国人民大学出版社, 2011.

9. 陈万柏, 等. 思想政治教育学原理 [M]. 北京: 高等教育出版社, 2007.

10. 丁锦宏. 品格教育论 [M]. 北京: 人民教育出版社, 2005.

11. 檀传宝, 等. 公民教育引论 [M]. 北京: 人民出版社, 2011.

12. 唐克军. 比较公民教育 [M]. 北京: 中国社会科学出版社, 2008.

13. 顾明远, 梁忠义. 世界教育大系: 法国教育卷 [M]. 长春: 吉林教育出版社, 2000.

14. 李伯杰, 等. 德国文化史 [M]. 北京: 对外经济贸易大学出版社, 2002.

15. 李萍, 林滨. 比较德育 [M]. 北京: 中国人民大学出版社, 2009.

16. 石芳. 多元文化背景下的核心价值观教育 [M]. 北京: 人民出版社, 2014.

17. 苏振芳. 当代国外思想政治教育比较 [M]. 北京: 社会科学文献出版社, 2009.

18. 檀传宝. 学校道德教育原理 [M]. 北京: 教育科学出版社, 2000.

19. 王斌华. 澳大利亚教育 [M]. 上海: 华东师范大学出版社, 1996.

20. 王定功. 青少年道德教育国际观察 [M]. 上海: 上海交通大学出版社, 2012.

21. 廖小平. 价值观变迁与核心价值观体系的解构与建构 [M]. 北京: 中国社会科学出版社, 2013.

22. 杨韶刚. 西方道德心理学的新发展 [M]. 上海: 上海教育出版社, 2007.

23. 袁桂林. 当代西方道德教育理论 [M]. 福州: 福建教育出版社, 2005.

24. 张可创, 李其龙. 德国基础教育 [M]. 广州: 广东教育出版社, 2005.

25. 郑富兴. 现代性视角下的美国新品格教育 [M]. 北京: 人民出版社, 2006.

26. 朱晓宏. 公民教育 [M]. 北京: 教育科学出版社, 2003.

27. 方旭光. 认同的价值与价值的认同 [M]. 北京: 中国社会科学出版社, 2014.

28. 周文华. 美国核心价值观建设及启示 [M]. 北京: 知识产权出版社, 2014.

29. 朱永涛. 美国价值观 [M]. 北京: 外语教学与研究出版社, 2002.

30. 吕元礼．亚洲价值观：新加坡政治的诠释［M］．南昌：江西人民出版社，2002.

31. 王浦劬．政治学基础［M］．北京：北京大学出版社，2005.

32. 周淑真．政党和政党制度比较研究［M］．北京：人民出版社，2001.

33. 王长江．世界政党比较概论［M］．北京：中共中央党校出版社，2003.

34. 林勋健．西方政党是如何执政的［M］．北京：中共中央党校出版社，2001.

35. 武卉昕．苏联马克思主义伦理学兴衰史［M］．北京：人民出版社，2011.

36. 梁启超．孔子与儒家哲学［M］．北京：中华书局，2016.

37. 蔡仁厚．儒学传统与时代［M］．石家庄：河北人民出版社，2010.

38. 常士訚．异中求和：当代西方多元文化主义政治思想研究［M］．北京：人民出版社，2009.

39. 俞可平．社群主义：第3版［M］．北京：东方出版社，2015.

40. 姚大志．正义与善：社群主义研究［M］．北京：人民出版社，2014.

41. 亚里士多德．政治学［M］．颜一，秦典华，译．北京：中国人民大学出版社，2003.

42. 亨廷顿，哈里森，等．文化的重要作用：价值观如何影响人类进步［M］．程克雄，译．北京：新华出版社，2013.

43. 阿普尔．意识形态与课程［M］．黄忠敬，译．上海：华东师范大学出版社，2001.

44. 杜威．民主主义与教育［M］．王承绪，译．上海：人民教育出版社，2001.

45. 贝拉．心灵的习性：美国人生活中的个人主义和公共责任［M］．周穗明，翁寒松，翟宏彪，译．北京：中国社会科学出版社，2011.

46. 泰勒．自我的根源：现代认同的形成［M］．韩震，等译．南京：译林出版社，2012.

47. 桑德尔．自由主义与正义的局限［M］．万俊人，等译．南京：译林出版社，2011.

48. 里帕，自由社会中的教育：美国历程［M］．於荣，译．合肥：安徽教育出版社，2010.

49. 卡恩．摆正自由主义的位置［M］．田力，译．北京：中国政法大学出版社，2015.

50. 托克维尔．论美国的民主［M］．董果良，译．北京：商务印书馆，2017.

51. 福山．政治秩序的起源：从前人类时代到法国大革命［M］．毛俊杰，译．南宁：广西师范大学出版社，2012.

52. 金里卡．当代政治哲学［M］．刘莘，译．上海：上海译文出版社，2011.

53. 乔姆斯基．必要的幻觉：民主社会中的思想控制［M］．王燕，译．南京：南京大学出版社，2021.

54. 克劳斯．公民的激情：道德情感与民主商议［M］．谭安奎，译．南京：译林出版社，2015：29.

55. 舒德森．好公民：美国公共生活史［M］．郑一卉，译．北京：北京大学出版社，2014.

56. 戴蒙．品格教育新纪元［M］．刘晨，康秀云，译．北京：人民出版社，2015.

57. 里克纳．美式课堂：品质教育学校方略［M］．刘冰，董晓航，邓海平，译．海口：海南出版社，2001.

58. 希特．何谓公民身份［M］．郭忠华，译．长春：吉林出版社，2007.

59. 范斯科德．美国教育基础：社会展望［M］．北京师范大学外国教育研究所，译．北京：科学教育出版社，1984.

60. 金里卡．当代政治哲学［M］．刘莘，译．上海：上海三联书店，2004.

61. 泰勒．现代社会想象［M］．林曼红，译．南京：译林出版社，2014.

62. 金里卡．少数的权利：民族主义、多元文化主义和公民［M］．邓红风，译．上海：上海译文出版社，2005.

63. 图海纳．我们能否共同生存［M］．狄玉明，李平沤，译．北京：商务印书馆，2003.

64. 勒格朗．今日道德教育［M］．王晓辉，译．北京：教育科学出版社，2009.

65. 克雷明．美国教育史［M］．朱旭东，译．北京：北京师范大学出版社，2002.

66. 拉思斯．价值与教学［M］．谭松贤，译．杭州：浙江教育出版社，2003.

67. 墨菲．美国“蓝带学校”的品性教育：应对挑战的最佳实践［M］．周玲，张学文，译．北京：中国轻工业出版社，2002.

68. 里克纳．美式课堂：品质教育学校方略［M］．刘冰，等译．海口：海南出版社，2001.

69. 帕克．美国小学社会与公民教育［M］．谢竹艳，译．南京：江苏教育出版社，2006.

70. 琳达·爱尔，理查·爱尔．教孩子正确的价值观［M］．枳园，译．台北：大地出版社，2001.

71. 贾德森．美国公民读本［M］．洪友，译．天津：天津人民出版社，2012.

72. 马克威克，史密斯．公民的诞生：美国公民培养读本［M］．戚成炎，袁利丹，译．天津：天津人民出版社，2012.

73. 马特尔．论美国文化［M］．周莽，译．北京：商务印书馆，2013.

74. 库索尔．法兰西道路：法国如何拥抱和拒绝美国的价值观与实力［M］．言予馨，付春光，译．北京：商务印书馆，2013.

75. 藤布尔．新加坡史．［M］欧阳敏，译．上海：东方出版中心，2016.

76. 麦金太尔．追寻美德：道德理论研究［M］．宋继杰，译．南京：译林出版社，2011.

77. 藤布尔．新加坡史［M］．欧阳敏，译．上海：东方出版中心，2016.

78. 饶从满．日本现代化进程中的道德教育［M］．济南：山东人民出版社，2010.

79. 土居健郎．日本人的心理结构［M］．阎小妹，译．北京：商务印书馆，2012.

80. 滨口惠俊，公文俊平．日本的集团主义［M］．东京：有斐阁，1982.

（三）中文期刊论文

1. 泰勒．价值观教育与教育中的价值观：下［J］．教育研究，2003（6）．

2. 泰勒．价值观教育与教育中的价值观：上［J］．教育研究，2003（5）．

3. 冯秀梅．法国学校德育优势：我国学校德育的借鉴之处［J］．科教导刊，2010（15）．

4. 高峰．英国学校公民教育新解［J］．首都师范大学学报（社会科学版），2007（3）.

5. 葛春，李会松．美国学校价值观教育实施及对我国核心价值观教育的启示［J］．全球教育展望，2009（1）．

6. 陈鸿莹．英国公民教育简述［J］．外国教育研究，2003（9）．

7. 吴海荣．教育分权下英国学校公民教育的课程差异与困境［J］．外国教育研究，2014（7）.

8. 艾政文．新加坡青少年核心价值观教育及其启示［J］．教育评论，2014（10）.

9. 安钰峰．从现实到理想：澳大利亚中小学价值观教育解析［J］．上海教育，2004（10）.

10. 曹能秀．教育民主化浪潮下的世界幼儿教育［J］．外国教育研究，2008（3）.

11. 岑建君．美国中小学的品质教育活动［J］．比较教育研究，2000（6）.

12. 曾凡星．韩国、日本与新加坡构建社会核心价值观途径研究［J］．上海党史与党建，2012（3）.

13. 查丽华，陈晓涛．日本对青少年思想政治教育方法的特点及启示［J］．学理论，2011（3）.

14. 常飒飒，张绍刚．澳大利亚学校价值观教育的特点与启示［J］．吉林省教育学院学报，2011（12）.

15. 陈俊珂．美国学校德育的特点及启示［J］．自然辩证法研究，2005（1）.

16. 陈俊珂．新加坡中小学公民道德教育特色及启示［J］．教学与管理，2006（28）.

17. 陈立鹏，等．澳大利亚民族教育立法研究及启示［J］．民族教育研究，2011（3）.

18. 陈立思．关于美国思想政治教育的几个问题［J］．中国青年政治学院学报，1997（1）.

19. 陈啸．德国现代高等教育理念探析［J］．教育发展研究，2003（4）.

20. 陈新丽，冯传禄．法国政治认同研究［J］．法国研究，2012（4）.

21. 邓达，刘颖．美国中小学核心价值观教育及其启示［J］．教育科学论坛，2015（1）.

22. 邓洁琼．美国思想政治教育方法及其对我国的启示［J］．理论观察，2003（1）.

23. 董轶文．澳大利亚青少年价值观教育［J］．思想政治教育研究，2008（2）.

24. 范树成．美国核心价值观教育探析［J］．外国教育研究，2008（7）.

25. 孙东方，傅安洲．二战后德国政治教育在政治文化变迁中的作用分析［J］．比较教育研究，2007（1）.

26. 傅安洲，彭涛．当代德国政治教育理论体系探析［J］．比较教育研究，2007（5）．

27. 傅安洲，阮一帆．德国学校政治教育理论及其借鉴意义［J］．思想政治教育研究，2007（12）．

28. 高峰．国外核心价值观教育的经验与启示［J］．思想理论教育，2015（12）．

29. 高进．新加坡共同价值观教育对我国德育的启示［J］．教育探索，2011（7）．

30. 葛春．美国大学价值观教育课程探析［J］．思想理论教育，2013（8）．

31. 葛春．美国公立学校价值观教育的特点及启示［J］．外国中小学教育，2009（2）．

32. 葛春．美国学校价值观教育实施及对我国核心价值观教育的启示［J］．全球教育展望，2009（1）．

33. 顾明远，等．世界主要国家民族教育政策的基本趋势［J］．外国教育研究，2015（8）．

34. 郭小香．美国隐性教育的实施路径及其启示［J］．湖北社会科学，2010（12）．

35. 何晓芳．澳大利亚公民教育概观［J］．外国教育研究，2004（7）．

36. 何亚娟，德国的思想政治教育及启示［J］．华中农业大学学报（社会科学版），2007（6）．

37. 胡淑贤，邓宏宝．国外高校价值观教育探析［J］．教育评论，2015（4）．

38. 李朝祥．国外高校德育发展的新趋向及启示［J］．南京邮电大学学报（社会科学版），2013（2）．

39. 李萌．美国高校价值观教育的实现途径与启示［J］．广西青年干部学院学报，2011（6）．

40. 李帅军．发达国家教育督导队伍建设述要［J］．外国教育研究，1997（5）．

41. 李水山．新时期韩国德育：人性教育的发展趋势［J］．中国德育，2008（8）．

42. 林德浩．新加坡核心价值观与共同价值观探微［J］．山西大同大学学报（社会科学版），2010（5）．

43. 刘宏达．德国善良教育对我国社会主义核心价值观教育的启示［J］．

社会主义研究，2015（2）.

44. 卢艳兰，张在喜. 新加坡高校德育课程设置评介［J］. 中国商界，2010（1）.

45. 马健生，孙珂. 美国大学主流价值观教育探析［J］. 比较教育研究，2010（11）.

46. 梅平乐，刘济良. 迷失与复归：学校价值观教育实效性的反思［J］. 教育科学研究，2004（11）.

47. 戚万学.20 世纪西方道德教育主题的嬗变［J］. 教育研究，2003（5）.

48. 上官莉娜. 多元文化、世俗性与价值观教育［J］. 比较教育研究，2016（2）.

49. 沈国琴. 德国教育目标变迁与青少年价值观之转变［J］. 德国研究，2011（2）.

50. 沈国琴. 德国中小学的德育［J］. 思想政治教学，2000（9）.

51. 师建龙. 新加坡道德教育的方法与途径［J］. 教学与管理，2004（2）.

52. 石中英. 当前加强青少年价值教育的几点建议［J］. 中国教育学刊，2014（1）.

53. 斯琴格日乐. 美国社会核心价值体系教育的实践化路径及启示［J］. 前沿，2009（2）.

54. 宋爽. 英国多元文化教育政策的历史流变与动因［J］. 现代教育管理，2015（8）.

55. 孙珂. 英国大学生主流价值观教育及对我国的启示［J］. 北京教育，2011（11）.

56. 孙梓毓. 德国的公民教育及对我国的启示［J］. 教育改革，2013（4）.

57. 唐鹏. 新加坡：在现代化进程中倡导共同价值观［J］. 理论导报，2009（1）.

58. 田伏虎. 美国高校学生价值观教育的特点及其启示［J］. 学校党建与思想教育，2015（11）.

59. 田玉敏. 美国中小学核心价值观教育及其启示［J］. 中国青年研究，2008（11）.

60. 涂艳国. 儿童的幸福教育［J］. 教育发展研究，2008（1）.

61. 王凡. 新加坡伦理和道德教育及其启示［J］. 广西社会科学，2003（4）.

62. 王坤庆. 论价值、教育价值与价值教育［J］. 华中师范大学学报（人文社科版），2003（4）.

63. 王凌皓，张金慧．新加坡中小学“共同价值观”教育探析［J］．外国教育研究，2007（3）．

64. 王璐，等．以质量促均衡：英国少数民族教育机会均等政策研究［J］．比较教育研究，2012（10）．

65. 王璐，王向旭．从多元文化主义到国家认同和共同价值观［J］．比较教育研究，2014（9）．

66. 王鹏．新加坡大学生主流价值观教育探析［J］．思想政治教育研究，2012（12）．

67. 王学风．多元文化视野下新加坡学校德育的特质［J］．外国教育研究，2005（3）．

68. 威尔森．美国道德教育危机的教训［J］．国外社会科学，2002（2）．

69. 吴明海．俄罗斯联邦少数民族教育立法的基本原则及其法源分析［J］．民族教育研究，2004（4）．

70. 吴倩．美国价值观教育的历史演进及其启示［J］．社会主义核心价值观研究，2016（2）．

71. 肖浩．世界各国加强核心价值体系建设的启示：基于德育的视角［J］．学术论坛，2008（9）．

72. 辛志勇，等．西方学校价值观教育方法的发展及其启示［J］．比较教育研究，2002（4）．

73. 杨茂庆，严文宜．澳大利亚学校价值观教育的特点及其实现途径［J］．外国教育研究，2014（4）．

74. 易莉．从价值中立到核心价值观：美国品格教育的回归［J］．教育学术月刊，2011（5）．

75. 毓民．法国、德国政治和价值观教育情况概览［J］．思想理论教育导刊，2002（3）．

76. 张建文．澳大利亚中小学价值观教育［J］．中国民族教育，2011（11）．

77. 张坤．德国特色价值教育：对一种隐性公民教育的探析及其启示［J］．外国教育研究，2008（9）．

78. 张群英，王丽华．新加坡学校德育及其启示［J］．中南林学院学报，2003（12）．

79. 张铁勇．新世纪美国德育发展的格局与走向［J］．外国教育研究，2010（3）．

80. 张伟．国外加强社会核心价值观建设的做法及启示［J］．当代世界与社会主义，2011（2）.

81. 张晓明. 美国大学的道德教育［J］. 高等教育研究，1992（1）.

82. 张燕，郭倩雯. 美国学校核心价值观教育的方法及启示［J］. 人民教育，2013（22）.

83. 赵明玉. 法国公民教育述评［J］. 外国教育研究，2004（6）.

84. 赵太康. 美国思想政治教育的社会化、具象化和实践化路径［J］. 思想政治教育，2007（9）.

85. 郑航. 社会变迁中公民教育的演进：兼论我国学校公民教育的实施［J］. 清华大学教育研究，2003（3）.

86. 郑信哲. 澳大利亚的民族教育发展特色［J］. 世界民族，2000（3）.

87. 周斌，陈延斌. 美国核心价值观融入国民教育的方法与途径［J］. 上海师范大学学报（哲学社会科学版），2015（7）.

88. 周春燕. 美日两国高校主流价值观教育的特点及启示［J］. 江苏高教，2008（5）.

89. 周利方，沈全. 国外核心价值观建设的实践类型及启示［J］. 理论月刊，2011（11）.

90. 周蔺. 澳大利亚、新加坡的公民教育对我国的启示［J］. 现代中小学教育，2008（12）.

91. 袁贵仁，等. 建设社会主义核心价值体系［J］. 中国社会科学，2008（1）.

92. 侯惠勤. 在社会主义核心价值观的概括上如何取得共识［J］. 红旗文稿，2012（4）.

93. 韩震. 让文化灵魂驱动中国：积极培育社会主义核心价值观［J］. 人民论坛，2012（33）.

94. 汪信砚. 全球化中的价值认同与价值观冲突［J］. 哲学研究，2002（11）.

95. 张应平，董平. 大学生价值观教育问题与策略［J］. 教育评论，2014（5）.

96. 左敏，李冠杰. “特洛伊木马”事件与当代英国价值观建设［J］. 当代世界与社会主义，2016（1）.

97. 杨婷婷. 试析挪威的民主公民教育政策［J］. 全球教育展望，2013，42（5）.

98. 粟端雪. 列夫·古米廖夫的欧亚主义学说及其对当代影响［J］. 俄罗斯中亚东欧研究，2012（6）.

99. 孙成，唐木清志．日本中小学价值观教育：途径、理路与困境［J］．外国中小学教育，2019（1）．

100. 尚会鹏．土居健郎的“娇宠”理论与日本人和日本社会［J］．日本学刊，1997（1）.

（四）学位论文

1. 陈佳．网络文化对当代大学生价值观的影响及教育引导对策研究［D］．重庆：西南大学，2013.

2. 黄立坚．大学生价值观教育存在的问题分析与对策探讨［D］．武汉：华中师范大学，2004.

3. 刘梦晗．美国新品格教育运动中的核心价值观研究［D］．曲阜：曲阜师范大学，2015.

4. 龙花．法国公民教育研究［D］．重庆：西南大学，2008.

5. 吕耀中．英国学校多元文化教育研究［D］．上海：华东师范大学，2008.

6. 钱海东．当代中外高校思想政治教育比较：内容、方法与目标［D］．上海：上海外国语大学，2009.

7. 邱国勇．社会主义核心价值观教育研究［D］．武汉：武汉大学，2013.

8. 邱琳．英国学校价值教育研究［D］．武汉：武汉大学，2010.

9. 任蔷蔷．新加坡国家认同教育研究［D］．兰州：西北师范大学，2014.

10. 孙建青．当代中国大学生核心价值观教育问题研究［D］．济南：山东大学，2014.

11. 王丽雪．新加坡共同价值观推行的方法研究［D］．扬州：扬州大学，2013.

12. 韦剑．从价值澄清到当代人格教育：美国中小学价值观教育研究［D］．桂林：广西师范大学，2007.

13. 闫宁宁．澳大利亚学校价值观教育研究［D］．南京：南京师范大学，2008.

14. 杨飞云．美国学校价值观教育研究［D］．开封：河南大学，2012.

15. 张国艳．转型期大学生价值观教育的探究［D］．长春：东北师范大学，2006.

16. 张勇．澳大利亚青少年价值观教育及其对我们的启示［D］．武汉：华中师范大学，2005.

17. 张珍．文化多元背景下中国青少年价值观教育研究［D］．南宁：广西民族大学，2004.

二、外文参考文献

（一）著作

1. HALSTEAD J M，TAYLOR M J. Values in Education and Education in Values [M]. London：The Falmer Press，2003.

2. ARISTOTLE. Politics [M]. BARKER. E，troms. Oxford：Clarendon Press，1952.

3. CRICK B. In Defense of Politics [M]. Chicago：University of Chicago Press，1962.

4. CRICK B. PORTER A. Political Education and Political Literacy [M]. Chicago：Prentice Hall Press，1978.

5. CRICK B. Democracy：A Very Short Introduction [M]. London：University of Oxford Press，2003.

6. BRONNHILL，ROBERT，SMART P. Political Education [M]. London：Routledge，1989.

7. ENTWISTLE，HAROLD. Political Education in a Democracy [M]. London：Routledge，1971.

8. EUBEN，PETER. Corrupting the Youth：Political Education，Democratic Culture，and Political Theory [M]. Princeton：Princeton University Press，1997.

9. CALLAN，EAMONN. Creating Citizens：Political Education and Liberal Democracy [M]. Oxford：Clarendon Press，1997.

10. LEE W O，GROSSMAN D L，KENNEDY K J，et al. Citizenship education in Asia and the Pacific：Concepts and issues [M]. Hong Kong：Comparative Education Research Centre，the University of Hong Kong，2004.

11. KILLEN M，SMETANA J G. Handbook of Moral Development [M]. New Jersey：Lawrence Erlbaum Associates，2006.

12. LEICESTER M，MODGIL S. Moral Education and Pluralism：Education，Culture and Values [M]. London：Farmer Press，2005.

13. SAMMONS P，HILLMAN J and MORTIMORE P. Key Characteristics of Effective schools. A Review of School Effectiveness Research [M]. London：Ofsted，1995.

14. TAYLOR. Sources of the Self：The Making of Modern Identity [M]. MA：

Harvard University Press，1989.

15. TAYLOR. Values Education：Issues and Challenges in Policy and Cchool Practice [M] . London：Farmer，2000.

16. TAYLOR. Values education in primary and secondary schools [M] . NFER：Slough，1998.

17. SUNSTEIN C R. This Is Not Normal：The Politics of Everyday Expectations [M] . New Halen：Yale University Press，2021.

18. JANOSKI T. Citizenship and Civil Society：A Framework of Rights and Obligations in Liberal Traditional and Social Democratic Regimes [M] . Cambridge：Cambridge University Press，1998.

19. DEMAINE J. Citizenship and Political Education Today [M] . London：Palgrave Macmillan，2004.

20. FEITH D. Teaching America：The Case for Civic Education [M] . Rowman & Littlefield Education，2011.

21. LONGO N V. Why Community Matters：Connecting Education with Civic Life [M] . New York：State University of New York Press，2007.

22. ETZIONI A. The Spirit of Community：Rights，Responsibilities and the Communitarian Agenda [M] . TaiPei：Crown Publishers，1995.

（二）期刊论文

1. BERKOWITZ M W. What Works in Values Education? [J] International Journal of Educational Research，2011，50.

2. BELCHIOR，ANA，MARIA. Policy Congruence in Europe：Testing Three Causal models at the Individual，Party and Party System Levels [J] . Portuguese Journal of Social Science，2013，12（3）.

3. BOYNE G A. Assessing Party Effects on Local Policies：A Quarter Century of Progress or Eternal Recurrence? [J] . Political Studies，1996，44（2）.

4. TAN C. For group，or Self：Communitarianism，Confucianism and Values Education in Singapore [J] . Curriculum Journal. 2013（12）.

5. DEBRAY E，HOUCK E A. A Narrow Path through the Broad Middle：Mapping Institutional Considerations for ESEA Reauthorization [J] . Peabody Journal of Education，2011，86（3）.

6. Duncan C，SANKEY D. Two Conflicting Visions of Education and Their Consilience [J] . Educational Philosophy & Theory，2019，51（14）.

7. HENRIETA, ANIOARA, SERBAN. Reimagining Democratic Societies: A New Era of Personal and Social Responsibility [J]. European Journal of Higher Education, 2013, 8.

8. HUDD S S. Character Education in Contemporary America: McMorals? [J]. The Journal of Culture and Education, 2004, 8 (8).

9. LOVAT T. Values Education as Good Practice Pedagogy: Evidence from Australian Empirical Research [J]. Journal of Moral Education, 2017, 46 (1).

10. MOORE J. A Challenge for Social Studies Educators: Increasing Civility in Schools and Society by Modeling Civic Virtues [J]. Social Studies, 2012, 103 (4).

11. PASACHOFF E. Two Cheers for Evidence: Law, Research, and Values in Education Policymaking and Beyond [J]. Columbia Law Review, 2017, 117 (7).

12. STARKEY H. Fundamental British Values and citizenship education: tensions between national and global perspectives [J]. Geografiska Annaler, 2018, 100 (2).

13. ZIM, NWOKORA, RICCARDO, et al. Measuring Party System Change: A Systems Perspective [J]. Political Studies, 2017, 66 (1).

14. CHIA Y. the Elusive Goal of Nation Building: Asian/Confucian Values and Citizenship Education in Singapore during the 1980s [J]. British Journal of Educational Studies, 2011, 59 (4).

15. CUBUKCU F. Values Education through Literature in English Classes [J]. Social and Behavioral Sciences, 2014 (116).

16. HALSTEAD J, TAYLOR J M. Learning and Teaching about Values: A Review of Recent Research [J]. Cambridge Journal of Education, 2000, 30 (2).

17. LOVAT T. Values Education and Holistic Learning: Updated Research Perspectives [J]. International Journal of Educational Research, 2011, 50.

18. SANGER M, OSGUTHORPE R. Making Sense of Approaches to Moral Education [J]. Journal of Moral Education, 2005, 34.

19. SANGER M N, & OSGUTHORPE R D. Modeling as Moral Education: Documenting, Analyzing, and Addressing a Central Belief of Preservice Teachers [J]. Teaching and Teacher Education, 2013, 29.

20. SHAPIRA-LISHCHINSKY O. Teachers' Critical Incidents: Ethical Dilemmas in Teaching Practice [M]. Teaching and Teacher Education, 2011, 27.

21. SIM J B Y, PRINT M. Citizenship Education and Social Studies in Singapore:

a National Agenda ［M］. International Journal of Citizenship and Teacher Education, 2005, 1 (1).

22. TIRRI K. Holistic School Pedagogy and Values: Finnish Teachers' and Students' Perspectives ［J］. International Journal of Educational Research, 2011, 50.

23. VERTOVEC S. Multiculturalism, Culturalism and Public Incorporation ［J］. Ethnic and Racial Studies, 2011, 19 (1).

24. LACOVINO R, Contextualizing the Quebec Charter of Values: Belonging Without Citizenship in Quebec ［J］. Canadian Ethnic Studies, 2015, 47 (1).

25. GRANT C A, Cultivating Flourishing Lives: A Robust Social Justice Vision of Education ［J］. American Educational Research Journal, 2012, 49 (5).

三、网络资源

1. 韩国中文官方网站之大事记，http://Chinese. Korea. Net/events. do

2. 新加坡教育部官方网站，http://www. moe. gov. sg/education/desired-outcomes/

3. 韩国中文官方网站之焦点新闻，http://chinese. korea. net/detail. do?guid=60201

4. 美国教育部官网，http://www. ed. gov/news/press-releases/colleges-awarded-presidential-honor-community-service

5. 英国教育部官网，http://www. education. gov. uk/

6. Н. А. Бердяев: Русская идея. Судьба России ［М］. Москва: ЗАО "Сварог и К", 1997.

7. Путин выступил на заседании клуба "Валдай" ［EB/OL］. (2019-10-03). https://ria. ru/20191003/1559416104. html.

8. Указ Президента РФ от 29 мая 2020 г. № 344 "Об утверждении Стратегии противодействия экстремизму в Российской Федерации до 2025 года", ［EB/OL］ https://www. garant. ru/products/ipo/prime/doc/74094369/.